Physikalisches Unterrichtswerk
der Deutschschweizerischen Physikkommission

Verein Schweizerischer Mathematik- und Physiklehrer

Dr. Alfred Läuchli
a. Rektor der Kantonsschule Winterthur

Dr. Fritz Müller
a. Professor an der Kantonsschule Freudenberg Zürich

unter Mitarbeit von
Dr. Rudolf Rüetschi
Professor an der Kantonsschule Im Lee Winterthur

Mario E. Walter
Professor an der Kantonsschule Rämibühl Zürich

Physik Aufgaben

Lösungen

mit 79 Abbildungen

Orell Füssli

Dreizehnte, durchgesehene Auflage 1995

Druck: Freiburger Graphische Betriebe
ISBN 3 280 01756 4

Inhaltsverzeichnis

Einleitung

1. ALLGEMEINES; GRUNDLAGEN

1.1. *Physikalische Größen; skalare und vektorielle Größen; Dimension; Einheiten; Maßsysteme*

1 Es handelt sich um Geschwindigkeitsangaben. Die Geschwindigkeit ist eine physikalische «Größe», die durch «Maßzahl» *und* «Einheit» auszudrücken ist. Die «Dimension» der Geschwindigkeit ist das Verhältnis von Länge und Zeit, die «Einheit» im vorliegenden Falle also Kilometer pro Stunde (km/h).

2 a) Einen genau bestimmten (physikalischen) Begriff, der sich quantitativ ausdrücken läßt, nämlich als Produkt aus Maßzahl und Einheit (220×1 Volt);
b) Beispiel: $a = 4\ \mathrm{m/s^2}$, $t = 3\ \mathrm{s}$, $s = 18\ \mathrm{m}$.

3 Ja. Zwei Beispiele:
1. Winkel als Verhältnis von Bogen zu Radius; $\varphi = 3{,}9$ oder $\varphi = 3{,}9\ \mathrm{rad}$; Einheit m/m = 1, eventuell 1 rad;
2. Brechungsquotient als Verhältnis der Lichtgeschwindigkeiten in zwei verschiedenen Medien; $n = 1{,}54$; Einheit $\frac{\mathrm{m/s}}{\mathrm{m/s}} = 1$.

4 a) «Internationales Einheitensystem» (SI = «Système International»); die zugehörigen Einheiten werden als SI-Einheiten bezeichnet; anstelle des bisherigen MKSA-Systems;
b) Länge; Masse; Zeit;
elektrische Stromstärke; (thermodynamische) Temperatur; Lichtstärke; Stoffmenge: der Meter (m); das Kilogramm (kg); die Sekunde (s); das Ampere (A); das Kelvin (K); die Candela (cd); das Mol (mol).

5 Geschwindigkeit; $[v] = [LT^{-1}]$; $\mathrm{m\,s^{-1}}$;
Kraft; $[F] = [LMT^{-2}]$; $\mathrm{m\,kg\,s^{-2}} = \mathrm{N}$;
Energie; $[W] = [L^2MT^{-2}]$; $\mathrm{N\,m} = \mathrm{J}$.

6 Vektor: Zur eindeutigen Festlegung ist außer Maßzahl und Einheit noch die Angabe einer Richtung erforderlich. (Weg, Kraft, Geschwindigkeit, Beschleunigung)
Skalar: Angabe von Maßzahl und Einheit genügt (Masse, Temperatur, Energie).

7 a) Die mathematische Beziehung, durch welche die zu bestimmende Größe auf schon bekannte, Basis- oder abgeleitete Größen, zurückgeführt wird. Beispiele: Geschwindigkeit: $\vec{v} = \lim\limits_{\Delta t \to 0} \frac{\Delta \vec{s}}{\Delta t}$; Leistung: $P = \frac{W}{t}$;

b) die algebraischen Operationen, die durch die Definitionsgleichung der betreffenden Größe vorgeschrieben werden, müssen auch an den Einheiten vollzogen werden:
$[v]_{SI} = m/s = m\,s^{-1}$; $[P]_{SI} = J/s = J\,s^{-1} = W$.

8 *Länge:* 1 cm; 1 dm; 1 m; 1 km; 1 Zoll (1 inch = 2,540 cm); 1 internationale Seemeile (= 1,852 km); 1 μm; 1 «Lichtjahr» = $9{,}4605 \cdot 10^{12}$ km;
Masse: 1 g; 1 kg; 1 t; 1 Mt; *Zeit:* 1 h; 1 min; 1 s; 1 a (Jahr).

9 Der «Abstand der Strichmarken» auf dem Urmeter wurde mit Hilfe einer als sehr konstant anerkannten Länge (Lichtwellenlänge einer ganz bestimmten Spektrallinie des Isotops $^{86}_{36}Kr$) genauer festgelegt.

10 Der Bau exaktester Uhren gestattet, Ungleichheiten und Änderungen des «mittleren Sonnentages» festzustellen (Atomuhren).

11 a) Siehe Tabellenanhang;
b)

1 Milli-Meter	$= 10^{-3}$	m
1 Nano-Meter	$= 10^{-9}$	m
1 Dezi-Liter	$= 10^{-1}$	Liter
1 Kilo-Volt	$= 10^{3}$	Volt
1 Mega-Tonne	$= 10^{6}$	Tonnen
1 Centi-Meter	$= 10^{-2}$	m
1 Piko-Farad	$= 10^{-12}$	Farad
1 Giga-Watt	$= 10^{9}$	Watt.

12 a) Die «Dimension» einer Größe gibt die algebraische Form an, in der sich diese Größe durch Länge (L), Masse (M) und Zeit (T) darstellen läßt. Beispiele: Geschwindigkeit: dim v oder $[v] = L/T$ oder $L\,T^{-1}$; Arbeit: dim W oder $[W] = M\,L^2/T^2$ oder $M\,L^2\,T^{-2}$;
b) die Dimension ist der allgemeinere Begriff, denn für Länge, Masse und Zeit können noch beliebige Einheiten verwendet werden. Beispiel: Geschwindigkeit; dim $v = L\,T^{-1}$, aber Einheiten m/s, km/h, cm/min etc.

13 Bei der Gewinnung der abgeleiteten Einheiten aus den Basis-Einheiten treten. dem logischen Zusammenhang entsprechend, Exponenten, aber niemals von 1 verschiedene Zahlenfaktoren auf; Beispiel: Krafteinheit $1\,N = 1\,kg\,m\,s^{-2}$ und *nicht* etwa $1\,N = 3{,}5 \cdot 10^7\,kg\,m\,s^{-2}$. Vorteil: die Gleichung, die der Lösung eines physikalischen Problems entspricht, enthält nie einheitenbedingte Zahlenfaktoren.

14 Die «physikalische Gleichung» ist eine «Größengleichung»; Mathematik: $3(x-1) + 4x = -18$; Physik: $s = v\,t$; z.B. $4\,m = 0{,}5\,m/s \cdot 8\,s$.

15 Beispiele: $s = v_0 t + \frac{1}{2} a t^2$; $v = \sqrt{2as}$; $W = \Sigma F_S\, \Delta s$.

Allgemein: Eine mathematisch formulierte Beziehung zwischen verschiedenen physikalischen Größen, die einen empirisch oder theoretisch festgestellten Zusammenhang zwischen diesen Größen ausdrückt; sie enthält niemals Zahlenfaktoren, die aus einer Umrechnung von Einheiten hervorgehen würden.

16 a) $s = \frac{a}{2} t^2 = \frac{0{,}40 \text{ m/s}^2}{2} (2 \cdot 60)^2 \text{ s}^2 = 0{,}20 \text{ m/s}^2 \cdot 14\,400 \text{ s}^2 = 2880 \text{ m};$

b) $s = \frac{a}{2} t^2 = \frac{0{,}40}{2} \cdot 120^2 \text{ m} = 0{,}20 \cdot 14\,400 \text{ m} = 2880 \text{ m}.$

17 a) Die einzelnen Summanden sowie die linke und die rechte Seite der Gleichung müssen in der Dimension bzw. in den Einheiten übereinstimmen; ist dies nicht der Fall, so ist die Gleichung sicher falsch;
b) Probe mit den SI-Einheiten: $\text{N/m}^2 = \text{N/m}^2 + \text{N/m}^2\text{K}$; Folgerung: Gleichung falsch; im Zähler des zweiten Summanden fehlt ein Temperatur-Faktor.

18 27,8 m/s; ca. 1220 km/h.

19 4,2094° = 0,07347 rad.

20 13,2°; 52,7 min.

21 Um 0,27% verkürzt.

22 Es gestattet, einen bestimmten, uns interessierenden physikalischen Vorgang oder Zustand beliebig oft und befreit von störenden Nebeneinflüssen messend zu verfolgen. Es dient damit als Grundlage theoretischer Auswertungen.

1.2. *Messen und Rechnen; Genauigkeit und Fehler*

23 Diese Angaben sind frei erfunden. Aus praktischen und meßtechnischen Gründen wird man ein Trottoir nie so genau vermessen können oder wollen.

24 Sie bedeutet:
a) Eine Länge zwischen 4,255 m und 4,265 m, also eine «Fehlerschranke» von $\pm\,0{,}005$ m,
b) einen «relativen Fehler» von $\left(\pm \frac{0{,}005 \text{ m}}{4{,}26 \text{ m}} \cdot 100\right)\% = \pm\,0{,}12\%.$

26 Die Messung erfolgte auf $\pm\,0{,}05$ cm oder $\pm\,0{,}5$ mm genau (absoluter Fehler $= \pm\,0{,}5$ mm).
Der relative Fehler der beiden Längen a und b beträgt:

für a: $\frac{\Delta a}{a} = \pm \frac{0{,}05 \text{ cm}}{4{,}2 \text{ cm}} = 0{,}0119$ oder $\approx 1{,}2\%$;

für b: $\frac{\Delta b}{b} = \pm \frac{0{,}05 \text{ cm}}{3{,}5 \text{ cm}} = 0{,}0143$ oder $\approx 1{,}4\%$.

Man schreibt somit auf:
$a = (4{,}2 \pm 0{,}05)$ cm oder $a = 4{,}2 \text{ cm} \pm 1{,}2\%$;
$b = (3{,}5 \pm 0{,}05)$ cm oder $b = 3{,}5 \text{ cm} \pm 1{,}4\%$.

27 «Genaue» Rechtecksfläche $A = ab = 14{,}70 \text{ cm}^2$. Wie steht es mit dieser «Genauigkeit»? Bezeichnung der absoluten Fehler von a und b: $\pm\Delta a$ und $\pm\Delta b$.
Formale Berechnung: $A = (a \pm \Delta a)(b \pm \Delta b) = ab \pm (b\Delta a \pm a\Delta b \pm \Delta a\,\Delta b)$
$\approx ab \pm (b\Delta a + a\Delta b);$

absoluter Fehler von A: $\Delta A \approx \pm (b\Delta a + a\Delta b)$;
numerisch: $\approx \pm (3{,}5 \cdot 0{,}05 + 4{,}2 \cdot 0{,}05)\ \text{cm}^2 = \pm 0{,}38\ \text{cm}^2$
$\approx \pm 0{,}4\ \text{cm}^2$;

relative Fehler von a und b: $\frac{\Delta a}{a} = \alpha;\ \frac{\Delta b}{b} = \beta;$

relativer Fehler von A: $\frac{\Delta A}{A} \approx \pm \frac{(b\Delta a + a\Delta b)}{ab} = \pm\left(\frac{\Delta a}{a} + \frac{\Delta b}{b}\right) = \pm(\alpha + \beta);$

numerisches Resultat: $\frac{\Delta A}{A} = \pm(\alpha + \beta) = \pm(1{,}2 + 1{,}4)\,\% = \pm 2{,}6\,\%;$

$$A = (14{,}7 \pm 0{,}4)\ \text{cm}^2 \ \text{ oder } = 14{,}7\ \text{cm}^2 \pm 2{,}6\,\%.$$

28 Der maximale relative Fehler des Resultates ist bestimmt durch die Summe des relativen Fehler der einzelnen Faktoren. (Anzahl und Bedeutung der «Ziffern» beachten!)

29 Die gesetzmäßige Art der Auswirkung von Fehlern in Einzelmessungen auf ein Resultat, das aus mehreren solchen Messungen durch Rechnung ermittelt wird (Gaußsches Fehlerfortpflanzungsgesetz).

30 a) $\frac{\Delta y}{y} = \pm \frac{\Delta x}{x}$;

b) $\frac{\Delta y}{y} = \pm 2 \frac{\Delta x}{x}$;

c) $\frac{\Delta y}{y} = \pm \frac{1}{2} \frac{\Delta x}{x}$;

d) $\left(\frac{\Delta y}{y}\right)_{\max} = \pm\left(\frac{\Delta x}{x} + \frac{\Delta u}{u}\right)$.

31 a) Wegen vorgetäuschter Exaktheit!
b) Je $\pm 0{,}05$ mm.
c) $\pm 2{,}2$‰; 2,8‰; 1,2‰.
d) $\pm 6{,}2$‰.
e) $\pm 106\ \text{mm}^3$.
f) $V = (1{,}72 \pm 0{,}01) \cdot 10^4\ \text{mm}^3$ oder $V = 1{,}72 \cdot 10^4\ \text{mm}^3 \pm 6$‰.
g) Ein Resultat sollte nicht mehr Ziffern aufweisen als der Einzelfaktor mit der geringsten Ziffernzahl; im vorliegenden Fall 3. (Im Zweifelsfall nach C. F. Gauß höchstens eine Ziffer mehr; z. B. Aufg. 1–27)

32 Angabe eines Resultates auf 3, höchstens auf 4 Ziffern genau.

33 1. Die dreiziffrige Genauigkeit des Resultates kommt nicht zum Ausdruck.
2. Gemessene Größen ganz verschiedener Genauigkeit (Ziffern-Anzahl!) werden miteinander zu einem Resultat vorgetäuschter und damit falscher Genauigkeit verknüpft.

34 Es seien die absoluten Fehler mit dem Vorsatz Δ bezeichnet. Dann ergeben sich die Grenzwerte

$A_1 = (a + \Delta a)\,(b + \Delta b)$ und $A_2 = (a - \Delta a)\,(b - \Delta b)$;
$V_1 = A_1\,(d + \Delta d)$ und $V_2 = A_2\,(d - \Delta d)$;
$m_1 = V_1\,(\varrho + \Delta\varrho)$ und $m_2 = V_2\,(\varrho - \Delta\varrho)$;
$A_1 = 411{,}7\ \text{cm}^2$; $A_2 = 411{,}3\ \text{cm}^2$; $V_1 = 51{,}26\ \text{cm}^3$; $V_2 = 50{,}80\ \text{cm}^3$;
$m_1 = 433\ \text{g}$; $m_2 = 424\ \text{g}$.

Größe		absoluter Fehler	relativer Fehler in %
Länge	a	$\Delta a = \pm\ 0{,}005\ \text{cm}$	$\frac{\Delta a}{a} = \pm\,0{,}02$
Breite	b	$\Delta b = \pm\ 0{,}005\ \text{cm}$	$\frac{\Delta b}{b} = \pm\,0{,}04$
Fläche	A	$\Delta A = \pm\ 0{,}23\ \text{cm}^2$	$\frac{\Delta A}{A} = \pm\,0{,}06$
Dicke	d	$\Delta d = \pm\ 0{,}0005\ \text{cm}$	$\frac{\Delta d}{d} = \pm\,0{,}40$
Volumen	V	$\Delta V = \pm\ 0{,}23\ \text{cm}^3$	$\frac{\Delta V}{V} = \pm\,0{,}46$
Dichte	ϱ	$\Delta\varrho = \pm\ 0{,}05\ \text{g/cm}^3$	$\frac{\Delta\varrho}{\varrho} = \pm\,0{,}60$
Masse	m	$\Delta m = \pm\ 4{,}5\ \text{g}$	$\frac{\Delta m}{m} = \pm\,1{,}06$

35 $\frac{\Delta d}{d} = \pm\,\frac{(\Delta l_1 + \Delta l_2)}{l_2 - l_1}$; $\pm 29\,\%$.

2. ELEMENTE DER VEKTORRECHNUNG; EINFACHSTE MATHEMATISCHE FUNKTIONEN

2.1. *Addition, Subtraktion und Streckung von Vektoren*

1 Vektordreieck; Pythagoräischer Lehrsatz; Cosinussatz; Sinussatz für die Richtung der Resultierenden.

2 $\vec{d} = \vec{e} + (-\vec{f})$; Abb. 2–1.

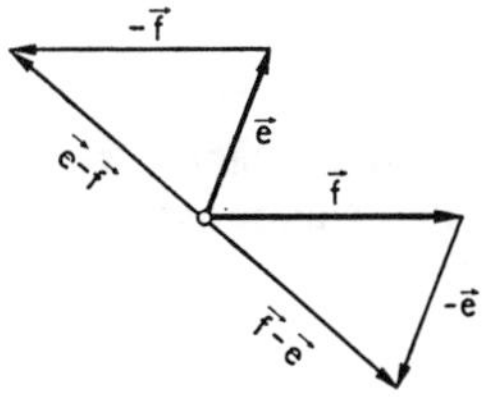

Abb. 2–1

3 1) $a = b$ und $\vec{a} = -\vec{b}$;
2) $u = v$ und $\vec{u} = \vec{v}$;
3) «geschlossenes» Vektordreieck mit der Resultierenden Null;
4) $\vec{a}_1$ und $\vec{a}_2$ schließen einen Winkel von 120° ein und haben die Resultierende $\vec{a}_3$;
5) «geschlossenes» Vektorpolygon mit der Resultierenden Null;
6) aus dem Vektor $\vec{v}_1$ entsteht durch Addition des Vektors $\overrightarrow{\Delta v}$ der neu gerichtete Vektor $\vec{v}_2$ von gleichem Betrag.

5

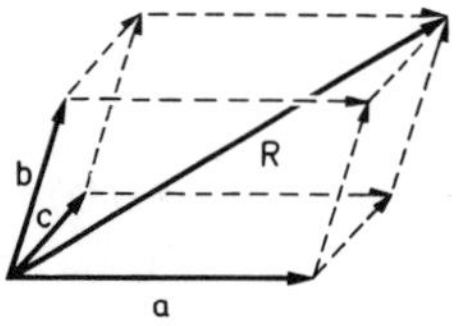

Abb. 2–2

2.2. *Graphische Darstellung einfachster Funktionen*

7 Lauter Geraden.

8 a) $y = ax$; steigende Gerade durch den Nullpunkt im ersten Quadranten. Beispiel: $F = Dy$ (Streckung einer Schraubenfeder).
b) $y = ax + b$; das Bild ist stets eine Gerade, die nicht parallel zur y- oder x-Achse verläuft; sie durchsetzt also stets drei Quadranten! Beispiele: $l = l_0(1 + \alpha\vartheta)$ (thermische Verlängerung eines Stabes; Abb. 2–3), $v = v_0 + at$ (beschleunigte Bewegung mit Anfangsgeschwindigkeit).

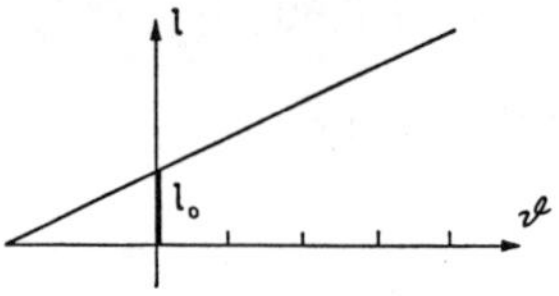

Abb. 2–3

9

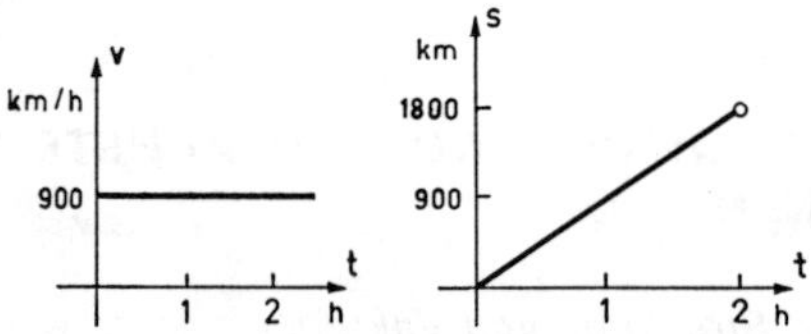

Abb. 2–4

10 Wahl des gleichen Maßstabes, d.h. die Längeneinheiten auf dem Zeichnungspapier müssen bei allen Schülern dem gleichen Betrag der mathematischen Größe entsprechen. Die Wahl des Maßstabes ist für die Erreichung einer gewünschten Genauigkeit entscheidend; ungeschickt gewählter Maßstab kann das rasche Darstellen eines Zusammenhangs sehr erschweren. (Vgl. Aufg. 2–11)

11

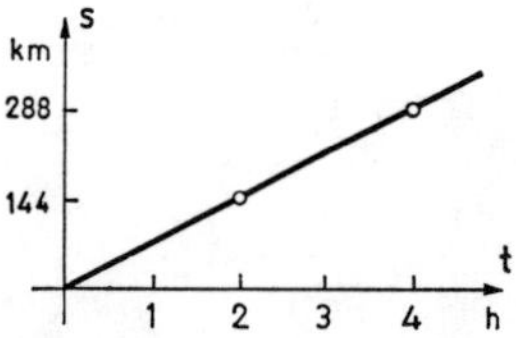

Abb. 2–5

a) Irgendeine steigende Gerade im 1. Quadranten eines s-t-Diagramms durch den Nullpunkt.
b) Abb. 2–5.

12 «Die eine wächst in dem Maße, wie die andere abnimmt», oder umgekehrt. Oder: «Das Produkt der beiden variablen Größen ist konstant.» Hyperbel. Gleichseitige Hyperbel. «Streckung» bzw. «Schrumpfung» der Kurve mit dem Faktor k.
Beispiele: Zahl der Arbeiter und Zeit für die Verrichtung einer gegebenen Arbeit; Länge und Breite eines Rechtecks bei vorgeschriebener konstanter Fläche; Gasdruck und Gasvolumen bei konstanter Temperatur; etc.

13 Falls $a \neq 0$ ist die Kurve stets eine Parabel; ihre Achse liegt stets parallel zur y-Achse; Lage und Form sind abhängig vom Betrag und Vorzeichen der Konstanten a, b und c. Für $a = 0$ «degeneriert» die Parabel zur Geraden, aus dem «quadratischen Zusammenhang» ist ein linearer geworden (s. die Aufgaben 2–7 bis 11).

14 Dieser Wert ist die Lösung (oder die «Wurzel») der linearen Gleichung $0 = ax + b$, nämlich $x = -\frac{b}{a}$. Man berechnet die Funktionswerte für verschiedene x-Werte, legt die Funktionskurve (Gerade) durch die so erhaltenen Punkte und liest in der Zeichnung so genau wie möglich den x-Wert des Schnittpunktes der Geraden mit der x-Achse ab.
(Warum ist dieses Verfahren im vorliegenden Fall nicht rationell? Wann wäre dies eher der Fall? Siehe hiezu die folgenden Aufgaben.)

15 Zeichnen der Funktionskurve entsprechend der funktionalen Rechenvorschrift (Berechnung der «Wertetabelle»); Bestimmung der Abszissen der Schnittpunkte der Kurve mit der x-Achse (Maßstab an die Genauigkeitsforderung anpassen).
x-Achse wird zur Tangente an die Kurve (2 zusammenfallende Schnittpunkte) bzw. die Kurve schneidet die x-Achse überhaupt nicht (möglich bei Gleichungen 2., 4., 6., ... Grades). Gleichungen ungeraden Grades besitzen stets mindestens 1 reelle Lösung. Warum «sieht» man dies sofort?

16 Zerlegung: $y_1 = 0{,}1\,x^3$; $y_2 = -0{,}4x + 3$ (Abb. 2–6).

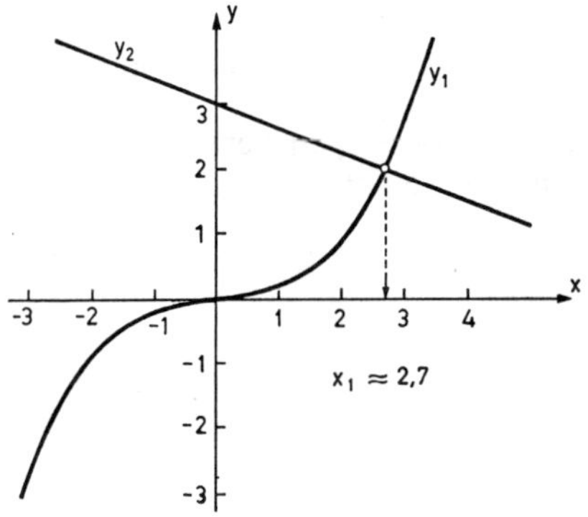

Abb. 2–6

17 Zerlegung: $y_1 = \sqrt{x}$; $y_2 = -\frac{x^2}{2} + 2$; (Abb. 2–7).

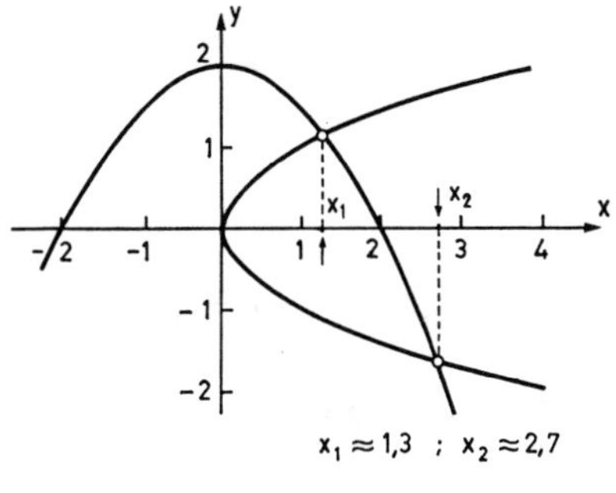

Abb. 2–7

18 a) Spiegelung der Funktionskurve an der Geraden $y = x$.
b) Die «inverse» oder «Umkehrfunktion».
c) Durch Vertauschen der Variablen x und y und explizite Auflösung dieser «vertauschten» Funktion nach y erhält man $y = g(x)$.
d) $y = \frac{x+3}{2}$; $y = \frac{1 \pm \sqrt{4x-15}}{2}$; $y = -\frac{1}{x}$; $x^2 + (y-2)^2 = 5$.

19

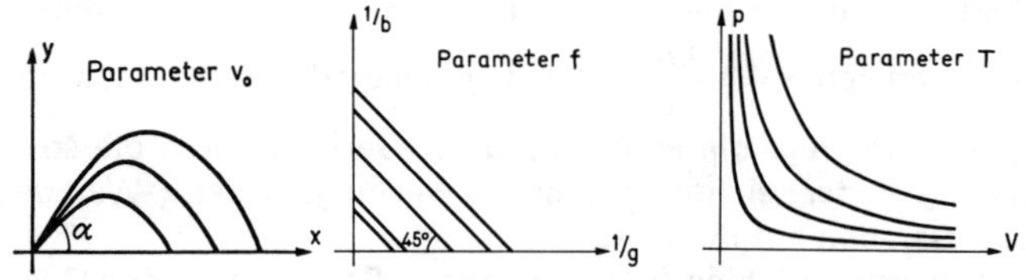

Abb. 2–8

Mechanik

3. STATIK DER FESTEN KÖRPER, FLÜSSIGKEITEN UND GASE

3.1. Graphische und analytische Zusammensetzung und Zerlegung von Kräften

3.1.1. *Kräfte mit gemeinsamem Schnittpunkt der Wirkungslinien*

1 a) Diejenige Kraft, die die gegebenen in ihrer Wirkung ersetzt;
b) zwei oder mehrere Kräfte, die zusammen dieselbe Wirkung ausüben wie die gegebene Kraft;
c) die Resultierende ist die Vektorsumme der gegebenen Kräfte bzw. eine gegebene Kraft ist die Vektorsumme ihrer Komponenten.

3 ≈ 90 N; 43°; 17°.

4 a) 118 N; 204 N;
b) 185 N; 145 N.

5 2 Lösungen

6 59,1 N; 10,4 N.

7 50 N.

8 5,2 kN; 3,0 kN.

9 $F_r = F\sqrt{6}$.

10 14,3 N; $-24{,}8°$.

11 $F_x = \sum_1^4 F_i \cos\alpha_i$; $-33{,}7$ N; $F_y = \sum_1^4 F_i \sin\alpha_i$; $-56{,}5$ N;

$F = \sqrt{F_x^2 + F_y^2}$; 65,8 N; $\tan\alpha = \frac{F_y}{F_x}$; $\alpha = 239{,}2°$.

12 Winkel gegen F_1: 33,4°; gegen F_2: 86,6°.

13 $R_x = \Sigma F_x$; $R_y = \Sigma F_y$; $R_z = \Sigma F_z$; $R = \sqrt{R_x^2 + R_y^2 + R_z^2}$; 8,77 N;

$\cos\alpha = \frac{R_x}{R}$; $\alpha = 133°$; $\cos\beta = \frac{R_y}{R}$; $\beta = 117°$;

$\cos\gamma = \frac{R_z}{R}$; $\gamma = 125°$.

14 4,67 N; 16,7°.

3.1.2. *Ebenes Kräftesystem am starren Körper*

15 47,7 N; F_r schneidet die Stange im Abstand 0,53 m vom Angriffspunkt der zweiten Kraft unter einem Winkel von 117°.

16 276 N.

17 $F_r = F\sqrt{2(2+\sqrt{2})}$.

3.2. **Drehende Wirkung der Kräfte**

3.2.1. *Begriff des Drehmoments*

18 a) Das Produkt aus der Kraft und dem Abstand ihrer Wirkungslinie vom gewählten Bezugspunkt;
b) Drehsinn im Gegenuhrzeigersinn als positiv, Drehsinn im Uhrzeigersinn als negativ.

19 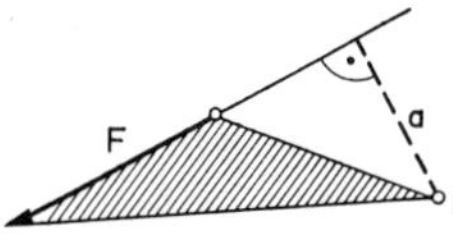

Abb. 3–64

Maßzahl des Drehmomentes gleich doppelte Maßzahl der schraffierten Dreiecksfläche (Abb. 3–64).

20 a) Durch das Vektorprodukt $\vec{M} = \vec{r} \times \vec{F}$; $M = rF\sin\varphi$; $r\sin\varphi$ bedeutet den Abstand vom Bezugspunkt zur Kraft-Wirkungslinie;
b) Von $\sphericalangle\ \varphi = \sphericalangle\ (\vec{r}, \vec{F})$ im Gegenzeigersinn gemessen (vgl. Abb. 3–65);

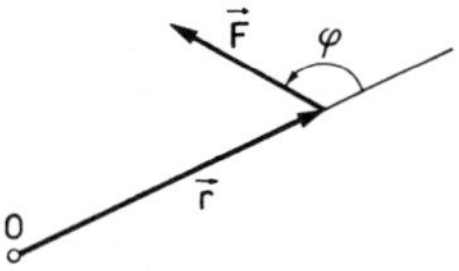

Abb. 3–65

c) $\vec{M}$ steht normal auf der von $\vec{r}$ und $\vec{F}$ aufgespannten Ebene (bildet Drehachse); $\vec{r}, \vec{F}, \vec{M}$ bilden in dieser Reihenfolge ein Rechtssystem.

21 a) $M = rF\sin\varphi = k_1 \sin\varphi$; das Drehmoment ist eine Sinusfunktion des Winkels zwischen Ortsvektor und Kraft;
b) $M = rF\sin\varphi = k_2 r$; das Drehmoment wächst linear mit dem Betrag des Ortsvektors.

22 a) Der Betrag jedes einzelnen Moments bzw. seine drehende Wirkung bleibt erhalten;

b) wenn h_i in h_1 geändert wird, muß F_i in $\frac{h_i}{h_1} F_i$ geändert werden, damit M_i const. bleibt;

c) $F_r = F_1 + \frac{h_2}{h_1} F_2 + \ldots + \frac{h_n}{h_1} F_n$;

$$M_r = h_1 F_r = h_1 F_1 + h_2 F_2 + \ldots + h_n F_n = \sum_1^n h_i F_i = \sum_1^n M_i;$$

d) Unendlich viele Lösungen, da $M_r = h_1 F_r = h F$, wo h oder F beliebig gewählt werden können, aber so, daß ihr Produkt $= M_r = \sum_1^n M_i$ ist.

3.2.2. *Momentensatz*

23 Für einen beliebigen Bezugspunkt gilt: Die Summe der Drehmomente aller Einzelkräfte ist gleich dem Drehmoment der Resultierenden;

$$\sum_1^n M_i = \sum_1^n F_i h_i = F_1 h_1 + F_2 h_2 + \cdots + F_n h_n = M_r = F_r h;$$

allgemeiner: $\Sigma \vec{r}_i \times \vec{F}_i = \vec{r} \times \vec{F}_r$; $\vec{F}_r = \Sigma \vec{F}_i$.

24 100 N; 68 Nm; 0,68 m.

25 $F = \sqrt{(F_1 + F_2)^2 + F_3^2}$; 75 N; 25 Nm.

26 2 N; 0,424 Nm; 21,2 cm.

27 $R_x = 21{,}8$ N; $R_y = 43{,}0$ N; $R = \sqrt{R_x^2 + R_y^2}$; 48,2 N;

$$\tan\varphi = \frac{R_y}{R_x}; \quad \varphi = 63{,}1°; \quad s = \frac{\sum_1^4 F_i s_i}{R}; \quad 10{,}5 \text{ cm};$$

Drehmoment von R im Gegenuhrzeigersinn.

28 a) $M = \sum_1^3 F_y r_x - \sum_1^3 F_x r_y$;

b) 4,6 Nm;

c) 5,0 N; $h = \frac{M}{\sqrt{R_x^2 + R_y^2}}$; 0,92 m.

3.3. **Parallele Kräfte; Schwerpunkt**

3.3.1. *Parallele und antiparallele Kräfte; Kräftepaar*

29 22 N; 5 dm.

30 a) 22 N; 14,5 cm;

b) Beträge F_r und AA_4 bleiben erhalten, aber $h' = h \cos\alpha$; 12,6 cm.

31 15 N; $\frac{2}{3}$ dm von A entfernt.

32 Drehung des Kräftepaares um 90° und Kombination mit F_2;
$F_r = F_2$, im Abstand $\frac{F_1}{F_2}s$ von F_2.

33 Ein Kräftepaar, dessen Moment durch die doppelte Maßzahl der Polygonfläche gegeben ist.

3.3.2. *Schwerpunkt, Massenmittelpunkt*

34 a) 1. bei beliebig gewähltem Bezugspunkt: Summe der Drehmomente aller Einzelkräfte gleich Drehmoment der Resultierenden;
$\sum_1^n \vec{r}_i \times \vec{F}_i = \vec{r} \times \vec{F}$ oder $\sum_1^n h_i F_i = hF$;
2. Bezugspunkt auf der Wirkungslinie der Resultierenden:
Summe aller Drehmomente der gegebenen Kräfte gleich Null;
$\sum_1^n \vec{r}_i \times \vec{F}_i = \vec{0}$ oder $\sum_1^n h_i F_i = 0$;
b) die zweite; Einzelkräfte = Teilgewichte, die zusammen das Gesamtgewicht des Körpers ergeben; Resultierende F_G geht in jeder Lage des Körpers durch seinen Schwerpunkt.

35 $\Sigma m_i y_i = m y_S$; mit $m = \Sigma m_i$.

36 a) Z.B. S_1, d.h. die Mitte von AB;
b) in der Summe der Drehmomente fällt dasjenige von F_1 weg, da $x_1 = 0$ ist, hingegen verschwindet F_1 nicht als Summand von F_G im Drehmoment der Resultierenden;
c) $x = \frac{l(F_2 + 2F_3 + 3F_4 + 4F_5)}{F_1 + F_2 + F_3 + F_4 + F_5}$ für Bezugspunkt in S_1;
d) 38,3 cm; 48,3 cm von A.

37 $\frac{l}{2}(F_3 + 3F_4 + 5F_5) = x(F_1 + F_2 + F_3 + F_4 + F_5)$; 15,8 cm; 7,5 cm.

38 Auf der Symmetrieachse, $l\frac{\sqrt{2}}{4}$ vom Scheitel entfernt.

39 Fläche: 4,64 Längeneinheiten; Umfang: 4,97 Längeneinheiten.

40 $x = 0{,}5$ cm; $y = 1{,}5$ cm; $\alpha = 18{,}4°$.

41 3,3 cm; 4,1 cm; 34,7°.

42 14 cm; 54 cm; 31 cm.

43 a) $x = \frac{rs}{b}$;

b) $x = \frac{r \sin \alpha}{\alpha}$;

c) $x = \frac{3r}{\pi}$; $0{,}955\,r$;

$x = \frac{2r}{\pi}$; $0{,}637\,r$.

44 a) Kreisbogen $\frac{2}{3}b$ mit Radius $\frac{2}{3}r$;

b) $x = \frac{2}{3}\frac{rs}{b}$;

c) $x = \frac{2}{3}\frac{r \sin \alpha}{\alpha}$; $\frac{4r}{3\pi}$; $0{,}425\,r$.

45 $x_s = \frac{r}{2}$; $y_s = \frac{2r}{\pi}$.

46 $x_F = \frac{1}{2}r$; $x_V = \frac{3}{8}r$.

47 $x = \frac{5r^2\varrho_2 + 6h\varrho_1(2r+h)}{4(2r\varrho_2 + 3h\varrho_1)}$; 0,84 cm.

48 $h < \frac{a}{2\mu_G}$.

49 $\tan \alpha = \frac{2r}{h}$.

3.4. Gleichgewichtsprobleme

3.4.1. *Gemeinsamer Schnittpunkt der Wirkungslinien*

50 Graphisch: Geschlossenes Kräfte-(Vektor-)Polygon;
Analytisch: $\Sigma F_x = 0$ und $\Sigma F_y = 0$.

51 Null; vom Tischblatt wirkt eine Normalkraft (Reaktion) auf den Körper, die entgegengesetzt gleich seinem Gewicht ist.

52 Der «Kräfteplan» als Kräftepolygon in gesonderter Figur liefert den Betrag der im Gleichgewicht befindlichen Kräfte mit vorgegebener Richtung; der «Lageplan» zeigt die Kräfte am Ort ihrer Wirkung.

53 Wirkungslinie in der Ebene und durch den Schnittpunkt der gegebenen Kräfte. Vektorsumme der Kräfte gleich null.

54 In a) ist $\vec{F}_5$ die Resultierende der vier andern (gegebenen) Kräfte; in b) halten sich die fünf (gegebenen) Kräfte das Gleichgewicht, die Resultierende ist null.

55 25 N; 126,9°.

56 Vektorpolygon schliesst sich; $F_{rx} = 0$, $F_{ry} = 0$.

58 b) α : 0° 30° 60° 90°
F_1: F_G 1,16 F_G 2,00 F_G ∞
c) $\alpha \approx 80°$.

59 $F = \dfrac{F_G}{2\cos\alpha}$.

60 $F = \dfrac{F_G}{2\cos\alpha}$; $\tan\alpha = \dfrac{8}{3}$; 285 N.

61 120 N; 170 N; *B* auf Zug, die Wand bei *C* auf Druck und Schub; Ja: *BA*.

62 a) Gewicht, Seilkraft, Reaktionskraft der Unterlage (Normalkraft); Gewicht und Normalkraft sind Resultierende paralleler Einzelkräfte;
b) $F_S = F_G \sin\alpha$; 342 N; $F_N = F_G\cos\alpha$; 940 N.

63 $\sin\alpha_2 = \dfrac{F_1 \sin\alpha_1}{F_2}$; 41,8°.

64 $F = F_G \dfrac{\sin\alpha}{1 + 2\cos\alpha}$; $F_N = F_G \dfrac{2 + \cos\alpha}{1 + 2\cos\alpha}$.

65 $F = 2mg\dfrac{y_1}{x_1}$; $F_N = \dfrac{mg}{x_1}\sqrt{x_1^2 + 4y_1^2}$.

66 a) $\tan\alpha_0 = \mu_H$; $\alpha_0 = 27°$;
b) Gewicht, Normalkraft, Haftreibung; im Schnittpunkt der Wirkungslinie von F_G mit der schiefen Ebene;
c) $F = F_G[\sin(\alpha_0 + \Delta\alpha) - \mu_H\cos(\alpha_0 + \Delta\alpha)] = F_G\dfrac{\sin\Delta\alpha}{\cos\alpha_0}$; 0,29 kN;
d) $F = F_G[\mu_H\cos(\alpha_0 - \Delta\alpha) - \sin(\alpha_0 - \Delta\alpha)] = F_G\dfrac{\sin\Delta\alpha}{\cos\alpha_0}$; 0,29 kN;
e) Fall c): $F_R = 0{,}37$ kN; Fall d): $F_R = 0{,}49$ kN.

3.4.2. *Ebenes Kräftesystem am starren Körper; ohne Haftreibung*

67 $\Sigma\vec{F}_i = \vec{0}$; $\Sigma M_i = 0$.
Weil der Körper sonst eine reine Translations- bzw. Drehbewegung ausführen kann.

68 a) Gewicht (vertikal), Reaktionskraft der Unterlage (normal zur schiefen Ebene), Fadenkraft (Richtung des Fadens);
b) Gewicht und Normalkraft sind Resultierende paralleler Einzelkräfte;
c) durch den Schnittpunkt der Wirkungslinien des Gewichts und der Fadenkraft;
d) $F_N = F_G\cos\alpha$; $F = F_G\sin\alpha$.

69 a) $F_2 = 229$ N;
b) F_1, F_2, F_G und die Reaktionskraft der Unterstützung in C, vertikal nach oben.

70 a) $\approx 0{,}33$ kN;
b) $\approx 0{,}27$ kN.

71 327 N; 273 N.

72 28,3 N.

73 Zuerst die Resultierende von F_G und F_1, dann Konstruktion mit Seil- und Krafteck in umgekehrter Reihenfolge.

74 F_A: 16,36 kN; F_B: 16,84 kN.

75 F_A: 3,43 kN; F_B: 4,63 kN.

76 a) $DX_0 = \dfrac{F_1 \cdot \overline{SD}}{F_2}$; 0,70 m;

b) $F_C(x) = \dfrac{F_1 \cdot \overline{SD} + F_2 \cdot \overline{AD}}{\overline{CD}} - \dfrac{F_2}{\overline{CD}} \cdot x = c - kx;$

$F_D(x) = \dfrac{F_1 \cdot \overline{CS} - F_2 \cdot \overline{AC}}{\overline{CD}} + \dfrac{F_2}{\overline{CD}} \cdot x = d + kx.$

77 31°; 8 N.

78 $\cot\alpha = \dfrac{2}{3}$; 56,3°.

79 In A: vertikal aufwärts: $\dfrac{3}{8}F_G$; horizontal nach links: $\dfrac{\sqrt{3}}{8}F_G$;

Resultierende: $\dfrac{\sqrt{3}}{4}F_G$;

in B: vertikal aufwärts: $\dfrac{5}{8}F_G$; horizontal nach rechts: $\dfrac{\sqrt{3}}{8}F_G$;

Resultierende: $\dfrac{\sqrt{7}}{4}F_G$.

80 $\tan\alpha = \dfrac{2F}{F_1 + 2F_2}$; vertikal nach unten: $F_1 + F_2$; horizontal nach links: F.

81 $F_A = 57$ kN; $F_B = 81$ kN; $F_{A_x} = -F_A$; $F_{A_y} = 0$; $F_{B_x} = F_A$; $F_{B_y} = 57$ kN.

82 a)

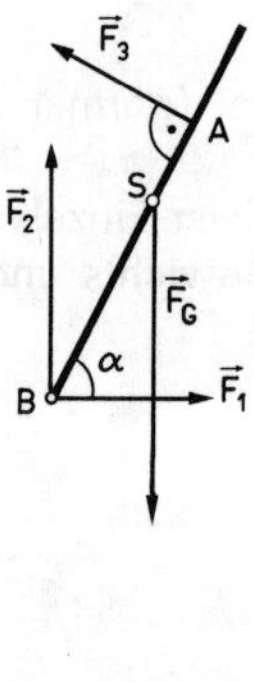

Abb. 3–66

b) Normal zur Stabrichtung, da keine Reibung vorhanden;

c) $F_3 = \dfrac{F_G \, l \sin 2\alpha}{4\,\overline{AC}}$; 55 N;

$F_1 = F_3 \sin\alpha$; 47 N;

$F_2 = F_G - F_3 \cos\alpha$; 153 N.

83 b) $\sin\alpha = \sqrt[3]{\dfrac{2s}{l}}$; $\alpha = 53{,}1°$; $F_1 = F_G \cot\alpha$; 7,5 N; $F_2 = \dfrac{F_G}{\sin\alpha}$; 12,5 N.

84 a) $\beta = 20{,}6°$; $F_3 = \dfrac{\overline{AB}\cdot F_2 + \overline{AS}\cdot F_1}{\overline{AB}\cdot\sin\beta} = \dfrac{F_2 + \frac{1}{2}F_1}{\sin\beta}$; 18,5 kN;

$F_{4x} = -F_{3x} = F_3\cos\beta$; 17,3 kN; $F_{4y} = F_1 + F_2 - F_3\sin\beta = \frac{1}{2}F_1$; 1,5 kN;

$F_4 = 17{,}4$ kN; $\alpha_4 = 5{,}0°$;

b) β' mit cos- und sin-Satz; 19,8°;

$F_3' = \dfrac{(F_2 + \frac{1}{2}F_1)\cos\alpha}{\sin\beta'}$; 13,5 kN;

$F_{4x}' = -F_{3x}' = F_3'\cos(\alpha - \beta')$; 12,3 kN; $F_{4y}' = F_1 + F_2 + F_3'\sin(\alpha - \beta')$, 13,8 kN;

$F_4' = 18{,}4$ kN; $\alpha_4' = 48{,}3°$.

3.4.3. *Ebenes Kräftesystem am starren Körper; mit Haftreibung*

85 $\tan\alpha = \dfrac{1}{2\,\mu_H}$; 68°.

86 a) $\tan\alpha = \dfrac{F_1 + 2F_2\dfrac{u}{l}}{2\mu_H\,(F_1 + F_2)}$; (vgl. Abb. 3–67);

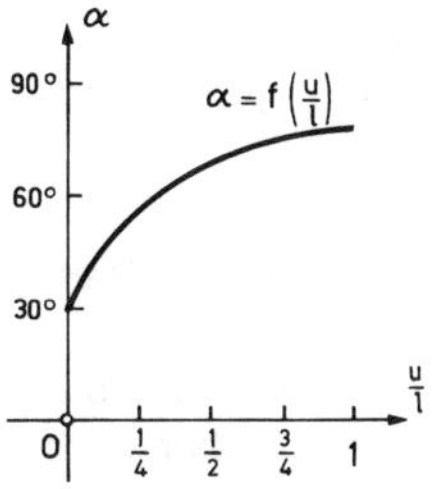

Abb. 3–67

b) für $F_2 = 0$ wird $\tan\alpha = \dfrac{1}{2\mu_H}$.

87 $\tan\alpha = \dfrac{1 - \mu_W\mu_B}{2\mu_B}$.

88 a) Zuoberst auf der Leiter;

b) $\tan\alpha = \dfrac{F_1\,(1 - \mu_H^2) + 2F_2}{2\mu_H\,(F_1 + F_2)}$; $\alpha = 65{,}8°$;

c) $F_{N1} = \dfrac{F_1 + F_2}{1 + \mu_H^2}$; 690 N;

$F_{N2} = \dfrac{\mu_H\,(F_1 + F_2)}{1 + \mu_H^2}$; 276 N.

89 a) $\tan\alpha = \mu_H$;
b) $\tan\alpha = 2\mu_H$;
c) $\tan\alpha = \mu_H \dfrac{2F_G + F}{F_G + F}$.

90 $F = \mu_H (F_1 \cos\alpha + F_2) - F_1 \sin\alpha$; ≈ 220 N.

91 a) $F = \dfrac{F_G(\sin\alpha - \mu_H \cos\alpha)}{\cos\beta - \mu_H \sin\beta}$; $F_N = \dfrac{F_G \cos(\alpha+\beta)}{\cos\beta - \mu_H \sin\beta}$;

b)

β	$-20°$	$0°$	$20°$	$40°$	$60°$	
F	153	154	177	242	471	N
F_N	992	940	879	784	531	N
F_R	198	188	176	157	106	N;

c) Parallelverschiebung abwärts;
Schnittpunkt Wirkungslinie von F_G mit schiefer Ebene.

92 $\tan\alpha = \mu_H \dfrac{F_1 + 2F_2}{F_1}$; $\alpha \approx 29°$.

93 a) $F_1 = \dfrac{F_G}{\sin\alpha}$; $2F_G$; $F_2 = \dfrac{F_G}{\tan\alpha}$; $1{,}73\,F_G$;

b) Die Drehmomente der Reibungskräfte bezüglich des Kugelmittelpunktes sind entgegengesetzt gleich, mit gleichem Hebelarm $h = r$.

3.5. Das elastische Verhalten des festen Körpers

3.5.1. *Zug und Druck*

94 a) Gleiche steigende Gerade für zu- und abnehmende Kraft;
b) Diagramm für abnehmende Kraft wesentlich verändert (Zurückbleiben einer dauernden Verlängerung).

95 a) σ die Spannung F/A, ε die relative Verlängerung $\Delta l/l$; die rel. Verlängerung ist der Spannung proportional;
b) $\varepsilon = 1$ bedeutet, daß der Draht oder Stab auf die doppelte Länge ausgezogen wäre. Dabei ist in den meisten Fällen die Elastizitätsgrenze überschritten und/oder schon die Bruchgrenze erreicht worden.

96 $2 \cdot 10^8$ N/m²; 4,2 mm.

97 $E = \dfrac{\sigma}{\varepsilon}$; $\Delta E = \pm E\left(\dfrac{\Delta F}{F} + \dfrac{\Delta l}{l} + \dfrac{2\Delta d}{d} + \dfrac{\Delta\Delta l}{\Delta l}\right)$;
$E = 21{,}2 \cdot 10^{10}$ N/m²;
$\Delta E = 0{,}5 \cdot 10^{10}$ N/m²; $\Delta E/E = 2{,}4\%$.

98 a) $D = \Delta F/\Delta l$; 18,2 N/m;
b) 0,06 mm; $D = \dfrac{EA}{l}$; $3{,}3 \cdot 10^4$ N/m;
c) In a) Torsions-, in b) Zug-Beanspruchung.

99 15,0 N/m; 2,19 N.

100 $d = 2\sqrt{\dfrac{nF}{\pi(\sigma_B - l\gamma n)}}$; 0,57 cm.

101 a) $l \leqq \dfrac{\sigma_B}{g\varrho}$; 3,4 km;

b) $\Delta l = \dfrac{l\sigma_B}{2E}$; 4,3 m.

102 a) $\tan\alpha = \dfrac{r}{h}$; $F = \dfrac{F_G}{4\cos\alpha}$; $\Delta l = \dfrac{4F\sqrt{h^2 + r^2}}{E\pi d^2}$; 8,5 mm.

b) $\dfrac{\sigma_B}{\sigma} \approx 6$.

103 a) Druck in *AC* und *BC*, Zug und Biegung in *AB*;

b) $A = \dfrac{F}{2\sigma_{max}\tan(CAB)}$; 15 cm²;

c) $\sigma = \dfrac{\sigma_{max}}{\cos(CAB)}$; $2{,}4 \cdot 10^6$ N/m²;

d) $\varepsilon = \dfrac{\sigma_{max}}{E}$; $1{,}82 \cdot 10^{-4}$; ≈ 0,5 mm.

104 $\Delta F = \dfrac{\Delta l}{l}AE$; 110 kN; Zugfestigkeit überschritten.

105 $W = \dfrac{F\Delta l}{2} = \dfrac{(\Delta l)^2 AE}{2l} = \dfrac{l\sigma^2 A}{2E} = \dfrac{V\sigma^2}{2E} = \dfrac{lF^2}{2AE}$.

3.5.2. *Schub, Biegung und Torsion*

106 a) Neutrale Faser; auf konvexer Seite Zug-, auf konkaver Seite Druck-Beanspruchung.
b) Zunehmende Schub-Beanspruchung nach außen in parallelen, zur Stabachse normal stehenden Kreisflächen.

107 Beanspruchung auf Schub; parallele, normal zur Achsenrichtung der Nieten stehende Ebenen werden gegeneinander verschoben.

108 a) $n_1 = 1$; $n_2 = 3$; $n_3 = -1$; $n_4 = -3$;

b) $h = k\dfrac{F\,l^3}{b\,a^3}$;

c) $h = \dfrac{z}{E} \cdot \dfrac{F\,l^3}{b\,a^3}$; $z = 4{,}16 \approx 4$;

d) $19{,}2 \cdot 10^{10}$ N/m².

109 Man denkt sich den an den Enden unterstützten Balken in der Mitte festgehalten. Dann wirkt auf das Ende des Balkens der Länge $l/2$ die Kraft $F/2$ (Reaktionskraft des Widerlagers). Daraus ergibt sich

$$h = \frac{1}{4E}\,\frac{Fl^3}{ba^3}.$$

110 Kleinerer Biegungspfeil in vertikaler und in horizontaler Richtung, verglichen mit einem Balken gleich großer rechteckiger oder quadratischer Querschnittsfläche. Verminderung des Gesamtgewichtes.

111 $\Delta y \sim \frac{m l^3}{E b a^3} = \frac{l^4 \varrho}{E a^2}$;

a) $\frac{\Delta y_1}{\Delta y_2} = \frac{a_2^2}{a_1^2} = 4$; $\Delta y_2 = 0{,}75$ mm;

b) $\frac{\Delta y_1}{\Delta y_2} = \frac{(\varrho/E)_1}{(\varrho/E)_2}$; 1,1; Unterschied zwischen Stahl und Aluminium unbedeutend.

112 $s = \sqrt{b a}$; $h_1 \sim \frac{1}{b a^3}$; $h_2 \sim \frac{1}{(ba)^2}$; $\frac{h_2}{h_1} = \frac{a}{b}$; 10.

3.6. Flüssigkeiten

3.6.1. *Druckausbreitung; Stempel- und Schweredruck*

113 a) 1 N/m^2 = 1 Pa (1 Pascal);
b) 1 bar = 10^5 Pa; 1 mbar = 10^2 Pa (heute in der Meteorologie verwendete Druckeinheit);
c) 1 $N/m^2 = 1{,}020 \cdot 10^{-5}$ kp/cm^2; 1 bar = 1,020 kp/cm^2;
1 mbar = $1{,}020 \cdot 10^{-3}$ kp/cm^2;
d) 1 bar = 1,020 $kp/cm^2 \approx 1$ kp/cm^2 (1 at).

114 a) 0,5 bar;
b) 0,6 bar;
c) $\approx$ 100 bar;
d) 25 mbar;
e) 2 kbar.

115 a) In der Horizontalebene durch die Flächenmitte von A (Höhe h_1);
b) zu p_0 addiert sich dort der Schweredruck des Wassers der Höhe $h_1 - h_2$;
c) $p = p_0 + \varrho g (h_1 - h_2) + F/A$;
d) von seiner *allseitigen* Ausbreitung in der Flüssigkeit;
e) inkompressibel: auch bei höchsten Drücken ist die relative Volumenänderung so klein, daß sie vernachlässigt werden darf;
reibungslos: man nimmt an, daß bei der gegenseitigen Verschiebung von Flüssigkeitsteilchen (und von Flüssigkeitsteilchen gegenüber der Wand), was bei durchschnittlich gleichbleibenden Abständen geschieht, keine Reibungskräfte auftreten.

116 a) Weil der Schweredruck in den meisten Fällen gegenüber dem Stempeldruck vernachlässigbar klein ist.
b) $2{,}7 \cdot 10^{-3}$.

117 a) 2 kN; 10 bar;
b) $W_1 = W_2$.

118 a) Wirkung des Wassers in geschlossenem System auf einen vertikal verschiebbaren Kolben, dessen Durchmesser mindestens

$$d = 2\sqrt{\frac{mg}{\pi p}} \approx 19 \text{ cm beträgt.}$$

b) $\approx 1{,}5 \cdot 10^4$ J.

119 4,9 kN.

120 a) 1013 mbar; b) 750 mm.

121 21,0 bar.

122 $\varrho_2 = \dfrac{\Delta h_1 \varrho_1 - \Delta h_3 \varrho_3}{\Delta h_2}$; 790 kg/m³.

123 a) Auf der Wasser-Seite der Staumauer addiert sich zum Schweredruck des Wassers angenähert derselbe Luftdruck, der auf der wasserfreien Seite der Mauer allein wirksam ist.
b) Nein! Schweredruck nur von Flüssigkeitshöhe und Dichte abhängig.

124 $5{,}5 \cdot 10^3$ N.

125 a) $F_{\text{links}} = F_l =$ Gewicht von Flasche und Flüssigkeit;
$F_{\text{rechts}} = F_r = A_1 (h_1 + h_2)\gamma$;
$\Delta F = F_r - F_l$; 16,4 N; links aufzulegen;
b) Kraft der Flüssigkeit auf die Flasche in vertikaler Richtung gleich Differenz der Flüssigkeitskraft auf die Bodenfläche A_1 und auf die Deckfläche $(A_1 - A_2)$; $F_1 - F_2 =$ Gewicht der Flüssigkeit.

126 a) $\Delta F = s\gamma A_2$;
b) $\Delta F = \Delta h \gamma A_1$; mit $\Delta h = \dfrac{A_2 s}{A_1}$ (zu beweisen!) wiederum $\Delta F = s\gamma A_2$.

127 $\omega = \dfrac{1}{r}\sqrt{2gh}$.

3.6.2. *Statischer Auftrieb (Gesetz des Archimedes)*

128 $\varrho = \dfrac{F_L \varrho_W}{F_L - F_W}$; $\approx 7{,}1 \cdot 10^3$ kg/m³; Zn;
nicht mehr als 2 Ziffern wegen der Differenz im Nenner.

129 ≈ 18 N.

130 $\varrho = \varrho_W \dfrac{F_1}{F_2 - F_3}$; 870 kg/m³.

L 3.

131 a) Schwebender Körper vollständig eingetaucht; beim schwimmenden ragt ein Teil aus der Flüssigkeit heraus;
b) 1. das Gesetz von Archimedes;
2. die Gleichgewichtsbedingung: Auftrieb = Gewicht des Körpers;
c) Schweben: mittlere Dichte des Körpers gleich derjenigen der Flüssigkeit;
Schwimmen: mittlere Dichte des Körpers kleiner als Dichte der Flüssigkeit.

132 a) Kein Schweredruck;
b) kein Auftrieb;
c) allseitige Druckausbreitung wie im ruhenden Gefäß an der Erdoberfläche.

133 Der Auftrieb ist gleich dem Gewicht der verdrängten Flüssigkeit;
der Auftrieb ist gleich dem Gewicht des schwimmenden Körpers.

134 $\approx 15\ \mathrm{m}^3$.

135 89,0%.

136 0,42 N.

137 a) Wägungen in Luft und in Wasser, woraus sich Masse und Volumen des Stückes ergeben.
$\frac{m_1}{m_2} = \frac{(m - V\varrho_2)\,\varrho_1}{(V\varrho_1 - m)\,\varrho_2}$;
b) 0,251.

138 $\frac{m_1}{m_2} = \frac{\varrho_1(\varrho_W - \varrho_2)}{\varrho_2(\varrho_1 - \varrho_W)}$; 2,6.

139 $\frac{V_2}{V_1} = \frac{\varrho_W - \varrho_1}{\varrho_2 - \varrho_1}$; 0,063.

140 Die Resultierende aller Druckkräfte geht durch die Achse; es gibt kein Drehmoment.

141 a) Resultierende Kraft nach oben: $F = \left(2 + \frac{1}{n}\right) V\gamma$;
b) resultierende Kraft nach unten: $F = \left(2 + \frac{1}{n}\right) V\gamma$;
Zeitlicher Mittelwert der resultierenden Kraft gleich null.

142 a) 33,5 g;
b) $x = h - \frac{m_1 + m_2}{A\varrho_{Fl}}$; 2,00 cm; 3,64 cm; 5,00 cm; nicht linear.

143 $x = \frac{4m}{\pi d^2 \varrho_W}\left(\frac{\varrho_W}{\varrho} - 1\right)$; 40,3 mm; 90,6 mm; 155,3 mm.

144 ≈ 4700 J.

145 $\Delta V = -\chi p V$; $-5\ \mathrm{dm}^3$; 5‰.

146 a) Falsch, sofern man von der Kompressibilität der Flüssigkeit absieht;
b) wegen der Kompressibilität der Flüssigkeit nehmen ihre Dichte und der Auftrieb mit der Eintauchtiefe zu; die Kompressibilität des eingetauchten Körpers bewirkt eine Verkleinerung seines Volumens, was der Zunahme des Auftriebes entgegenwirkt. Beide Effekte sind sehr klein.

147 a) $\varrho = \varrho_0 \frac{1}{1 - \chi_W \varrho_0 g h}$; $1{,}0023\,\varrho_0$;

b) $\bar{\varrho} = \frac{1}{2}(\varrho_0 + \varrho)$; $1{,}0012 \cdot 10^3\ \mathrm{kg/m^3}$; nein!

c) $V = V_0(1 - \chi_{\mathrm{Glas}} \bar{\varrho} g h)$; $0{,}99988\,V_0$;

d) $F_h = F_0 \frac{1 - \chi_{\mathrm{Glas}} \bar{\varrho} g h}{1 - \chi_W \bar{\varrho} g h}$; $1{,}0022\,F_0$.

3.6.3. *Oberflächenspannung und Kapillarität*

148 $\gamma = \frac{mg}{2l}$; $\approx 3 \cdot 10^{-2}\ \mathrm{N/m}$.

149 $h_2 = h_1 \frac{\gamma_2 \varrho_1}{\gamma_1 \varrho_2}$; 94 mm; 0,32 mm.

150 $n \approx \frac{g \Delta m}{\pi d \gamma}$; 86.

151 $\Delta h = h_1 - h_2 = \frac{4\gamma}{\varrho g}\left(\frac{1}{d_1} - \frac{1}{d_2}\right)$;

a) ≈ 23 mm; b) ≈ -11 mm.

152 $d_{\min} = \frac{4\gamma}{\Delta p_{\max}}$; ≈ 1 cm.

153 a) Nach der konkaven Seite der Fläche;
b) für die Seifenblase gilt, im Gegensatz zum Quecksilbertropfen, $p = 4\gamma/r$, da die äußere und die innere Oberfläche denselben Druck ausüben (genähert ist $r_1 = r_2 = r$).
c) ≈ 20 bar.

154 $\approx 6\ \mathrm{N/m^2}$; $\approx 0{,}8$ mm.

155 $\Delta p = 8\gamma\left(\frac{1}{d_1} - \frac{1}{d_2}\right)$; 8,7 Pa.

156 $\Delta E = 2lh\gamma$; $6 \cdot 10^{-5}$ J.

157 $\Delta E = \pi \gamma d^2 \left(N - \sqrt[3]{N^2}\right)$; $\approx 1{,}2 \cdot 10^{-3}$ J.

158 a) $h = \frac{2\gamma}{d \varrho g}$; in Kapillare wäre $h = \frac{4\gamma}{d \varrho g}$;

genäherte Oberflächenformen: Kapillare: Halbkugelfläche;
zwischen parallelen Platten: halber Kreiszylindermantel;

b) $y = \frac{g \Delta m}{\varrho g \varphi} \cdot \frac{1}{x}$; Hyperbel.

159 $x_1 = \frac{y_2 \Delta x}{y_1 - y_2}$; 0,5 cm; $\varphi \approx \tan \varphi = \frac{\gamma}{\varrho g} \cdot \frac{1}{x_1 y_1}$;
$\varphi = 1{,}89°$; $2\varphi = 3{,}79°$.

3.7. Gase

3.7.1. *Druck und Kraft; Dichte*

160 Die Flüssigkeit bildet eine freie Oberfläche; das Gas erfüllt das ganze Gefäß homogen, unabhängig von der Gasmenge. In Flüssigkeit und Gas breitet sich der Druck allseitig mit gleicher Stärke aus. Die Flüssigkeit ist sehr wenig, das Gas stark zusammendrückbar. Beide besitzen Volumenelastizität. Begründung: Flüssigkeit: Starke zwischenmolekulare Kräfte, aber leichte Verschiebbarkeit der Teilchen aneinander vorbei; Gas: sehr geringe zwischenmolekulare Kräfte; Unabhängigkeit der Teilchen voneinander;
in beiden Fällen ungeordnete Molekularbewegung (Vgl. auch Aufg. 3–166).

161 $\Delta p = \frac{F_G}{A}$; 6,75 kPa = 67,5 mbar.

162 15 N.

163 $p = \varrho g h + p_0$; 988 mbar.

164 46 kN.

165 a) In beiden Fällen gibt der Überdruck dieselbe resultierende Kraft in Richtung der Zylinderachse; beim Flachdeckel wird die Schweißnaht jedoch stärker auf Biegung beansprucht.
b) $\frac{F}{l} = \frac{d\,\Delta p}{4}$; $1{,}55 \cdot 10^4$ N/cm.

166 $\Delta p = \varrho h g$; 0,13 mbar; innerhalb Fehlergrenze von p_0.

3.7.2. *Boyle-Mariottesches Gesetz; Auftrieb*

167 Ideales Gas; Volumenänderung bei konstanter Temperatur.

168 0,485 kg/m³.

169 39,2 bar.

170 2,5 dm³.

171 1,32.

172 $\Delta V = \frac{V}{p_0}(p_2 - p_1)$; 45,3 m³.

173 a) $p_1 = p_0 + \frac{mg}{A}$; 0,989 bar;

b) $p_2 = p_0 + \frac{(m + m_1) g}{A}$; 1,219 bar; 70,1 cm³;

c) $m_2 = \frac{p_0 A}{g} + m$; 8,57 kg.

174 a) $\Delta l = l_0 \frac{\varrho_1 g l_1}{p_0 + \varrho_1 g l_1}$; 40 mm;

b) $\Delta l = l_0 \frac{\varrho_1 g l_1}{p_0 - \varrho_1 g l_1}$; 50 mm.

175 $p_1 = p_0 \frac{l_1 + l_2}{l_1 + l_2/2}$; $1{,}75 \cdot 10^5$ Pa; $x = \frac{l_1 l_2}{2(l_1 + l_2)}$; 4,29 cm;
$F = A(p_1 - p_0)$; 263 N.

176 258 g.

177 a) $p_1 = p_0 + h_1 \varrho g$; $p_2 = p_0 + \Delta p_0 + h_2 \varrho g$; h_1 und h_2 von der Wasseroberfläche im Standzylinder bis zu derjenigen im Taucher;
b) Luft: $V_2 p_2 = V_1 p_1$; $V_2 < V_1$;
Wasser: $V_{2W} > V_{1W}$; Gewicht hat zugenommen;
c) $F_{G_1} = F_{A_1}$ (Auftrieb); $F_{G_2} = F_{A_2} = F_{G_1} + \Delta F_G = F_{A_1} + \Delta F_A$; $\Delta F_A = \Delta F_G$.

178 Um ein labiles! Steigt der Taucher ein wenig, so nimmt der Druck auf seine Füllung wegen der geringer werdenden äußern Wasserhöhe ab; es fließt etwas Wasser aus und das Gewicht wird kleiner als der Auftrieb.

179 $V_2 = V_1 \left(1 + \frac{\varrho g}{p_0} h\right)$; $\approx 6 V_1$;

$d_2 = d_1 \sqrt[3]{1 + \frac{\varrho g}{p_0} h}$; $\approx 1{,}8\, d_1$.

180 a) Die geschlossene Flasche wird zerdrückt; in der offenen reduziert sich das Luftvolumen durch eindringendes Wasser auf einen Bruchteil des anfänglichen;

b) $\frac{V}{V_0} = \frac{p_0}{p_0 + \bar{\varrho} g h}$; $\frac{1}{181}$.

181 $x^2 - \left(2l + \frac{p_0}{\varrho g}\right) x + l^2 = 0$; $x \approx 1{,}5$ cm.

182 950 μN; 19 μN; die Glaskugel sinkt.

183 $F_G = \frac{p}{p_n} V g (\varrho_2 - \varrho_1)$; 16,3 kN.

184 $m = m' \frac{\varrho_2 - \varrho_3}{\varrho_1 - \varrho_3} \frac{\varrho_1}{\varrho_2}$; 12,398 g.

185 $\Delta p_L = \Delta p_W = 19\, p_1$; $\left(\frac{\Delta V}{V}\right)_L = -95\%$; $\left(\frac{\Delta V}{V}\right)_W = -0{,}087\%$.

186 a) $\Delta p = -p_1 \frac{\Delta V}{V_1 + \Delta V}$;

b) $\Delta V = -\frac{V_1}{2}$; $\Delta p = p_1$; $p_2 = 2p_1$;

c) $\lim\limits_{\Delta V \ll V_1} \Delta p = -p_1 \frac{\Delta V}{V_1}$;

d) $\frac{\Delta V}{V_1} = -\frac{1}{p_1} \Delta p = -\chi \Delta p$; $\chi = \frac{1}{p_1}$;

e) $\Delta p = \frac{p_1}{100}$; $p_2 = 1{,}01\, p_1$;

ja: $p_2 = \frac{100}{99} p_1$; $p_2 = 1{,}01\, p_1$.

187 $\frac{\Delta \varrho}{\varrho} = \frac{\Delta p}{p}$; $2 \cdot 10^{-10}$; $2 \cdot 10^{-4}$.

3.7.3. *Der atmosphärische Druck; barometrische Höhenformel*

188 ≈ 8 km.

189 a) $\frac{\Delta p}{\Delta h} = -\frac{\varrho_n g}{p_n} p$;

b) $7{,}99 \cdot 10^3$ m;

c) $p' = \frac{dp}{dh} = -\frac{\varrho_n g}{p_n} p$;

d) $h = \frac{p_n}{\varrho_n g} \ln \frac{p_n}{p} = h_0 \ln \frac{p_n}{p}$; $h_0 = 7990$ m.

190 $h = k_2 \lg (p_n/p)$; $k_2 = 18\,400$ m.

191 0,78; 0,53; 0,29; 0,15; 0,08.

192 782 mbar.

193 1,78 km.

194 1028 mbar; 1017 mbar; 1001 mbar; 1013 mbar.

195 a) $\Delta h = 7990 \ln 2$; 5,5 km;

b) 121 km; $2{,}4 \cdot 10^{-7} p_n$.

196 0,945 kg/m³.

197 a) Sie bedeuten die auf Meereshöhe reduzierten Drücke;
b) 974 mbar;
c) $\bar{p} = 949$ mbar; $\Delta p = +25$ mbar.

198 $\approx 7{,}4$.

4. KINEMATIK UND DYNAMIK DER FESTEN KÖRPER, FLÜSSIGKEITEN UND GASE

4.1. Kinematik geradliniger Bewegungen des Massenpunktes

4.1.1. *Gleichförmige Bewegung*

4.1.1.1. *Allgemeines zur gleichförmigen Bewegung*

1 Das Gebiet der Mechanik, in dem Bewegungsabläufe behandelt werden, ohne auf die beteiligten Massen oder wirkenden Kräfte einzutreten.

2 Man denkt sich die Masse eines ausgedehnten Körpers unter Beibehaltung ihres Betrages in einem Punkt konzentriert; die Resultierende allfällig einwirkender Kräfte geht durch diesen Massenpunkt; es gibt keine Drehbewegungen.

3 Δ bedeutet stets eine Differenz, z. B. $\Delta t = t_2 - t_1$; $\Delta s = s_2 - s_1$; $\Delta v = v_2 - v_1$; über eine weitere Interpretation siehe Aufgabe 4–47.

4 a) In beliebig kleinen gleichen Zeiten werden in gerader Linie gleiche Wege zurückgelegt.
b) Als Verhältnis des Weges zur zugehörigen Zeit; sie ist ein Vektor.
c) $[v] = \dfrac{\text{Länge}}{\text{Zeit}} = \dfrac{L}{T}$;
1 m/s; 1 km/h, 1 cm/s, etc.
d) Nur $v = \dfrac{\Delta s}{\Delta t} = \dfrac{s_2 - s_1}{t_2 - t_1}$; falls für $t_1 = 0$ auch $s_1 = 0$ ist, gilt $v = \dfrac{s_2}{t_2}$.

5 d) Die Geschwindigkeit als $v = \dfrac{\Delta s}{\Delta t} = \dfrac{s}{t} = \text{const.}$

6 Unsinn! Die Steigung der Geraden $s = f(t)$ ist nicht $\tan\alpha$, sondern das Verhältnis der physikalischen Größen s und t, für welche Maßzahlen und Einheiten auf den Koordinatenachsen abzulesen sind. Hier: $v = s/t = 4\,\text{m}/3\,\text{s} = 1{,}33$ m/s.

7 a) Graphischer Eisenbahn-Fahrplan;
b) Zug, der von B nach A fährt;
c) Zeit und Ort des Kreuzens zweier Züge.

8 a) Gleichförmige Bewegung mit 1. Geschwindigkeit in der Zeit 0 bis 2 Sekunden, mit höherer Geschwindigkeit von 2 bis 4 Sekunden; sprunghafte Geschwindigkeitsänderung nach 2 Sekunden;

b) c)

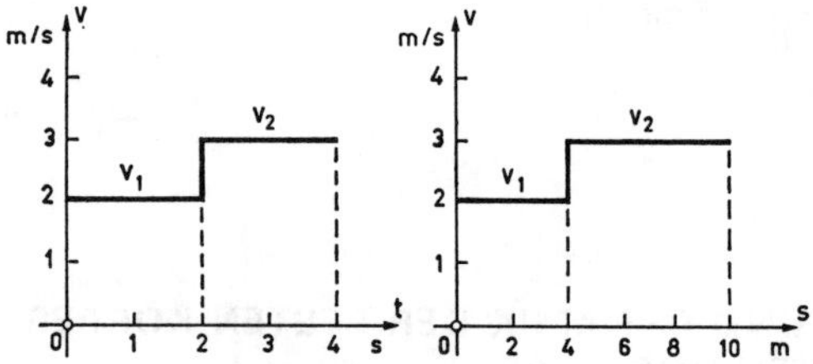

Abb. 4–78

d) $\bar{v} = \dfrac{\text{ganzer Weg}}{\text{ganze Zeit}} = \dfrac{s}{t}$; 2,5 m/s.

9 c) $\bar{v} = \dfrac{s}{t} = \dfrac{2 v_1 v_2}{v_1 + v_2}$; 75 km/h (nicht 80 km/h).

10 $\bar{v} = \dfrac{s_1 + s_2}{t_1 + t_2} = \dfrac{v_1 v_2 (s_1 + s_2)}{v_1 s_2 + v_2 s_1}$; 84 km/h.

4.1.1.2. *Angewandte Beispiele*

11 88,2 km/h.

12 82,3 km/h.

13 45,6 s.

14 $\approx$ 30 km/s.

15 a) 463 m/s;

b) $v = \dfrac{2 r \pi \cos \varphi}{T}$; 401 m/s; 232 m/s.

16 $v = 2 \pi r n$; 293 m/s.

17 $v = \dfrac{4V}{\pi d^2 t}$; 31,8 cm/s.

18 45000.

19 44 h 27 min.

20 500 m/s.

21 $h = \dfrac{ct}{2}$; 1152 m.

22 $t = \dfrac{s}{v_1 + v_2}$; 3 min 34 s; $s_1 = \dfrac{v_1 s}{v_1 + v_2}$; 300 m.

23 $t_B = \dfrac{s + v_A \Delta t}{v_A + v_B}$; $28\frac{1}{3}$ min; $s_B = v_B t_B$; 34 km von B.

24 $t = \dfrac{s - v_1 (t_2 - t_1)}{v_1 + v_2}$; 8 min 44 s; $s_2 = v_2 t$; 8730 m.

25 $s_1 = \dfrac{v_1 l}{v_1 - v_2}$; ($l = 95$ m); 285 m.

26 $\sin\alpha = \dfrac{v}{c}$; 47,3°.

4.1.1.3. *Zusammensetzung gleichförmiger Bewegungen; Relativgeschwindigkeit*

27 Das Motorschiff flußauf- oder -abwärts; ein Schwimmer im Strom; das Flugzeug in der Luft bei Gegen-, Rücken- oder Seitenwind; Wimpel und Rauchfahnen an fahrenden Schiffen bei Wind etc.; «Aberration» der Regentropfen, aus dem fahrenden Zug betrachtet; Aberration des Lichtes.

29 $v = \sqrt{v_1^2 + v_2^2 + 2 v_1 v_2 \cos\alpha}$; 11,4 m/s; $\sin\varphi = \dfrac{v_2}{v}\sin\alpha$; $\varphi = 22{,}4°$.

30 $v_1 = v \tan\alpha_2$; 5,77 m/s; $v_2 = \dfrac{v}{\cos\alpha_2}$; 11,5 m/s.

31 a) $\vec{v} = \vec{v}_1 + \vec{v}_2$;
b) 9 m/s; 6 m/s; 7,65 m/s.

32 a) Ein ruhender Punkt der Luft hat im Koordinatensystem, das mit dem Propellerflugzeug fest verbunden ist, die Geschwindigkeit $-\vec{v}_2$, daher ein Punkt, der sich mit $\vec{v}_1$ durch die Luft bewegt, die Geschwindigkeit $-\vec{v}_2 + \vec{v}_1$. Es ist also $\vec{v}_{rel} = \vec{v}_1 - \vec{v}_2$. (Abb. 4–79.)

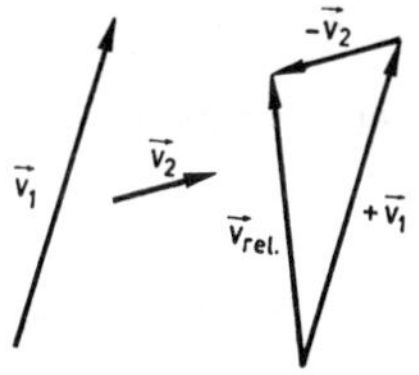

Abb. 4–79

b) 200 m/s; 400 m/s; 316 m/s.

33 a) Angaben 31: $\vec{v}_2$ bedeutet die Geschwindigkeit eines Körpers relativ zu einem 2. Bezugssystem (Schiff), das sich gegenüber dem 1. Bezugssystem (Wasser) mit der Geschwindigkeit $\vec{v}_1$ bewegt; daher vektorielle Addition der Geschwindigkeiten.
Angaben 32: $\vec{v}_1$ und $\vec{v}_2$ sind die Geschwindigkeiten zweier Körper relativ zum selben Bezugssystem; daher vektorielle Subtraktion der Geschwindigkeiten.
b) Schiff als Bezugssystem zu wählen. Geschwindigkeit des Wassers relativ zum Schiff ist $-\vec{v}_1$, Relativgeschwindigkeit des Mannes bleibt $\vec{v}_2$. Daher nach Aufgabe 32: $\vec{v} = \vec{v}_2 - (-\vec{v}_1) = \vec{v}_2 + \vec{v}_1$ (wie in Aufg. 4–31).

34 a) Bezugssystem: Fahrender Zug:
Luft relativ zu Zug nach links mit $-\vec{v}_1$, Tropfen relativ zu Luft vertikal nach unten mit $\vec{v}_2$; daher nach Aufgabe 4–33 b): $\vec{v}_{rel} = -\vec{v}_1 + \vec{v}_2$;
b) Bezugssystem: ruhende Luft:
Zug relativ zu Luft nach rechts mit $\vec{v}_1$, Tropfen relativ zu Luft vertikal nach unten mit $\vec{v}_2$; daher nach Aufgabe 4–32: $\vec{v}_{rel} = \vec{v}_2 - \vec{v}_1$ (wie in a);
numerisch: $v_{rel} \approx 26{,}2$ m/s; $\alpha \approx 72°$.

35 4 m/s; 2 m/s.

36 a) 1 h 40 min;
b) $t = \dfrac{2 s v_1}{v_1^2 - v_2^2}$; 1 h 42,3 min;
c) $t = \dfrac{2 s}{\sqrt{v_1^2 - v_2^2}}$; 1 h 41,1 min.

37 a) 4,96 m/s; $\tan\alpha = \dfrac{v_1 \sin\alpha_1 - v_2}{v_1 \cos\alpha_1}$; α (flußaufwärts) $\approx 22°$;
b) $\approx 19{,}5°$.

38 $v_2 = \dfrac{-v_1}{\cos\alpha}$; 4 m/s; $v = -v_1 \tan\alpha$; 3,5 m/s.

39 $v_2 = \sqrt{v^2 - v_1^2}$; 78,1 km/h; $\approx 14{,}6°$ (ostwärts).

40 $\sin\beta = \dfrac{v_2}{v_1}\sin\alpha$; $v = \dfrac{v_1 \sin(\alpha + \beta)}{\sin\alpha}$; 6,8°; 800 km/h;
9,6°; 710 km/h; 6,8°; 630 km/h.

41 $\vec{v} = \vec{v}_1 - \vec{v}_2$;
a) 30 km/h;
b) 210 km/h;
c) 150 km/h;
d) $s = vt$; 83,3 m; 583 m; 417 m.

42 a) B: $\vec{v} = 0 - \vec{v}_1 = -\vec{v}_1$; C: $\vec{v} = \vec{v}_3 - \vec{v}_1$; D: $\vec{v} = \vec{v}_4 - \vec{v}_1$;
b) 10 m/s; 9 m/s; 10,4 m/s;
c) Zusammentreffen, falls Linie des in D konstruierten Vektors $\vec{v}_4 - \vec{v}_1$ durch A geht.

43 20,6″.

44 55,2°.

45 14,9 m/s; 28,4°.

4.1.2. *Ungleichförmige Bewegungen*

4.1.2.1. *Allgemeines über ungleichförmige Bewegungen*

46 Speziell, bei geradliniger Bewegung: In gleichen Zeiten werden ungleiche Wege zurückgelegt;
allgemein: Der Geschwindigkeitsvektor ändert sich nach Betrag oder/und Richtung.

47 Man benutzt das Δ, um eine «sehr kleine» Differenz anzuzeigen, die dann in der Schreibweise der Differentialrechnung in d übergeht, z. B. ds, dt usw. Diese «Elemente» (Wegelement, Zeitelement etc.) werden dann «Differentiale» genannt.

48 a) $v = \lim\limits_{\Delta t \to 0} \frac{\Delta s}{\Delta t} = \frac{ds}{dt} = \dot{s}$;

$a = \lim\limits_{\Delta t \to 0} \frac{\Delta v}{\Delta t} = \frac{dv}{dt} = \dot{v}$;

b) $[a] = \frac{\text{Länge}}{\text{Zeit}^2} = \frac{L}{T^2}$; $[a]_{SI} = \text{m/s}^2$;

c) durch ein Differenzendreieck mit den kleinen Katheten Δt und Δv ($a = \Delta v/\Delta t$); genauer als Steigung der Kurventangente im betreffenden Zeitpunkt.

d) $\vec{a} = \lim\limits_{\Delta t \to 0} \frac{\Delta \vec{v}}{\Delta t} = \frac{d\vec{v}}{dt}$.

49 a) $\Delta t = t_2 - t_1$ ist stets positiv;
a > 0 für $v_2 > v_1$, d. h. für eine Bewegung mit wachsender Geschwindigkeit;
a < 0 für $v_2 < v_1$, d. h. für eine Bewegung mit abnehmender Geschwindigkeit;
b) als negative Beschleunigung.

50 a) (1): Zunehmend beschleunigte Bewegung; Anfangsbeschleunigung = 0;
(2): zunehmend beschleunigte Bewegung; Anfangsbeschleunigung > 0;
(3): gleichförmig verzögerte Bewegung, da $a < 0$ und konstant ($a = -2\ \text{m/s}^2$);
b) Nein; ja.

51 a) gleichförmig-beschleunigt mit Anfangsgeschwindigkeit
b) gleichförmig-verzögert
c) abnehmend beschleunigt
d) abnehmend verzögert
e) zunehmend beschleunigt
f) zunehmend verzögert
g) beliebig ungleichförmig
h) gleichförmig-verzögert
i) Stillstand
k) l) und m) gleichförmig-beschleunigte Bewegung, langsam in eine gleichförmige übergehend
n) gleichförmig-zunehmend-beschleunigt
o) gleichförmig-abnehmend-beschleunigt
p) Bewegung mit stets langsamer wachsenden Beschleunigung, schließlich in gleichförmig-beschleunigte Bewegung übergehend

52 c) $v_{max} = 10\ \text{m/s}$;
d) $s = 50\ \text{m}$;
e) a-t-Diagramm: Punktsymmertrie bezüglich (5 s; 0 m/s²);
v-t-Diagramm: Axialsymmetrie bezüglich Gerade $t = 5$ s;
s-t-Diagramm: Punktsymmetrie bezüglich (5 s; 25 m).

53 AB: ja; CD: nein, denn $\Delta\vec{v} \neq 0$, $\vec{a} = \frac{d\vec{v}}{dt} \neq 0$.

54 b) CD: $\Delta v = v_4 - v_3 = 0$, $\Delta \vec{v} = \vec{v}_4 - \vec{v}_3 = \vec{0}$;
FG: $\Delta v = v_7 - v_6 = 0$, $\Delta \vec{v} = \vec{v}_7 - \vec{v}_6 \neq \vec{0}$;
c) auf allen Stücken, außer auf CD.

55 a) In (1) ruckartig: Plötzlicher Stillstand nach gleichförmiger Bewegung; in (2) nicht ruckartig: nach gleichförmig beschleunigter Bewegung, Fortbewegung mit der erreichten Endgeschwindigkeit;
b) (1): Auto fährt in eine Mauer;
(2): Fallmaschine: Fortbewegung nach Wegnahme eines Übergewichts.

56 a) Von $t = 0$ bis $t_1 = 2$ s ist die Geschwindigkeit $v_1 = 1$ m/s, von t_1 bis t_2 beträgt sie $v_2 = 4$ m/s, also $v_2 > v_1$;
b) im Zeitpunkt t_1 ($\Delta t = 0$) wächst v um $\Delta v = v_2 - v_1 = 3$ m/s; also $a = \Delta v / \Delta t \rightarrow \infty$.

4.1.2.2. *Gleichförmig beschleunigte Bewegung ohne Anfangsgeschwindigkeit*

57 a) In geradliniger Bewegung nimmt die Geschwindigkeit in gleichen Zeiten um gleich viel zu bzw. ab; a ist konstant;
b) $a = \dfrac{v_2 - v_1}{t_2 - t_1} = \dfrac{\Delta v}{\Delta t}$;
c) wegen der Proportionalität zwischen Δt und Δv;
d) $a > 0$, wenn $v_2 > v_1$; beschleunigte Bewegung;
$a < 0$, wenn $v_2 < v_1$; verzögerte Bewegung ($\Delta t = t_2 - t_1$ stets > 0!).

58 a) Steigung; v/t, falls $v = 0$ für $t = 0$; allgemein: $\Delta v / \Delta t$;
b) 5 m/s²; 3 m/s²; −1,6 m/s².

59

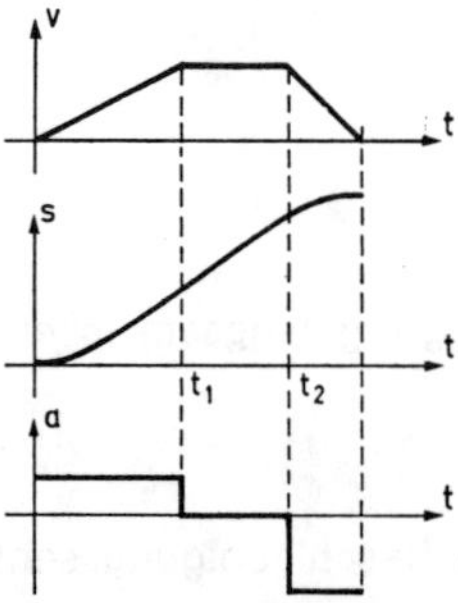

Abb. 4–80

61 a) 1. Ohne Anfangsgeschwindigkeit ($v = 0$ für $t = 0$): $v = at$; $s = \dfrac{a}{2} t^2$;
Bedingungen: $a > 0$, konstant; $s = 0$ für $t = 0$;
2. mit Anfangsgeschwindigkeit: $v = v_0 + at$; $s = v_0 t + \dfrac{a}{2} t^2$; $s = 0$ für $t = 0$; $a \gtrless 0$;
b) 1. $v^2 = 2as$ ($a > 0$) bzw. 2. $v^2 = v_0^2 + 2as$ ($a \gtrless 0$);
c) $t_B = -\dfrac{v_0}{a}$; $s_B = -\dfrac{v_0^2}{2a}$; nur für $a < 0$.

62 a) Ohne Anfangsgeschwindigkeit: $s = \frac{v}{2} t$; mit Anfangsgeschwindigkeit: $s = \frac{v_0 + v}{2} t$; der Faktor $\frac{v}{2}$ bzw. $\frac{v_0 + v}{2}$ bedeutet die mittlere Geschwindigkeit $\bar{v}$ im Zeitintervall von 0 bis t;
b) Weg als Fläche unter der Geschwindigkeitskurve (-gerade) von 0 bis t;
c) $s_B = \frac{v_0}{2} t_B = \bar{v} t_B$.

63 50 cm/s; 2,5 m.

64 40 s; 400 m.

65 50 s.

66 $\approx$ 35 s; $\approx$ 12 km.

67 35 m/s²; 504 km/h.

68 0,25 m/s²; 28,3 s; 7,1 m/s.

69 16 m/s.

70 $4 \cdot 10^4$ m/s²; 10^{-2} s.

71 2,7 m; 8 s.

72 $\Delta t = \frac{\Delta v}{a} = \frac{v_B - v_A}{a}$; 9 s; $\overline{AB} = \frac{v_B^2 - v_A^2}{2a}$; 11,7 m.

73 16 m/s; $\Delta v = \frac{v}{2a} \Delta a$; $\pm$ 0,6 m/s; $\frac{\Delta v}{v} = \frac{\Delta a}{2a}$; $\pm$ 3,75%;
$v = (16{,}0 \pm 0{,}6)$ m/s.

74 $\Delta s = \frac{a}{2} \Delta t \, (2t - \Delta t)$.

75 a) $t = \frac{\Delta s}{\Delta v}$; 18 s;

b) $t = \sqrt{\frac{2 \Delta s}{\Delta a}}$; 6 s.

76 45,0 m.

77 $t = \frac{1}{a} [v + \sqrt{v(v + 2a\Delta t)}]$; 3,0 s; 18 m; 12 m/s.

78 $\Delta t = \frac{d_2 - d_1}{v}$; $\approx$ 1,3 s.

4.1.2.3. *Gleichförmig beschleunigte Bewegung mit Anfangsgeschwindigkeit*

79 a) $a > 0$ bedeutet beschleunigte, $a < 0$ verzögerte Bewegung;
b) $v^2 = v_0^2 + 2as$.

80 $t_B = -\dfrac{v_0}{a}$; $s_B = -\dfrac{v_0^2}{2a}$; t wird positiv, da a negativ ist

81 0,6 m/s²; 0; − 1,5 m/s².

82 4,8 m/s; 172,8 m.

83 11,5 m/s.

84 Aus $s = v_0 t + \dfrac{a}{2} t^2$ folgt $a = \dfrac{2(s - v_0 t)}{t^2}$; $-2{,}4\ \mathrm{m/s^2}$; $a < 0$, d.h. gleichförmig verzögerte Bewegung.

85 $s = \dfrac{3v_0^2}{2a}$; 50 m.

86 $s_1 = \dfrac{-3v_0^2}{8a}$; 125 m; $s_2 = 167$ m.

87 $v = \dfrac{v_0}{2}\sqrt{2}$; $0{,}75\, s_B$.

88 5 s; 2,5 m; 1,88 m.

89 − 0,94 m/s²; 32,2 m/s; 21,7 m/s; ≈ 37 s.

90 150 m; 20 s; 200 m.

91 a) $s = \bar{v} t = \dfrac{v_0 + v}{2} t$;
b) ja;
c) $v = \dfrac{2s}{t} - v_0$.

92 a) $s_B = \bar{v}\, t_B = \dfrac{v}{2} t_B$; 50 m;
b) 45 m; ja, sofern der vordere Wagen nicht still steht!

93 $\Delta s = \bar{v}\,\Delta t = \left(v_1 + \dfrac{\Delta v}{2}\right)\Delta t$.

94

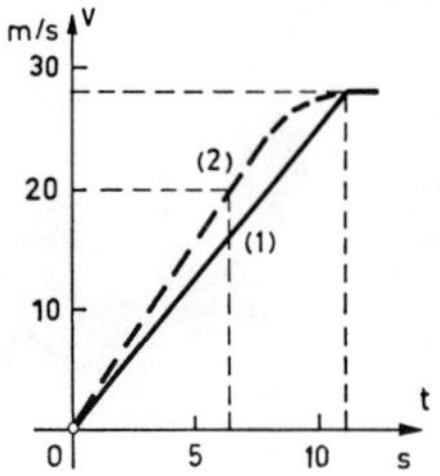

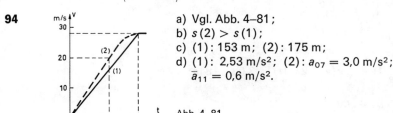

a) Vgl. Abb. 4–81;
b) $s(2) > s(1)$;
c) (1): 153 m; (2): 175 m;
d) (1): 2,53 m/s²; (2): $a_{07} = 3{,}0\ \mathrm{m/s^2}$;
$\bar{a}_{11} = 0{,}6\ \mathrm{m/s^2}$.

Abb. 4–81

95

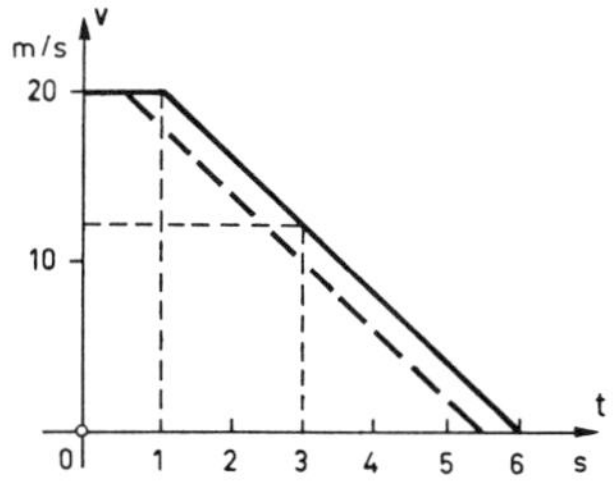

a) 6 s (vgl. Abb. 4–82);
b) 50 m;
c) 70 m;
d) 12 m/s;
e) 10 m.

Abb. 4–82

96 20 s; 4,8 m.

97 $t = \frac{v_2}{a_1} - \frac{v_2}{a_3} + \frac{s_2}{v_2}$; 35 s.

98 7 min 35 s; 8 min 30 s.

99 a) 0,25 m/s²; b) 1,8 km; c) – 0,375 m/s²; d) 80 s; e) 27 km; f) 15 min; g) $18\frac{1}{3}$ min.

100 $\Delta t = \frac{v_2 - v_1}{a_1} + \frac{s_2}{v_2} + \frac{v_1 - v_2}{a_2} - \frac{s}{v_1}$; 270 s;

$s = \frac{v_2^2 - v_1^2}{2a_1} + s_2 + \frac{v_1^2 - v_2^2}{2a_2}$; 3500 m.

101 a) $v = v_0 + a(t - t_1)$; $s = v_0 t + \frac{a}{2}(t - t_1)^2$;

b) $t_2 = \frac{-v_0}{a} + t_1$; 35 s;

$t_3 = \frac{v_3 - v_0}{a} + t_1$; $s_3 = v_0 t_1 + \frac{v_3^2 - v_0^2}{2a}$; 117,5 m.

102 a) $a_2 = \frac{v_2 - v_1}{\Delta t_2} = -\frac{a_3\,\Delta t_3 + a_1\,\Delta t_1}{\Delta t_2}$; 3 cm/s²;
b) 3 m.

103 a) $\Delta t_2 = \frac{v_2 - v_1}{a_2} = -\frac{a_3\,\Delta t_3 + v_1}{a_2}$; 4 s;

b) $s = v_1(\Delta t_1 + \Delta t_2) + \frac{1}{2}(a_2\,\Delta t_2^2 - a_3\,\Delta t_3^2)$; 136 m.

4.1.2.4. *Freier Fall*

104 a) Fallbewegung im luftleeren Raum; gleichförmig beschleunigte Bewegung.
b) An bestimmtem Erdort im luftleeren Raum.
c) Zunahme vom Äquator zum Pol; Einflüsse der Erdrotation und der Abplattung der Erde; Abnahme mit dem Abstand vom Erdmittelpunkt (Gravitationsgesetz).

105 $\frac{\Delta v}{v} = \frac{\Delta g}{2g}$; 2,5‰.

106 19,6 m; 19,6 m/s; 2,06 s.

107 3,3 m.

108 a) $h = v^2/2g$; 31 m;
b) $h = v_{rel}^2/2g$; 125 m.

109 $\overline{AB} = \frac{v_2^2 - v_1^2}{2g}$; 10,7 cm.

110 $h_1 = \frac{g\Delta t}{2}\left(2\sqrt{\frac{2h}{g}} - \Delta t\right)$; 15 m.

111 $\Delta s = v\sqrt{\frac{2}{g}}\,(\sqrt{h_1} - \sqrt{h_2})$; 1,36 cm.

112 $g = 8\pi^2\left(\frac{n}{\delta}\right)^2(\sqrt{h_1} - \sqrt{h_2})^2$; 9,82 m/s².

113 $\Delta t_A = \frac{\Delta h}{g\,\Delta t_0} - \frac{\Delta t_0}{2}$; 0,5 s; $v_A = g\,\Delta t_A$; $v_B = g\,(\Delta t_A + \Delta t_0)$; 5 m/s; 15 m/s;

$t_1 = \frac{\Delta h}{g\,\Delta t_0}$; 1 s.

114 $h = \frac{c}{g}\left[gt + c - \sqrt{c\,(2gt + c)}\right]$; 41 m.

116 a) Arithmetische Folge mit $s_1 = \frac{h}{n^2}$, $d = \frac{2h}{n^2}$, $s_k = (2k-1)\,\frac{h}{n^2}$;
b) 4 cm; 12 cm; 20 cm; 28 cm; 36 cm.

117 a) 9,86 m/s²;
b) $\Delta g = +\,0{,}05$ m/s²; $\frac{\Delta g}{g} = +\,0{,}5\%$;
c) $\frac{\Delta g}{g} = \pm\left(\frac{\Delta s}{s} + \frac{2\,\Delta t}{t}\right)$; ± 1,7%; $\Delta g = \pm\,0{,}17$ m/s²;
d) $g = (9{,}86 \pm 0{,}17)$ m/s²; 10,03 m/s²; 9,69 m/s².

118 a) 0,7 ms; 2‰;
b) 9,7680 m/s²; 0,0389 m/s²; 4‰;
c) Fehler des Fallweges; Luftwiderstand.

4.1.2.5. *Vertikaler Wurf*

119

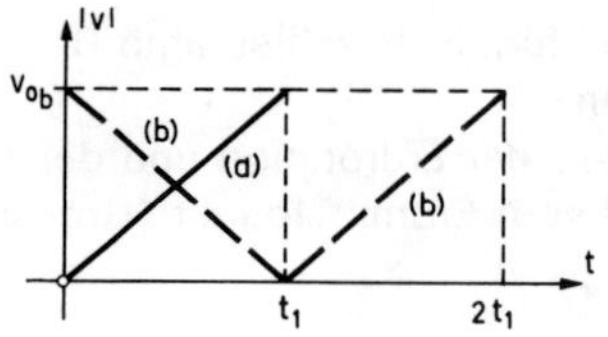

Abb. 4–83

120 Geschwindigkeit 0; Beschleunigung g.

121 28 m/s; 2,4 s.

122 $h = 0{,}21\, h_s$.

123 19,8 m/s; $v = \frac{v_0}{2}\sqrt{2}$; 14,0 m/s.

124 14 m/s; 0,58 s.

125 5 m/s; 15 m/s.

126 $h = 0$ m.

127 $h = \frac{15}{16}\frac{v_0^2}{2g} = \frac{15}{16}\, h_s$; 19 m.

128 62,5 m/s².

129 $\approx$ 200 s; $\approx$ 800 km.

130 $h_2 = \frac{9}{16}\, h_1$; 90 cm; 0,86 s.

131 $t = \sqrt{\frac{2h_0}{g}} \pm \sqrt{\frac{2(h_0 - h_1)}{g}}$; 1 s; 3 s.

132 $h_s = \frac{v_0^2}{2g}$; 12,8 m; $h = \frac{3v_0^2}{8g} = \frac{3}{4}\, h_s$; 9,6 m.

133 $h = \frac{16}{25}\left(\frac{v_0^2}{2g} + h_1\right)$; 3,90 m.

134 $t = \frac{h}{v_0}$; 1,3 s; $h_1 = h\left(1 - \frac{gh}{2v_0^2}\right)$; 11 m.

135 $t = \frac{v_0}{4g}$; 0,5 s; $h = \frac{7}{16}\frac{v_0^2}{2g} = \frac{7}{16} h_S$; 8,75 m; $v_1 = 0{,}75\, v_0$; $v_2 = 1{,}25\, v_0$; 15 m/s; 25 m/s.

4.2. Dynamik geradliniger Bewegungen des Massenpunktes und des rotationsfreien starren Körpers; Newtonsche Prinzipien

4.2.1. *Kraft, Masse, Beschleunigung; elementare Beziehungen; Einheiten*

136 1 kg ist die Masse des internationalen Kilogrammprototyps.

137 g-Veränderlichkeit zufolge
1. örtlich verschiedener Zentrifugalbeschleunigung;
2. Abplattung der Erde;
3. ungleichmäßiger Massenverteilung im Innern;
4. unterschiedlicher Höhe über Meer.

138 Die beiden sind proportional zueinander; bis 31.12.1977 bestand Gleichheit des numerischen Wertes der beiden Größen am Normort in ganz verschiedenen Maß-Systemen (15 kg und 15 kp z. B.).

139 Gewichtseinheiten; die Federverlängerung ist der Kraft, also dem ortsabhängigen Gewicht proportional.

140 Die Masse, als Verhältnis einer eventuell einwirkenden Kraft und der dadurch bedingten Beschleunigung, ist dieselbe wie auf der Erde; das Gewicht ist gleich Null, da der Körper an dieser Stelle im System Erde-Mond keine Anziehung erfährt.

141 Die Kraft ändert den Bewegungszustand eines Körpers;

quantitativ: $\vec{F} = \frac{\Delta (m\vec{v})}{\Delta t}$.

142 39,24 N.

143 a) Wenn ständig eine äußere Kraft auf ihn einwirkt;
b) wenn eine solche Kraft nur zeitweise auf ihn wirkt;
c) ständig: bei ständigem Richtungswechsel, d. h. bei Bewegungen längs kurvenförmiger Bahn;
zeitweilig: Die Kurvenbahnen sind durch geradlinige und kräftefreie Bahnstücke unterbrochen.

144 1. Jede Bewegung eines Punktes auf der Peripherie eines rotierenden Rades;
2. Zykloidische Bewegung eines Punktes am fortrollenden Rad;
3. Pendelmasse eines mathematischen Pendels;
4. Masse, an einer Schraubenfeder schwingend;
5. Bewegung des «Kreuzkopfes» an einem Kurbelgetriebe.

4.2.2. *Gleichförmige Bewegung*

145 Möglicherweise; oder in gleichförmiger Bewegung.

146 Sie ist null bei gleichförmiger Bewegung, von null verschieden bei ungleichförmiger.

147 Wenn z.B. Reibung vorhanden und diese entgegengesetzt gleich der Kraft ist, mit der man stößt.

148 $\Sigma \vec{F}_i = \vec{0}$; oder $\Sigma F_x = 0$, $\Sigma F_y = 0$, $\Sigma F_z = 0$.

149 Auf den in Bewegung befindlichen Körper wirken zwar Kräfte, aber ihre Vektorsumme ist null.

151 a) Sie müssen ein Drehmoment ausüben, das demjenigen von F und F_R entgegenwirkt; (vgl. Abb. 4–84);

a)

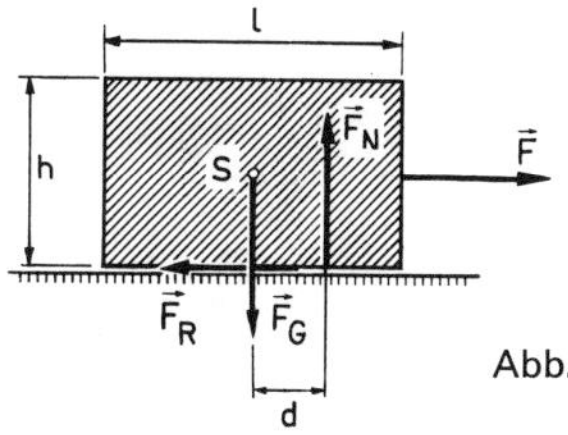

Abb. 4–84

b) je als Summe paralleler Teilkräfte;

c) $d = \mu_G \dfrac{h}{2}$;

d) der Abstand d kann maximal 0,5 l betragen; bei größern Werten fällt der Körper um.

152 $F = \mu_G F_G$; 60 N; $F_N = \dfrac{F_G}{2}\left(1 \pm \dfrac{2\mu_G h}{d}\right)$
vorn: $F_{N_1} = 190$ N; $F_{R_1} = 37$ N; hinten: $F_{N_2} = 110$ N; $F_{R_2} = 23$ N.

153 a) $F = F_G(\sin\alpha - \mu_H \cos\alpha)$; 1,1 kN;
b) $F = F_G(\sin\alpha + \mu_G \cos\alpha)$; 1,7 kN.

154 $F = F_G(\mu_G \cos\alpha - \sin\alpha)$; 96 N.

155 $F_1 = F_G \dfrac{\sin\alpha - \mu_H \cos\alpha}{\cos\alpha + \mu_H \sin\alpha}$; $F_2 = F_G \dfrac{\sin\alpha + \mu_G \cos\alpha}{\cos\alpha - \mu_G \sin\alpha}$.

156 a) $F = F_G \dfrac{\sin\alpha}{\cos\beta}$; 0,43 kN;

b) $F = F_G \dfrac{\sin\alpha + \mu_G \cos\alpha}{\cos\beta + \mu_G \sin\beta}$; 0,48 kN;

c) $F = F_G \dfrac{\sin\alpha - \mu_H \cos\alpha}{\cos\beta - \mu_H \sin\beta}$; 0,33 kN;

d) Nein! In a) normal zum Hang, in b) in Richtung der Resultierenden aus Normalkraft und Reibung.

157 $\eta \approx \dfrac{\mu}{\sigma + \mu}$; 18%.

158 $F = (m_1 + m_2) g \mu_G$; 5 N; $F_1 = m_2 g \mu_G$; 4 N; $F_2 = m_1 g \mu_G$; 1 N.

159 a) $\mu_1 < \tan\alpha < \mu_2$;

b) $\tan\alpha = \dfrac{F_1 \mu_1 + F_2 \mu_2}{F_1 + F_2}$; $\alpha = 19°$;

$F_s = F_2(\mu_2 \cos\alpha - \sin\alpha) = F_1(\sin\alpha - \mu_1 \cos\alpha)$; 4,4 N.

160 a) $F = F_G \dfrac{\mu_G}{\cos\alpha + \mu_G \sin\alpha}$; $-76° < \alpha \leqq 90°$;

b) $\tan\alpha = \mu_G$; $\alpha = 14°$; $F_{\min} = F_G \dfrac{\mu_G}{\sqrt{1 + \mu_G^2}}$; 0,24 F_G.

4.2.3. *Ungleichförmige Bewegungen*

4.2.3.1. *Bewegungen ohne Reibung*

161 0,48 N.

162 5 m/s².

163 400 kg.

164 − 0,2 N.

165 32 m; 8 m.

166 2 g; 20 m/s².

167 a) g;
b) 0.

168 0,8 kg.

169 $\bar{p} = 2\frac{v_0^2 m}{l d^2 \pi}$; 600 bar; $h = \frac{m v_0^2}{2(F_L + F_G)}$; ≈3200 m.

170 2,5 m/s²; 125 m.

171 133 kN.

172 0,15 kN.

173 2,24 s.

174 8 : 1; 50 m/s²; 6,25 m/s².

175 a = 0,45 m/s²; $s_1 = 44{,}1$ m; $v_1 = 6{,}3$ m/s; $s_2 - s_1 = 37{,}8$ m;
Dauer der gleichförmigen Bewegung: 6 s.

176 a) $F = \frac{m_1 g}{1 + m_1/m}$;
b) $\lim\limits_{m_1 \ll m} F = m_1 g$;
c)

m_1/m	0	¼	½	¾	1
F	0	39,2	65,4	84,1	98,1 N;

Die Antriebskraft steigt nicht linear mit dem Antriebsgewicht.

177 a) Nicht in Ordnung, weil 2 Kräfte verglichen werden, die auf denselben Körper wirken;
b) m_1 würde sich beschleunigt bewegen, obschon die Resultierende an m_1 Null wäre;

c) $\vec{a}_1 = \vec{a}_2 = \vec{a} = \dfrac{\vec{F}}{m_1 + m_2}$;

1. Klotz: $\vec{F}$; $\vec{F}_{12} = \dfrac{-\vec{F} m_2}{m_1 + m_2}$;

2. Klotz: $\vec{F}_{21} = -\vec{F}_{12} = \dfrac{\vec{F} m_2}{m_1 + m_2}$;

d) $\vec{F}$; $\vec{F}_{12} = -\vec{F}$; $\vec{F}_{21} = \vec{F}$; $\vec{F}_{2W} = -\vec{F}$; $\vec{F}_{W2} = \vec{F}$.

178 $F = (m_1 + m_2)a$; 160 N; $F_1 = m_2 a$; 120 N; $F_2 = m_1 a$; 40 N.

179 a) $F_{r_y} = 0$; Normalkraft der Unterlage entgegengesetzt gleich dem Gewicht;
b) gleiche; es bewegen sich alle Klötze mit derselben Beschleunigung;
c) $a = F/3m$;
d) $F_r = F/3$;
e) $F_{II/I} = 2F/3$; $F_{III/II} = F/3$.

180 a) $F_1 = (m_1 + m_2)g$; 58,9 N;
b) $F_2 = (m_1 + m_2)(g + a)$; 70,9 N;
c) $F_3 = m_2\,(g + a)$; 47,2 N.

181 $a = g\,\dfrac{\Delta m}{2m + \Delta m}$; 28,6 cm/s²; 57,1 cm.

182 a) Rechts nach oben: F_N = Normalkraft des Tischchens, F_1 = Fadenkraft;
nach unten: $m_1 g$;
Links nach oben: F_2 = Fadenkraft;
nach unten: $m_2 g$;
ja, gleich: $F_1 = F_2 = F_F$ = Fadenkraft;
b) gleichförmig beschleunigt durch konstante Kraft $(m_1 - m_2)g$;
$m_2 g < F_F < m_1 g$; $(F_1 = F_2 = F_F)$;
c) $a = \dfrac{m_1 - m_2}{m_1 + m_2}\,g$; $F_F = \dfrac{2m_1 m_2}{m_1 + m_2}\,g$;
d) $0{,}2\,g$; 23,5 N;
e) $F = (m_1 - m_2)g$; 9,8 N; $F_F = \dfrac{m_2(m_1 - m_2)}{m_1 + m_2}\,g$; 3,9 N

4.2.3.2. *Bewegungen mit Reibung*

183 Beschleunigt, gleichförmig oder verzögert, je nachdem $F_Z \gtreqless F_R$ ist.

184 a) $F_3 = -F_1$ (Resultierende am Wagen = 0);
$F_2 = -F_1$ (Newton III);
b) $F_1 > -F_3$ (Newton II, $a > 0$);
$F_2 = -F_1$ (Newton III).

185

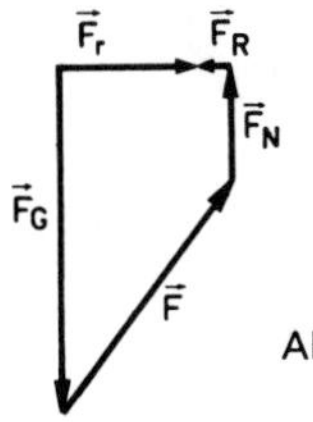

Abb. 4–85

a) 5 m/s²;
b) $a = \dfrac{F_x - \mu_G(mg - F_y)}{m}$; 4,2 m/s² (vgl. Abb. 4–85);
c) $a = \dfrac{F_x - \mu_G mg}{m}$; 2,5 m/s².

186 a) Auf Körper: Gewicht mg nach unten;
gleich große Reaktionskraft des Bodens auf den Körper nach oben;
auf Boden: Gewicht des Körpers mg nach unten;
gleich große Reibungskräfte an den Nägeln nach oben;
b) auf Körper: Gewicht mg nach unten;
zur Reaktionskraft in a) ist zusätzlich nach oben die beschleunigende Kraft ma notwendig; also total $m(g+a)$;
auf Boden: nach Newton III dieselbe Kraft $m(g+a)$ nach unten;
falls die Reibungskraft an den Nägeln nach oben $< m(g+a)$ ist, fällt der Boden weg.

187 a) $F = (m_1 + m_2)(a + \mu_G g)$; 10 N;
b) Bewegung nach rechts: $F_{12} = -F_{21} = m_2(a + \mu_G g)$; 8 N;
Bewegung nach links: $F_{21} = -F_{12} = m_1(a + \mu_G g)$; 2 N

188 20 kN; 15 kN; 10 kN; 5 kN.

189 $\approx 10^8$ N.

190 Gleichförmig beschleunigt, wenn $\frac{F}{m} > \mu g$; $a = \frac{F}{m} - \mu g$; 0,6 m/s².

191 a) 1,6 N;
b) 2,0 N.

192 23 m/s; 63 m; 0,5.

193 20 m/s; -5 m/s².

194 4,5 m/s.

195 40 m.

196 $F_R = F_Z - m\frac{2s}{t^2}$; 3 mN.

197 $t = \frac{v_0}{\mu g}$; 2 min.

198 $F = m\left(\mu_G g + \frac{2s}{t^2}\right)$; 14 N.

199 $F = m\left(\frac{v}{t} + \mu g\right)$; 3,9 kN.

200 $t = \sqrt{\frac{2sm}{F - \mu_G mg}}$; 6 s.

201 $F = \frac{v}{t}(m - m_1)$; $1{,}25 \cdot 10^5$ N; $\mu_H = \frac{a}{g}\frac{m_{\text{tot}}}{m_{\text{Lok}}}$; 0,26.

202 $\mu = \frac{F}{mg} - \frac{2s}{gt^2}$; 0,05.

203 $s_1 = \frac{F - mg\mu_G}{2m}t^2$; 64 m; $s_2 = \frac{(F - mg\mu_G)^2}{2g\mu_G m^2}t^2$; 64 m.

204 $a = \frac{\mu_H g m_1}{m_2}$; 1 m/s².

205 $a_1 = \frac{m_2 g}{m_1 + m_2}$; 1,1 m/s²; $a_2 = \frac{(m_2 - m_1 \mu) g}{m_1 + m_2}$; 0,93 m/s²; $\mu = \frac{m_2}{m_1}$; 0,12.

206 a) $a = \mu_H g$; 4 m/s²;
b) $F = (m_1 + m_2) \mu_H g$; 28 N.

207 $\mu_H \geqq \frac{v^2}{2gs}$; 0,25.

208 $t = -\frac{v_0}{a} = \frac{v_0}{\mu_G g}$; 0,3 s.

4.2.3.3. *Bewegungen auf der schiefen Ebene*

209

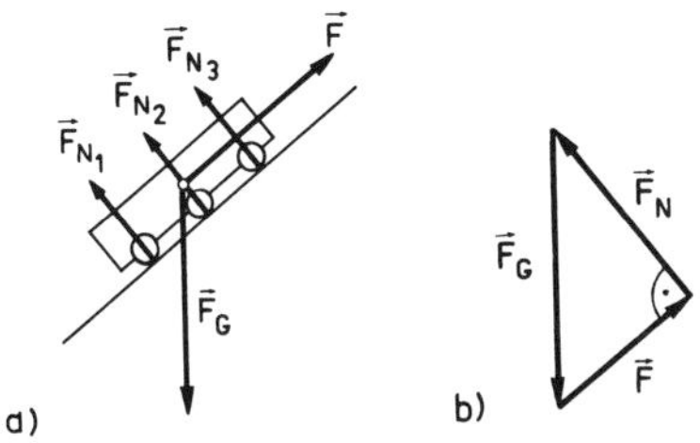

Abb. 4–86

210 14,5°.

211 ≈ 180 km/h.

212 $s = \frac{v_0^2}{2g \sin \alpha}$; 9,81 m; $t = \frac{v_0}{g \sin \alpha}$; 2 s.

213 $t = \frac{l}{v_0}$; 1,2 s; $s = \frac{g \sin \alpha}{2} \left(\frac{l}{v_0} \right)^2$; 3,53 m; $v_1 = g \sin \alpha \frac{l}{v_0}$;
5,89 m/s; $v_2 = v_0 - v_1$; − 0,89 m/s; der untere Körper bewegt sich bereits wieder abwärts.

214 $t = 2 \sqrt{\frac{b}{g \sin 2\alpha}}$; t_{min} für $\alpha = 45°$.

215 Die Wirkungslinien des Lageplans schneiden sich im Schwerpunkt.

216 $a = g (\sin \alpha - \mu_G \cos \alpha)$; 2,4 m/s²; 12 m/s; 30 m.

217 $F = mg (\mu_G \cos \alpha - \sin \alpha)$; 43 N.

218 $F = mg (\sin \alpha - \mu \cos \alpha)$; 26 N.

219 $F = mg (\sin \alpha + \mu \cos \alpha)$; 1,8 kN;
$F = mg \left(\frac{a}{g} + \mu \cos \alpha \pm \sin \alpha \right)$; 3,0 kN; 1,2 kN.

220 $F = m[a - g(\sin\alpha - \mu\cos\alpha)]$; 68 N.

221 $v_0 = \sqrt{2gl(\sin\alpha + \mu_G\cos\alpha)}$; 8,2 m/s.

222 $s = \dfrac{v_0^2 + 2gl(\sin\alpha - \mu_G\cos\alpha)}{2g\mu_G}$; 11 m.

223 $v_0 = \dfrac{2l}{t}$; 14 m/s; $\mu_G = \dfrac{2l}{t^2 g\cos\alpha} - \tan\alpha$; 0,23.

224 $\mu_G = \dfrac{l_1\tan\alpha}{l_1 + \dfrac{l_2}{\cos^3\alpha}}$; 0,14.

225 $s = \dfrac{v_0^2}{2g(\mu_G\cos\alpha - \sin\alpha)}$; 6,5 m.

226 $a = \dfrac{g(m_2\sin 60° - m_1\sin 30°) - \mu_G(F_{N_1} + F_{N_2})}{m_1 + m_2}$,

wo $F_{N_1} = m_1 g\cos 30°$, $F_{N_2} = m_2 g\cos 60°$;

$v = at$; 1,8 m/s.

227 $t = \sqrt{\dfrac{2d}{g(\mu_2 - \mu_1)\cos\alpha}}$; 4,7 s.

4.3. Arbeit und Leistung; Wirkungsgrad

4.3.1. *Elementare Beziehungen; Einheiten; Umrechnungen*

228 a) Dimensionsmäßig in Ordnung; quantitativ nur, wenn die Kraft konstant ist und ihre Richtung mit derjenigen des Weges zusammenfällt;
b) die Berechnung der Arbeit bei veränderlicher Kraft wird noch nicht erfaßt.

229 a) Durch die «Fläche unter der Kurve»;
b) $W = \dfrac{1}{2}Dx^2$.

230 a) $D = \dfrac{mg}{x}$; 170 N/m;
b) 0,85 J.

231 a) Keine; $\alpha = 90°$;
b) $\approx 0{,}012\,F_G s$;
c) wie a).

232 Keine; $s = 0$.

233 a) 1 erg; 1 mkp;
1 erg = 10^{-7} J; 1 mkp = 9,81 J;
b) 1 kWh = $3{,}6\cdot 10^6$ J = 3,6 MJ.

234 a) 1 erg/s; 1 mkp/s; 1 PS;
$1 \text{ erg/s} = 10^{-7}$ W; 1 mkp/s = 9,81 W;
75 mkp/s = 1 PS = 736 W;
b) 1 kW; 1 MW; 1 GW.

235 a) 2,35 kJ;
b) −2,35 kJ.

236 2,22 MJ.

4.3.2. *Hubarbeit und Beschleunigungsarbeit*

237 ≈ 1,8 kW; 2,5 PS.

238 881 m.

239 0,12 kW; 0,17 kWh; 1,6 Rp.; 1,7 h.

240 1,2 MJ; 0,33 kWh; 40 kW.

241 2,4 MJ.

242 a) $2{,}2 \cdot 10^6$ kg;
b) $m = \dfrac{\eta_1 \eta_2 P t}{h g}$; $4 \cdot 10^5$ kg.

243 83%.

244 $9{,}81 \cdot 10^7$ kWh pro Jahr; 6,1 Rp/kWh.

245 a) 20,4 kg.
b) sie muß pro Sekunde durch eine quer zur Strömungsrichtung gedachte Fläche hindurch treten;
c) $l = vt$; 4 m; $A = m/\varrho v t$; 51 cm².

246 3 J.

247 18 MW.

248 a) $P = m a^2 t$; $P \sim t$;
b) $P = m a \sqrt{2as}$; $P \sim \sqrt{s}$;
c) Endwert: $P = 32$ kW.

4.3.3. *Reibungsarbeit*

249 5,9 kJ.

250 3 min 20 s; 540 km/h.

251 $P = 4Fv$; 68 MW.

252 $P = 2\pi r n F$; 35,2 kW.

253 $P = 2\pi n M$.

254 $P = (mg\mu + F_L)\,v$; 9,4 kW.

255 68 km/h.

256 $P = \mu F_G v$; 0,51 MW.

257 $F = m\left(g\mu_G + \dfrac{2s}{t^2}\right)$; 20 N; $W_R = \mu_G mgs$; 288 J; $W_B = (F - F_R)\,s$; 72 J.

258 a) $\bar{v} = 28$ m/s ≈ 100 km/h;
b) $F_L = F_s - F_R$; 92 N;
$F_L/F_R \approx 1$;
c) die Schwerkraft; $\bar{P} = F_G h/t$; 5,2 kW.

259 $P \approx \dfrac{mgv(\sigma + \mu)}{\eta}$; 2,7 kW.

260 $P \approx \dfrac{mgs(\sigma + \mu)}{t}$; 67 kW.

261 $P \approx mg\dfrac{s}{t_2 - t_1}\left(\dfrac{h_2 - h_1}{s} + \mu\right)$; 1,6 MW.

262 $\sigma \approx \dfrac{P\eta}{F_G v} - \mu$; 26‰.

263 a) $a \approx \dfrac{F_{GR}\xi - F_G(\mu + \sigma)}{F_G}\,g$; 0,25 m/s²;
b) $P \approx F_G(\mu + \sigma)\,at$; 2,1 MW.

264 0,055 MW; 0,12 MW; 0,22 MW; 0,37 MW; 0,59 MW.

265 a) $F_Z = F_G\left(\bar{\mu} + \sigma + \dfrac{a}{g}\right)$; 284 kN; 287 kN; 289 kN; 292 kN;
b) $W_{el} = 85{,}2$ kWh;
c) $P = vF_G\left(\bar{\mu} + \sigma + \dfrac{a}{g}\right) = vF_Z$; 1,6 MW; 2,4 MW; 3,2 MW; 4,0 MW.

266 $P = \dfrac{1}{2} n \overline{\Delta p} \pi d^2 h$; 45 kW.

4.4. Energie und Impuls

4.4.1. *Potentielle und kinetische Energie*

267 Energie ist Arbeitsvermögen.

268 Die Tatsache, daß er (oder es) zufolge vorausgegangener Arbeitsprozesse, die an oder mit ihm durchgeführt worden sind, Arbeit abgeben kann.
Beispiele: Hubarbeit, Deformationsarbeit gegen elastische Kräfte; «Volumenarbeit» beim Komprimieren von Gasen; «Feldarbeit» in magnetischen und elektrischen Feldern, Trennen oder Annähern von ungleichnamigen bzw. gleichnamigen Ladungen oder «Magnetpolen»; Bindungsenergie in chemischen Verbindungen oder in den Atomkernen (in Verbindung mit Massenänderungen) (siehe 15.2).

269 Das Arbeitsvermögen, das eine in Bewegung befindliche Masse mitführt. Diese Arbeit ist anfänglich zur Beschleunigung dieser Masse *m* aus der Ruhe auf die Geschwindigkeit *v* aufgewendet worden.
$E_k = \frac{1}{2} m v^2$. Die Art des Beschleunigungsvorganges spielt dabei überhaupt keine Rolle.

270 a) $W = mgl\,(\sin\alpha + \mu_G \cos\alpha)$; 2,5 kJ;
b) $\Delta E_p = mgh$; 1 kJ.

271 $W = \frac{F_1 + F_2}{2}\Delta l$; 37,5 J.

272 $h = \frac{D\,(\Delta x)^2}{2mg}$; 2,75 m.

273 3,52 kJ.

274 $v = \sqrt{\frac{2E_k}{m}}$; 465 m/s.

275 200 m/s; $\Delta v = (\sqrt{2} - 1)\, v_1$; 83 m/s.

276 $1{,}25 \cdot 10^8$ J = 34,8 kWh; 125 m.

277 250 m.

278 43 kN.

279 a) 3,3 GJ;
b) 11 MW;
c) Die zur Überwindung des Luftwiderstandes aufzuwendende Arbeit wurde vernachlässigt.

280 $n = \frac{E_k}{uF}$; 500.

4.4.2. *Impuls; Kraftstoß*

281 a) $\vec{F}\,\Delta t = m\,(\vec{v_2} - \vec{v_1}) = m\,\Delta\vec{v}$; $\vec{F} = m\frac{\Delta\vec{v}}{\Delta t} = m\,\vec{a}$;
b) Kraftstoß = Impulsänderung.

282 $t = \frac{mv}{F}$; 2,7 s.

283 $\Delta\vec{p} = -2m\vec{v}$.

284 Das Gesetz über den Kraftstoß: $\vec{F}\Delta t = \Delta(m\vec{v})$, wobei auch eine geschwindigkeitsabhängige Massen-Veränderlichkeit zu berücksichtigen wäre.

285 a) $\Delta\vec{p} = \vec{p} = \vec{F}\Delta t$; 0,5 mkg/s; $\vec{v} = \frac{\vec{p}}{m}$; 0,25 m/s;

b) $\vec{a} = \frac{\vec{F}}{m}$; 50 m/s²; $\vec{v} = \vec{a}t$; 0,25 m/s.

286

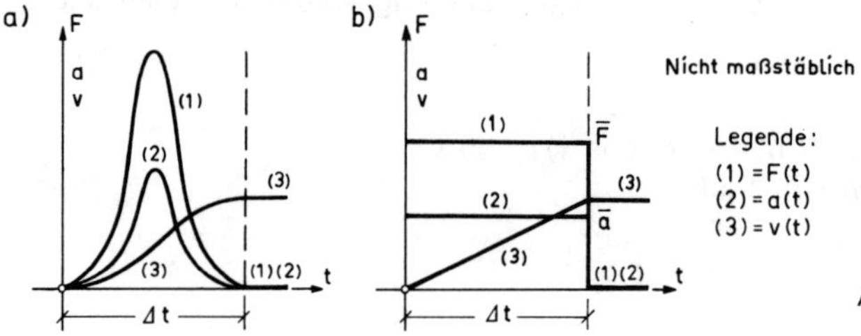

Abb. 4–87

287 a) Kraftstoß $= \int_{t_1}^{t_2} F\,dt \left(= \lim_{\Delta t \to 0} \sum_{t_1}^{t_2} F\,\Delta t\right)$;

b) Fläche unter der Kurve $F = f(t)$ = Fläche des Rechtecks $\bar{F}\Delta t$ (Abb. 4–88).

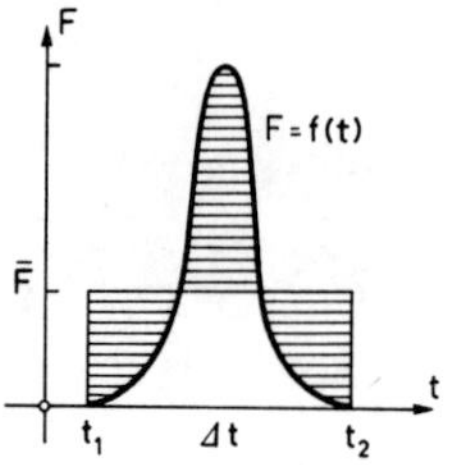

Abb. 4–88

288 2,5 kN.

289 1,25 ms; 6,4 kN.

290 a) 120 Ns; 1,44 kJ;
b) $\vec{p}$ ist ein Vektor, E ein Skalar.

291 $E_k = \frac{p^2}{2m}$.

292 $F = \frac{E_k}{s}$; 12,5 N; $t = \frac{ps}{E_k}$; 1,6 s; $m = \frac{p^2}{2E_k}$; 2 kg.

293 Geschwindigkeit und Masse; $v = \frac{2E_k}{p}$; 25 m/s; $m = \frac{p^2}{2E_k}$; 1200 kg.

294 a) Ja; wegen der Änderung des Betrages von v.
b) Nein; wenn nur die Richtung von $\vec{v}$ geändert wird.

295 $p = m\,\Delta v = F\,\Delta t = mgt$; 8 Ns; $E_k = \frac{p^2}{2m}$; 80 J.

296 $F = \frac{m\,\Delta v}{\Delta t}$; 1,2 kN.

297 a) $p_2 = mv_1 \pm \Delta p$; 0,2 kgm/s; 40 m/s; 0,05 kgm/s; 10 m/s;
b) $p_2 = \sqrt{(mv_1)^2 + \Delta p^2}$; 0,146 kgm/s; 29,2 m/s; $\alpha \approx 31{,}0°$.

298 a) $\alpha = \sphericalangle(\vec{p}, \Delta\vec{p})$; 135°; $\Delta p = mv\sqrt{2}$; $2{,}12 \cdot 10^4$ kgm/s;
b) $F = \frac{\Delta p}{\Delta t}$; $2{,}12 \cdot 10^5$ N.

299 a) 10^4 Ns; 100°;
b) $t = \frac{s}{v \sin 10°}$; 1,2 s.

300 a) Nein.
b) Ja (Richtungsänderung!).
c) In Richtung der Schnur gegen das Kreiszentrum.
d) Nein; 1. Kraft stets normal zur Bewegungsrichtung; 2. die Kraft bewirkt trotz fehlender Reibung keine Änderung der kinetischen Energie.

301 a) Vgl. Abb. 4–89; $\alpha = \frac{v\,\Delta t}{r}$; $0{,}0590 \mathrel{\hat{=}} 3{,}4°$; $\delta = 90° + \frac{\alpha}{2}$; 92°;

$F\,\Delta t = \Delta p = 2mv \sin\frac{\alpha}{2} \approx mv\alpha$; $2{,}31 \cdot 10^5$ Ns;

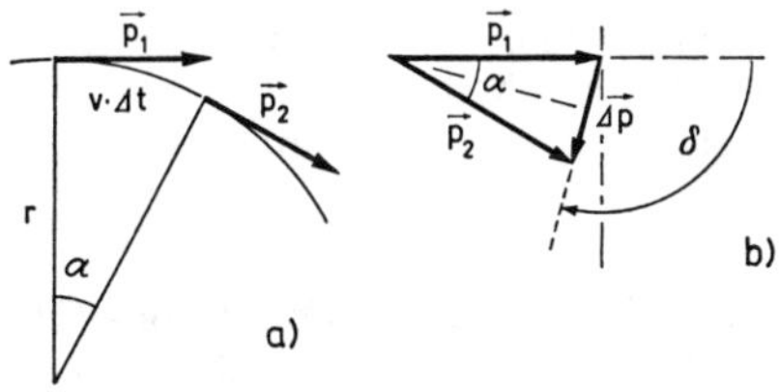

Abb. 4–89

b) $F = \frac{\Delta p}{\Delta t}$; $4{,}62 \cdot 10^5$ N.

302 $$F = \lim_{\Delta t \to 0} \frac{2p \sin\frac{\alpha}{2}}{\Delta t} = \frac{2p\frac{\alpha}{2}}{\Delta t} = \frac{p\frac{v\Delta t}{r}}{\Delta t} = \frac{pv}{r} = \frac{mv^2}{r}.$$

303 $F = \frac{2m \cos\alpha \sqrt{2gh}}{\Delta t}$; 2,0 kN.

304 $F = \frac{1}{4}\pi d^2 \varrho v^2$; 1,1 kN.

305 $F = \varrho A v^2\, 2 \sin\frac{\alpha}{2} \approx \varrho A v^2 \alpha$; 9,6 kN.

306 $F_x = -A\varrho v_1^2 2\sin^2\left(\frac{\alpha}{2}\right)$; -277 N; $F_y = A\varrho v_1^2 \sin\alpha$; 115 N.

307 a) $\bar{F} = 2mv\left(\frac{n}{\Delta t}\right)$;

b) $v = \frac{m_2 g}{2m_1 (n/\Delta t)}$; 16,4 m/s.

308 $p = \frac{1}{3} n m_m \overline{v^2}$; $\sqrt{\overline{v^2}} = \sqrt{\frac{3p_n}{\varrho_n}}$; 493 m/s. (Vgl. Aufg. 8–32)

4.4.3. *Energie- und Impuls-Erhaltungssatz*

309 Er liefert zu jedem Zeitpunkt eine allgemeingültige Aussage über den konstant bleibenden Gesamtwert eines «abgeschlossenen Systems» (siehe die folgende Aufgabe) bezüglich einer ganz bestimmten Größe, wie z. B. der Energie, des Impulses, der elektrischen Ladung, der Masse, des Dralles (siehe diesen). Viele Probleme lassen sich mit Hilfe von «Erhaltungssätzen», die Aussagen über zeitlich invariante Größen machen, sehr viel einfacher, sicherer und damit «eleganter» lösen.

310 Die zu «erhaltende» Größe (Energie, Impuls etc.) bleibt im System und kann nicht entweichen, weil das System mit wirklichen oder gedachten «undurchdringbaren Wänden» nach außen hin und von außen her «abgeschlossen» ist. Platz- und Betragswechsel, Energieformänderung sind jedoch nach Belieben denkbar.

311 a) E_p = Hubarbeit, geht über in kinetische Energie einer relativ langsamen Sinkbewegung sowie in kinetische Energie der ziemlich schnell rotierenden trägen «Drehmasse» der massiven Radperipherie.
b) Das Rad «fällt» nach dem Loslassen nur sehr langsam [Erklärung folgt aus a)].

312 Abnahme der potentiellen Energie im Gravitationsfeld der Sonne führt zu einer Zunahme der kinetischen Energie des Planeten (und damit seiner Geschwindigkeit).

313 Wirken in einem mechanischen System «konservative» Kräfte, so gilt für das System der Energie(konservierungs)satz; die Gesamtenergie läßt sich in einen potentiellen und kinetischen Anteil zerlegen (freier Fall; elastische Schwingungen). Ist eine solche Aufteilung bei konstant bleibender Summe der mechanischen Energieformen nicht möglich, so sind «nichtkonservative» Kräfte im Spiel (Reibungsvorgänge: die Reibungsarbeit wandert in Form von Wärme aus dem mechanischen System weg).

314 $\Sigma\Delta E = 0$; $\Sigma\Delta\vec{p} = \vec{0}$.

315 Die Energiesumme ist als skalare, die Impulssumme als vektorielle Größe zu betrachten.

316 Der Schwerpunkt des Systems behält seinen Bewegungszustand bei (Schwerpunktssatz!), d.h. nach dem Krepieren fliegen die Splitter nicht kugelsymmetrisch um den Explosionsort weiter, sondern streuen hauptsächlich in der Flugrichtung nach vorn.

317 a) $v_0 = \sqrt{2gl(1 - \cos\alpha)}$; 2,40 m/s;
b) $v_1 = \sqrt{2gl(\cos\alpha_1 - \cos\alpha_2)}$; $v_1 = \sqrt{gl}$; 3,13 m/s.

318 $v = 2\sin\alpha\sqrt{gr}$; $t = 2\sqrt{\frac{r}{g}}$.

319 2 kJ.

320 $h = \frac{3v_0^2}{8g}$; 15 m.

321 $F = \frac{mg(h_1 - h_2)}{s}$; 50 N.

322 $a = \frac{v_0^2 + 2g(h+s)}{2s}$; 1,2 km/s².

323 a) $\mu_G = \tan\alpha$; 0,23;
b) $W_z = mgl(\mu_{G_1}\cos\alpha - \sin\alpha)$; $7{,}0 \cdot 10^5$ J;
$W_s = mgh$; $1{,}4 \cdot 10^6$ J;
c) $E_k = mg(h - \mu_{G_2} l\cos\alpha)$; $7{,}6 \cdot 10^5$ J; 23 m/s.

324 $F = \frac{m_1 g(h+s)}{s} + m_2 g$; 98 kN; $P = \frac{m_1 gh}{\eta t}$; 5,8 kW.

325 a) $\frac{1}{2}mv^2 - mg\mu_H s = 0$;
b) die Reibungszahl zwischen Straße und Pneu muß bekannt sein; die Masse des Wagens ist bedeutungslos;
c) 4facher Bremsweg;
d) 22 m/s $\approx$ 80 km/h.

326 a) Die bremsende Kraft $F = mg\mu_H$ bleibt konstant, da μ_H konstant ist; die Leistung $P = Fv$ ändert sich von ihrem anfänglichen Maximalwert Fv_0 bis null;
b) $P_0 = mg\mu_H v_0$; 0,20 MW;
$P_{½} = \frac{mg\mu_H v_0}{\sqrt{2}}$; 0,14 MW;
c) Sie wird in Wärme verwandelt.

327 a) Bei Zweiradbremsen nur die halbe Bremskraft, da die Haftreibung nur an jenen Rädern angreift, auf welche die Bremsen wirken;
b) 45 m; 90 m.

328 $mgh - F_R s = 0$ J; $s = \frac{h}{\mu}$; 0,5 km.

329 a) $F = \frac{m v_1^2}{2 l_1}$; 59 kN;

b) $l_2 \approx \frac{m v_2^2}{2(F + mg\sigma)}$; 190 m.

330 $h_1 = \eta \left(h + \frac{v_0^2}{2g} \right)$; 8,0 m.

331 a) $\mu_H = \frac{2s}{gt^2}$; 0,17;

b) 10 m/s.

332 $v = \sqrt{2g(\Delta h - \mu s)}$; 62 km/h.

333 a) $v = \sqrt{v_1^2 + 2g(h_1 - \mu s_1)}$; 12 m/s;

b) $h_2 = h_1 - \mu(s_1 + s_2)$; 6 m.

334 $a = g \frac{h_2}{h_1}$; 6,25 g.

335 Er benützt die Rückstoß-Kraft einer Gas- oder Flüssigkeits-«Pistole» (Impulssatz).

336 Der Wagen bewegt sich in der entgegengesetzten Richtung mit der Geschwindigkeit $v_2 = -\frac{m_1 v_1}{m_2}$; $-1{,}12$ m/s; $\Delta s = -4{,}3$ m.

337 $v_R = -v_G \frac{m_G}{m_R}$; -20 m/s; $F = \frac{m_R v_R^2}{2s}$; $2 \cdot 10^5$ N; $2 \cdot 10^5$ J.

338 $E_k = mgh$; 4,9 J; $p = m\sqrt{2gh}$; 1,4 kgm/s.

339 $v = \sqrt{\frac{Fs}{m}}$; 10 m/s.

340 a) $s = \frac{D s_1^2}{2mg\mu}$; 3 m;

b)

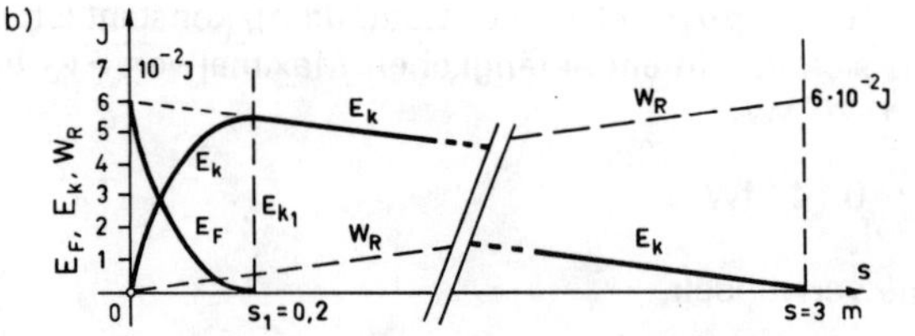

Abb. 4–90

341 $a_n = \frac{m^* v^*}{m_0 - m^* t_n} - g$; $\bar{a} = \frac{a_n + a_{n+1}}{2}$; $v_{n+1} = v_n + \bar{a}\Delta t$;

$\bar{v} = \frac{v_n + v_{n+1}}{2}$; $\Delta h = \bar{v}\Delta t$; $h_{n+1} = h_n + \Delta h$; $v_{60} = 226{,}9$ m/s;

$h_{60} = 5568$ m; genau: 226,6 m/s; 5523 m.

4.4.4. *Unelastische und elastische Stöße*

342 Unelastisch: Zusammenstoß zweier Lehm- oder Teigkugeln; Wurf einer Teigkugel gegen eine große Wand.
Elastisch: Zusammenprall von zwei Stahl- oder Elfenbeinkugeln (Billardspiel); «Stoß» bzw. «Begegnung» zweier zum Beispiel positiv geladener Elementarteilchen nicht zu großer Energie (Protonen, Alphateilchen, Deuteronen; Deuteron-Proton-Stoß; Proton-Alphateilchen-Stoß etc. oder beliebiger Atomkerne).

343 Elastischer Stoß: Der Energiesatz wird im Rahmen der mechanischen Energien erfüllt; oder: Es entsteht beim Stoß keine Wärme; oder: Das System ist ein «konservatives».
Unelastischer Stoß: Ein Teil der anfänglichen mechanischen Gesamtenergie geht in Wärme über (das System ist ein «nichtkonservatives»).

344 Energiesatz: $\frac{1}{2} m_1 v_1^2 + \frac{1}{2} m_2 v_2^2 = \frac{1}{2} m_1 w_1^2 + \frac{1}{2} m_2 w_2^2$;
Impulssatz: $m_1 \vec{v}_1 + m_2 \vec{v}_2 = m_1 \vec{w}_1 + m_2 \vec{w}_2$;
($\vec{v}$: Geschwindigkeiten der Körper vor dem Stoß;
$\vec{w}$: Geschwindigkeiten der Körper nach dem Stoß).

345 «Zentral»: Die Berührungsstelle liegt auf der Verbindungsgeraden der Schwerpunkte;
«gerade zentral»: Die Geschwindigkeitsvektoren liegen in dieser Verbindungsgeraden;
«schief zentral»: Mindestens *ein* Geschwindigkeitsvektor vor dem Stoß nicht in der Verbindungsgeraden.

346 10,4 m/s.

347 $\Delta E = \frac{1}{2} \frac{m_1 m_2 (\vec{v}_1 - \vec{v}_2)^2}{m_1 + m_2}$.

348 $m_1 = \frac{(m_1 + m_2)(w - v_2)}{v_1 - v_2}$; 18,75 kg: ($v_1 > 0$; $w > 0$; $v_2 < 0$).

$m_2 = \frac{(m_1 + m_2)(w - v_1)}{v_2 - v_1}$; 1,25 kg; $\Delta E = \frac{m_1 m_2 (v_1 - v_2)^2}{2(m_1 + m_2)}$; 150 J.

349 $w_x = \frac{m_1 v_{1x} + m_2 v_{2x}}{m_1 + m_2}$; 0,776 m/s;

$\tan \beta_1 = \frac{w_x}{v_1 \cos \alpha_1}$; $\beta_1 = 28{,}75°$; $\tan \beta_2 = \frac{w_x}{v_2 \cos \alpha_2}$; $\beta_2 = 41{,}86°$;

β_1 und β_2 im IV. Quadranten;

$w_1 = \frac{w_x}{\sin \beta_1}$; 1,61 m/s; $w_2 = \frac{w_x}{\sin \beta_2}$; 1,16 m/s.

350 Aus Energiesatz: $\frac{1}{2} m_1 (w_1^2 - v_1^2) = \frac{1}{2} m_2 (v_2^2 - w_2^2)$
und Impulssatz: $m_1 (w_1 - v_1) = m_2 (v_2 - w_2)$
folgt durch Division $w_1 + v_1 = v_2 + w_2$
oder $w_2 - w_1 = -(v_2 - v_1)$.

351 $v_1 = 2\,\dfrac{m_1 w_1 + m_2 w_2}{m_1 + m_2} - w_1$; 1,6 m/s;

$v_2 = 2\,\dfrac{m_1 w_1 + m_2 w_2}{m_1 + m_2} - w_2$; 4,6 m/s.

352 $v_1 = \dfrac{v_2 (m_1 - m_2)}{2 m_1}$; 0,5 m/s; $w_1 = \dfrac{v_2 (m_1 + m_2)}{2 m_1}$; 1,5 m/s.

353 a) 90°;

b) $v_1 = \sqrt{\dfrac{2 E_1}{m_\alpha}}$; $1{,}52 \cdot 10^7$ m/s $\approx 0{,}05\,c$;

$w_1 = v_1 \cos\alpha_1$; $1{,}32 \cdot 10^7$ m/s;
$w_2 = v_1 \sin\alpha_1$; $0{,}76 \cdot 10^7$ m/s.

354 Vollkommen elastischer Stoß mit $v_2 = 0$: $w_1 = v_1 \left(\dfrac{2 m_1}{m_1 + m_2} - 1 \right) < 0$ führt auf $m_1 = m_2\,\dfrac{1 - \sqrt{\eta}}{1 + \sqrt{\eta}}$; 3,95 atomare Masseneinheiten (statt 4,00).

355 a) $\Delta p = 2m \sqrt{2gl(1 - \cos\alpha)}$; $6{,}86 \cdot 10^{-2}$ mkg/s;

$\bar{F}_1 = \dfrac{\Delta p}{\Delta t}$; 1,5 kN;

b) $\bar{F}_2 = \dfrac{mgl(1 - \cos\alpha)}{\Delta s}$; ≈ 6 N.

356 a) $m_2 = m_1$; Stoß genau zentral und vollkommen elastisch; Luftwiderstand und Fadensteifigkeit zu vernachlässigen;

b) $v_1 = \sqrt{2gh_1}$; $w_1 = \dfrac{m_1 - m_2}{m_1 + m_2} v_1$; $w_2 = \dfrac{2 m_1}{m_1 + m_2} v_1$;

$h_1' = \dfrac{w_1^2}{2g}$; $h_2 = \dfrac{w_2^2}{2g}$;

c) $m_2 = \dfrac{1}{3} m_1$: $w_1 = \dfrac{1}{2}\sqrt{2gh_1}$; $w_2 = \dfrac{3}{2}\sqrt{2gh_1}$;

$h_1' = \dfrac{1}{4} h_1$; $h_2 = \dfrac{9}{4} h_1$; $E_{p_1}' + E_{p_2} = m_1 g h_1 = E_{p_1}$;

$m_2 = 3 m_1$: $w_1 = -\dfrac{1}{2}\sqrt{2gh_1}$; $w_2 = \dfrac{1}{2}\sqrt{2gh_1}$;

$h_1' = \dfrac{1}{4} h_1$; $h_2 = \dfrac{1}{4} h_1 = h_1'$; $E_{p_1}' + E_{p_2} = m_1 g h_1 = E_{p_1}$.

357 a) 1,00 cm;

c) $v_1 \approx x_1 \sqrt{\dfrac{g}{l}}$; 0,443 m/s; $v_1 = \sqrt{2gh_1}$; 0,443 m/s;

d) 1. x_2 (ber.) $\approx \dfrac{2}{3} x_1$; 10,8 cm; $\dfrac{\Delta x_2}{x_2} \approx 1\,\%$;

2. x_2 (ber.) $\approx \dfrac{1}{3} x_1$; 5,7 cm; $\dfrac{\Delta x_2}{x_2} \approx 2\,\%$.

358 $v_1 = \sqrt{2g\left(l\cos\frac{\alpha}{2} + r\right)(1 - \cos\varphi)}$;

$w_1 = \frac{v_1(m_1 - m_2)}{m_1 + m_2}$; $w_2 = \frac{2m_1 v_1}{m_1 + m_2}$;

a) + 0,52 m/s; + 3,14 m/s;
b) 0; + 2,62 m/s;
c) − 0,87 m/s; + 1,75 m/s.

359 Austausch der zentralen Geschwindigkeitskomponenten:

$\tan\beta_1 = \frac{v_1 \sin\alpha_1}{v_2\cos\alpha_2}$; $\tan\beta_2 = \frac{v_2\sin\alpha_2}{v_1\cos\alpha_1}$;

$w_1 = \frac{\cos\alpha_2}{\cos\beta_1} v_2 = \frac{\sin\alpha_1}{\sin\beta_1} v_1$; $w_2 = \frac{\cos\alpha_1}{\cos\beta_2} v_1 = \frac{\sin\alpha_2}{\sin\beta_2} v_2$.

Falls $v_2 = 0$: $\beta_1 = 90°$; $\beta_2 = 0°$; $w_1 = v_1\sin\alpha_1$; $w_2 = v_1\cos\alpha_1$.

4.5. Krummlinige Bewegung des Massenpunktes

4.5.1. *Allgemeines zur krummlinigen Bewegung*

360 a) Jede Kraft wirkt sich zeitlich und örtlich unabhängig von den andern und unabhängig von ihrer Natur auf den Körper aus. Ihre Gesamtwirkung ist gegeben durch die Kraft, die sich als Resultierende aller Kräfte ergibt (Vektorsumme).
b) Die verschiedenen Bewegungen überlagern sich zeitlich und örtlich unabhängig voneinander nach dem Additionsgesetz für Vektoren, sei es in den Wegstrecken, den Geschwindigkeiten oder den Beschleunigungen.

361 $v_x = v_0\cos\alpha$; $v_y = v_0\sin\alpha - gt$;

$x = (v_0\cos\alpha)\,t$; $y = (v_0\sin\alpha)\,t - \frac{g}{2}t^2$.

362 a) Die Bahngeschwindigkeit nimmt zu; die Bahn erfährt eine Krümmung in Richtung der Normalkomponente von $\vec{F}$;
b) die Bahngeschwindigkeit nimmt ab; Krümmung wie in a).

363 Resultierende aus Gewicht und Fadenkraft. Von Ausgangslage bis Gleichgewichtslage spitzer Winkel gegenüber $\vec{v}$, der von 0° bis 90° wächst (beschleunigte Bewegung auf Kreis); von der Gleichgewichtslage bis zur andern Extremlage stumpfer Winkel gegenüber $\vec{v}$, der sich von 90° bis 180° ändert (verzögerte Bewegung auf Kreis).

364 Richtig! Sie heißt nicht, daß sich der Massenpunkt auf der Kurve weiter bewege, sondern geradlinig mit der eben erreichten Momentangeschwindigkeit.

4.5.2. *Horizontaler Wurf*

365 a) $x = v_0 t$; $y = \frac{g}{2}t^2$; b) $y = \frac{g}{2v_0^2}x^2$;

c) $v_x = v_0$, $v_y = \frac{g}{v_0}x$, $\tan\alpha = \frac{g}{v_0^2}x$; oder $y' = \frac{g}{v_0^2}x$;

$v = \sqrt{v_x^2 + v_y^2} = \sqrt{v_0^2 + 2gy}$.

366 2,86 m.

367 3 s; 30 m; $v = \sqrt{v_0^2 + g^2 t^2}$; 32 m/s; $\tan\alpha = \frac{gt}{v_0}$; 72°.

368 a) $l_n = 90{,}0$ m;
b) P_1 (75,7 m; 38,6 m); $l_1 = 84{,}9$ m.
c) Durch die Haltung des Körpers, flach nach vorn, erzielt der Springer einen wesentlichen Auftrieb bei relativ kleinem Widerstand; die Sprunglänge wird dadurch vergrößert (abgesehen von Veränderungen in Betrag und Richtung von v_0).

369 a) Elimination des Parameters t aus den Ortskoordinaten-Gleichungen für x und y führt auf die Bahnkurve $y = f(x)$:

$$y = h - \frac{g}{2} \frac{x^2}{v_0^2};$$

b) $x_W = v_0 \sqrt{\frac{2h}{g}}$.

370 b) $\frac{1}{2}\sqrt{2gh}$; $\frac{1}{2}\sqrt{4gh}$; $\frac{1}{2}\sqrt{6gh}$;

c) $x_i = v_{0_i} \sqrt{\frac{2h_i}{g}}$; $\frac{\sqrt{3}}{2} h = 0{,}866\, h$; h; $\frac{\sqrt{3}}{2} h = x_1$.

4.5.3. *Schiefer Wurf*

371 $t_1 = \frac{x_1}{v_0 \cos\alpha_0}$;

$y_1 = (v_0 \sin\alpha_0)\, t_1 - \frac{g}{2} t_1^2 + h_1$; 6,2 m.

372 33,8 m; 77,9 m

373 15 m; 1,7 s; 35 m; $x_1 = 20$ m; $y_1 = 14{,}6$ m; 10 m/s.

374 a) Für die Schwerebeschleunigung werden Richtung und Betrag als konstant angenommen (normal zur Sehne), der Luftwiderstand wird vernachlässigt;
b) $v_0 = \sqrt{gs}$; 2,71 km/s; $t = 391$ s $\approx 6{,}52$ min;
c) ≈ 188 km; ≈ 177 km.

375 a) $\alpha_2 = 90° - \alpha_1$;
b) $y_{1\,max}/y_{2\,max} = \tan^2\alpha_1$.

376 $y_{max} = \frac{v_0^2 \sin^2\alpha_0}{2g}$.

377 14,0 m/s.

378 $\tan\varphi = \frac{\tan\alpha_0}{2}$; 26,6°.

379 $\alpha_0 = 14{,}7°$ oder $\alpha_0 = 75{,}3°$; $y_{max} = 0{,}328$ m oder 4,77 m.

380 27°.

381 $\tan \alpha_0 = \frac{4}{n}$.

382 $\tan \alpha_0 = \frac{2y + gt^2}{2x}$; 69,7°; $v_0 = \frac{x}{t \cos \alpha_0}$; 11,5 m/s.

383 $x_{max} = \frac{2E_k}{mg}$; 20 m.

384 $s = 8h \sin \alpha$; 7,2 m; $t = 2\sqrt{\frac{2h}{g}}$; 1,2 s.

385 $y = x \tan \alpha_0 + \frac{g}{2v_0^2 \cos^2 \alpha_0} x^2$; 20,0 m; 29,4 m/s; 72,9°.

386 $t = \frac{v_0 \sin \alpha_0 \pm \sqrt{v_0^2 \sin^2 \alpha_0 - 2gy}}{g}$; 1,55 s; $x = v_0 t \cos \alpha_0$; 13,4 m.

387 $\tan \alpha_{1,2} = \frac{v_0^2 \pm \sqrt{v_0^4 - g(2v_0^2 y + gx^2)}}{gx}$; $\alpha_1 = 12{,}4°$; $\alpha_2 = 68{,}2°$.

388 $v_1 = \sqrt{g\left(\frac{x_1^2}{x_1 - y_1} - 2y_1\right)}$; 13,7 m/s; $\tan \alpha_0 = \frac{v_{y_1}}{v_x} = 1 - \frac{2y_1}{x_1}$;
$\alpha_0 = 39{,}0°$; 680 J.

389 $\frac{x_W}{y_{max}} = 4$; der Brennpunkt liegt in halber Wurfweite auf dem Horizont.

4.5.4. *Kreisförmige Bewegung*

4.5.4.1. *Einführungsaufgaben*

390 Nein! Der Geschwindigkeitsvektor behält zwar den Betrag, ändert aber seine Richtung. In der Kinematik spricht man trotzdem aus praktischen Gründen gelegentlich von «gleichförmiger Kreisbewegung». (Vgl. Abschnitt 4.1.1.2, Aufgaben 14 bis 16)

391 a) Konstante Zentripetalkraft, da m, v und r konstant bleiben.
b) Die nach dem Kurveninnern weisende Kraft ist nicht auf das Zentrum hin gerichtet; ihre tangentiale Komponente bewirkt die Bahnbeschleunigung. Die radiale Komponente der Kraft muß sich proportional zu v^2 ändern.
c) Bei der Bewegung eines an einer Schnur befestigten Körpers in einem vertikalen Kreis.

392 Siehe Lösungen der Aufgaben 4–301 und 4–302.

393 Falsch! Die Zentripetalkraft ist die Ursache der Kreisbewegung.

394 a) Kohäsion;
b) Haftreibung;
c) Kraft der äußern Schiene samt Schwellen und Unterbau auf den äußern Radkranz;
d) Resultierende von Gewicht, Normalkraft und eventuell Haftreibung (warum eventuell?);
e) Resultierende von Gewicht und Auftrieb, wobei $F_A > F_G$ ist;
f) Resultierende von Gewicht und Fadenspannkraft;
g) Resultierende von Gewicht, Normalkraft und Haftreibung.

395 $a = r\,\omega^2$ oder $a = \frac{4\pi^2 r}{T^2}$; $\frac{a_1}{a_2} = \frac{r_1}{r_2}$.

396 a) 1,2 N; 0,6 N;
b) 1,32 N; 2,63 N.

397 1,59 s^{-1}.

398 Ja. Auf beiden Stücken zum jeweiligen Zentrum gerichtete Kraft; Bedingung: $F_1 r_1 = F_2 r_2$.

399 In I und IV: Nur Zugkraft in der Fahrtrichtung; Überwindung der Steigung und der Rollreibung; gleiche Kraft in I und IV.
In III: Radialkomponente nach Z_2 gerichtet; Tangentialkomponente (Zugkraft) größer als bei I und IV wegen der zusätzlichen seitlichen Reibung.
In II: Radialkomponente nach Z_1 gerichtet; wegen kleinster Krümmung Radial- und Tangentialkomponente größer als an allen andern Stellen.

4.5.4.2. *Angewandte Beispiele*

400 $v = \sqrt{gr}$; 7,9 km/s.

401 $r_1 = \frac{r m_2}{m_1 + m_2}$; 4680 km.

402 Gestreckt, weil $\frac{v^2}{r} > g$; $F = m\left(\frac{v^2}{r} - g\right)$; 0,038 N.

403 Im tiefsten Punkt der Bahn; $v = \sqrt{\frac{r}{m}(F - mg)}$; 10 m/s.

404 $m = \frac{F_{\text{zerr.}}}{6g}$; 3,3 kg.

405

$v =$	$\sqrt{6gr}$,	$\sqrt{4gr}$,	$\sqrt{2gr}$,	$\sqrt{4gr}$;
$F_Z =$	$6F_G$,	$4F_G$,	$2F_G$,	$4F_G$;
$F_N =$	$7F_G$,	$4F_G$,	F_G,	$4F_G$.

406 $F_1 = m\left(g + \frac{v^2}{r}\right)$; 1250 N; $F_2 = m\left(g - \frac{v^2}{r}\right)$; 250 N.

407 $F = m\left(g + \frac{v^2}{r}\right)$; 45 kN; $F_1 = 0{,}69\,F$.

408 $x = h + \frac{v^2}{6g}(1 - \cos\alpha)$; ≈ 400 m.

409 $\tan\alpha = \frac{v^2}{gr}$; 14,3°.

410 $F_L = \frac{F_G}{\cos\alpha}$; $2{,}92\,F_G$; $F_Z = F_G \tan\alpha$; $2{,}75\,F_G$; $r = \frac{v^2}{g\tan\alpha}$; ≈ 2000 m.

411 $\tan\alpha = \frac{4\pi^2 r}{gT^2}$; 11,4°.

412 $\tan\alpha = \frac{v^2}{rg}$; 63,9°; 6 kN.

413 $T \approx 2\pi\sqrt{\frac{l}{g}}$.

414 $v = r\sqrt{\frac{g}{\sqrt{l^2 - r^2}}}$, senkrecht zur Ebene (l, r); 1,68 m/s.

415 $\cos\alpha = \frac{-v^2 + \sqrt{v^4 + 4l^2g^2}}{2lg}$; 75°.

416 $h_1 = h_2 = \frac{g}{\omega^2}$.

417 $N = \frac{t}{2\pi}\sqrt{\frac{g}{l\cos\alpha}}$; 23; $F = \frac{mg}{\cos\alpha}$; 0,12 kN.

418 a) Auf m_2: F_2 nach innen als notwendige Zentripetalkraft für m_2; auf m_1: F_2 nach außen als vom Faden ausgeübte Reaktionskraft; F nach innen als Summe aus der für m_1 nötigen Zentripetalkraft und F_2;

b) $F = F_1 + F_2 = \frac{6m\pi^2 r_2}{T^2}$;

c) um das 1,5fache.

419 $v = \sqrt{\mu_H g r}$; 19 m/s ≈ 67 km/h.

420 a) $a_{max} = -\sqrt{(\mu_H g)^2 - \left(\frac{v^2}{r}\right)^2}$; $-2\ \text{m/s}^2$;

b) $a = -\mu_H g$; $-7\ \text{m/s}^2$.

421 $r = \frac{(v_0^2 - 2gv_0 t\sin\alpha_0 + g^2t^2)^{\frac{3}{2}}}{gv_0\cos\alpha_0}$; $x_0 = x_n + r\sin\alpha$;

$y_0 = y_n - r\cos\alpha$; $r_0 = 4{,}17$ m, $M_0\left(3\frac{1}{3}; -2\frac{1}{2}\right)$;

$r_1 = 2{,}55$ m, $M_1(2{,}10; -1{,}45)$; $r_2 = 1{,}56$ m, $M_2(1{,}47; -0{,}70)$;

$r_3 = 1{,}05$ m, $M_3(1{,}23; -0{,}25)$; $r_4 = 0{,}90$ m, $M_4(1{,}20; -0{,}10)$.

4.6. Trägheitskräfte

4.6.1. *Trägheitskräfte bei geradlinig beschleunigter Bewegung*

422 a) Bei beschleunigten; geradlinig-beschleunigte und krummlinige;

b) der Beobachter (das Koordinatensystem) macht die beschleunigte Bewegung mit;

c) entgegengesetzt zur Richtung der beschleunigenden Kraft und von gleichem Betrag;

d) das dynamische Problem wird in ein statistisches umgewandelt, sofern im beschleunigten System keine Relativbewegungen auftreten.

423 $\vec{F}_T = -m\vec{a}$;

a) entgegen der Fahrtrichtung;

b) in der Fahrtrichtung;

c) radial nach außen.

424 a) $a = \frac{gb}{h}$; 3,68 m/s²;

b) $\mu_H \geqq \frac{a}{g}$; $\approx 0{,}4$.

425 a) $F_1 = \frac{mgl_2}{l_1 + l_2}$; 5,9 kN; $F_2 = \frac{mgl_1}{l_1 + l_2}$; 3,9 kN; 1,5;

b) $F_1 = \frac{mg(\mu_H h + l_2)}{l_1 + l_2}$; 7,6 kN; $F_2 = \frac{mg(l_1 - \mu_H h)}{l_1 + l_2}$; 2,2 kN; 3,4.

c) Es ist nicht nötig, den Schwerpunkt als Bezugspunkt zu wählen.

d) 5,7 kN; 1,6 kN.

426 a) $\tan\varphi = \frac{F_T}{mg}$; $a = g \tan\varphi$;

b) $\approx 1{,}0$ m/s².

427 a) Auf das Wasser wirkt nur das Gewicht; die Wasseroberfläche liegt horizontal.
b) Entgegengesetzt zur beschleunigenden Kraft wirkt eine Trägheitskraft hangaufwärts ($F_T = -mg\sin\alpha$). Die Wasseroberfläche als Niveaufläche stellt sich senkrecht zur Resultierenden aus Gewicht und Trägheitskraft, liegt also parallel zur schiefen Ebene.

4.6.2. *Trägheitskräfte bei der Kreisbewegung (Zentrifugalkraft)*

428 Es ist eine Frage des Bezugs-Koordinatensystems. «Zentrifugalkraft» darf nur vom Beobachter im rotierenden Bezugssystem gebraucht werden (vgl. Aufgabe 4–422).

429 Im mitbewegten Koordinatensystem befindet er sich im «kräftefreien» Zustand; er ist nicht etwa außerhalb des Schwerefeldes! Die Schwere wird durch die Zentrifugalkraft gerade aufgehoben.

430 Richtig! Denn wegen der durch eine Zentri*petal*kraft verursachten Kreisbewegung entsteht im mitrotierenden Koordinatensystem die Zentri*fugal*kraft; letztere ist nie Bewegungsursache.

431 Falsch! Mit seiner Hand zieht er an der Schnur nach innen, um der Kugel die notwendige Zentripetalkraft zu erteilen. Nach dem Newtonschen Reaktionsprinzip wirkt die Schnur mit der entgegengesetzt gleichen Kraft auf die Hand.

432 $\vec{F}_1$ = Gewicht;
$\vec{F}_2$ = Resultierende aus Normalkraft und Reibung (geht durch Schwerpunkt);
a) $\vec{F}_3 = \vec{F}_1 + \vec{F}_2$ = Zentripetalkraft = Resultierende von $\vec{F}_1$ und $\vec{F}_2$;
b) $\vec{F}_3{}'$ = Zentrifugalkraft; Gleichgewicht, da $\vec{F}_1 + \vec{F}_2 + \vec{F}_3' = 0$.

433 a) Auf den Mann wirken nur die 3 Kräfte $\vec{F}_1$ = Gewicht, $\vec{F}_2 = -\vec{F}_1$ = Reibung und $\vec{F}_3$ = Normalkraft der Wand auf den Mann (durch die dauernde Richtungsänderung der Bewegung der Wandpunkte verursacht); diese Kraft wirkt als Zentripetalkraft. $\vec{F}_4$ ist nach Newton III die Reaktionskraft des Mannes auf die Wand und ist $= -\vec{F}_3$.

b) Im rotierenden System wirken die 4 Kräfte auf den Mann und halten ihn im Gleichgewicht. $\vec{F}_4$ = Zentrifugalkraft, $\vec{F}_3$ = Normalkraft der Wand, $\vec{F}_1$ und $\vec{F}_2$ wie in a).

c) $\omega_{\min} = \sqrt{\frac{g}{\mu_H r}}$, $5\ \mathrm{s}^{-1}$; $v_{\min} = r\,\omega_{\min}$; 10 m/s.

434 a) Geschlossenes Kräfte-Rechteck; Reibung am Sitz und/oder Reaktionskraft der Außenwand entgegengesetzt gleich der Zentrifugalkraft;
b) geschlossenes Kräfte-Dreieck; von der schräg gestellten Bank ausgeübte Normalkraft.

435 $9{,}87 \cdot 10^5\ \mathrm{N} \approx 1\ \mathrm{MN}$.

436 $v = \sqrt{\frac{rsg}{2h}}$; $21\ \mathrm{m/s} \approx 76\ \mathrm{km/h}$.

437 $v_1 = \sqrt{gr\tan\alpha}$; $23\ \mathrm{m/s} \approx 83\ \mathrm{km/h}$; $F = \frac{m}{r}(v_2^2 - v_1^2)$; 51 N.

438 $a = r_0 \frac{4\pi^2}{T^2} \cos^2\varphi$; $0{,}034\ \mathrm{m/s^2}$; $0{,}017\ \mathrm{m/s^2}$; 0;
kugelförmige Erde, homogene Kugelschalen.

4.7. Gravitation: Elemente der Himmelsmechanik

4.7.1. *Newtons Gravitationsgesetz*

439 $3{,}76 \cdot 10^{-2}\ \mathrm{N}$; $F = G \frac{4\pi^2 \varrho^2 r^4}{9}$.

440 Das Gewicht eines Körpers an der Erdoberfläche ist die von der Erdmasse auf die Masse des betreffenden Körpers wirkende Gravitationskraft:

$$F_G \approx mg \approx G\frac{m_0 m}{r_0^2}; \quad m_0 \approx 5{,}97 \cdot 10^{24}\ \mathrm{kg}.$$

441 a) $g_0 = G\frac{m_0}{r_0^2}$; $9{,}825\ \mathrm{m/s^2}$;

b) $g = g_0\left(\frac{r_0}{r}\right)^2 = g_0\left(\frac{r_0}{r_0 + h}\right)^2$;

d) $g \approx g_0\left(1 - \frac{2h}{r_0}\right)$ für $h \ll r_0$; $h \approx \frac{r_0}{200}$; ≈ 32 km.

442 Auf dem betreffenden Stück der Flugbahn mußte längs der vertikalen Wegkomponente eine Beschleunigung erreicht werden, die gleich der Schwerebeschleunigung war.

443 a) Die Gravitation hat nicht mehr als Zentripetalkraft für das Beschreiben der Umlaufbahn zu wirken, sie verursacht also eine geradlinig beschleunigte Bewegung auf die Sonne hin (und der Sonne gegen die Erde);

b) $t \approx 0{,}8\, r_1 \sqrt{\frac{2(r_1 - r_0)}{G m_S}}$; 66 d. (genauer Wert 64,6 d)

444 $\dfrac{n_2}{n_1} = \sqrt{1 + \dfrac{g_{Ae} T^2}{4\pi^2 r_{Ae}}}$; 17,0.

445 Breite φ: $g_{rad} = g_0 - r_0 \omega^2 \cos^2 \varphi$;
Äquator: $g_{Ae} = g_0 - r_0 \omega^2$;
daraus: $\Delta g_{rad} = r_0 \omega^2 \sin^2 \varphi$.

446 $g_M = G \dfrac{m_M}{r_M^2}$; 1,623 m/s²; $\dfrac{h_M}{h_E} = \dfrac{g_E}{g_M}$; 6,05.

447 1 kg; 1,623 N.

448 $54r$.

449 $x_1 = 54r$; $x_2 = 67{,}5r$.

450 Es existieren im Endlichen 6 solche Punkte, nämlich zu den 2 in vorhergehender Aufgabe noch je 1 Paar im Innern der beiden Weltkörper. (Die Gravitationskraft im Innern einer homogenen Kugel nimmt von der Oberfläche gegen das Zentrum linear nach null ab.)

451 $g_P = g_E \dfrac{k}{n^2}$; 25,8 m/s².

452 $1{,}36 \cdot 10^4$ kg/m³ überall; $1{,}33 \cdot 10^5$ N/m³; $2{,}20 \cdot 10^4$ N/m³; $3{,}51 \cdot 10^5$ N/m³.

453 a) Zeit für den Umlauf relativ zum Fixsternhimmel;
b) $\dfrac{m_2}{m_1} = \dfrac{r_2^3 T_1^2}{r_1^3 T_2^2}$; 318.

454 a) Die Gravitationskraft muß durch die entgegengesetzt gleiche Zentrifugalkraft (siehe 4.6, «Trägheitskräfte») kompensiert werden, sonst würden die beiden Komponenten aufeinander zustürzen.
b) Sie teilt die Verbindungsgerade der Komponenten im umgekehrten Verhältnis ihrer Massen.

455 a) $m_1 + m_2 = m = \dfrac{4\pi^2}{G} \cdot \dfrac{r^3}{T^2}$;
b) das 2. und 3. Newtonsche Prinzip sowie das Gravitationsgesetz;
c) $m = 6{,}68 \cdot 10^{30}$ kg;
d) $m_1 = 0{,}693\, m$; $4{,}63 \cdot 10^{30}$ kg; $r_1 = \dfrac{m - m_1}{m} r$; $0{,}31\, r$.

456 a) $6{,}030 \cdot 10^{24}$ kg;
b) $m_E + m_M$ (tabelliert) $= 6{,}050 \cdot 10^{24}$ kg; $-0{,}3\%$.
c) Das System Erde–Mond ist kein im Weltraum isoliert schwebender Doppelstern; es befindet sich im Gravitationsfeld der Sonne und unter der zusätzlichen Gravitationseinwirkung der übrigen Planeten. Man hat es in Wirklichkeit mit einem komplizierten astronomischen Mehrkörperproblem zu tun.
d) $m_M \approx 0{,}054 \cdot 10^{24}$ kg; $\approx 27\%$.

457 $h = \sqrt[3]{g_0 \left(\dfrac{r_0 T}{2\pi}\right)^2} - r_{Ae}$; $35{,}79 \cdot 10^3$ km $\approx 35\,800$ km.

458 $T_2 = \dfrac{T T_1}{T + T_1}$; 89 min 59 s; $h = \sqrt[3]{g_0 \left(\dfrac{r_0 T_2}{2\pi}\right)^2} - r_{Ae}$; 274,8 km $\approx$ 275 km.

4.7.2. *Keplersche Gesetze*

459 $b = a\sqrt{1-\varepsilon^2}$; $e = a\varepsilon$;
Erde: $b_1 = 99{,}99$ mm; $e_1 = 1{,}67$ mm;
Pluto: $b_2 = 96{,}74$ mm; $e_2 = 25{,}34$ mm;
bei der Erdbahn ist die Abweichung der Ellipse vom Kreis nicht darstellbar.

460 a) Der Radiusvektor von der Sonne zum Planeten überstreicht in gleichen Zeiten gleiche Flächen (Flächensatz);
b) $\Delta A_1 = \Delta A_2$ oder $r_1 \Delta s_1 \sin\varphi_1 = r_2 \Delta s_2 \sin\varphi_2$;
c) Flächensatz: $\dfrac{\Delta A}{\Delta t} = \text{const.} = \dfrac{\frac{1}{2} r \Delta s \sin\varphi}{\Delta t} = \dfrac{1}{2} r v \sin\varphi$;
Drallsatz: $L = |\vec{r} \times \vec{p}| = \text{const.} = r m v \sin\varphi = m r v \sin\varphi$;
beide Aussagen verlangen, daß $rv \sin\varphi = \text{const.}$ ist.

461 $v_P : v_A = (1+\varepsilon) : (1-\varepsilon)$; 5 : 3.

462 $\dfrac{T_i^2}{r_i^3} = \dfrac{4\pi^2}{G m_0} = \text{const.}$; das dritte.

463 $T_2 = T_1 \sqrt{\left(\dfrac{r_2}{r_1}\right)^3}$; 29,3 a.

4.7.3. *Gravitationsfeld. Feldstärke, Potential, Energie; Überlagerung von Feldern*

464 Das Potential $V = E_p/m$; m = Probemasse; E_p = pot. Energie der Probemasse im Gravitationsfeld der felderzeugenden Masse.

465 a) $V = -G m_0 \dfrac{1}{r}$;

b) $V = G m_0 \left(\dfrac{1}{r_0} - \dfrac{1}{r}\right)$;

c) $V = g_0 r_0^2 \dfrac{1}{r}$ entspr. a).

d) Das Potential ist negativ, da $g_0 < 0$ ist;
e) siehe Abb. 4–91;

f) $\Delta V = G m_0 \dfrac{h}{r_0 (r_0 + h)}$; $\lim\limits_{h \ll r_0} \Delta V = -g_0 h$; entspr. $\Delta E_p = mgh$ $(g > 0)$;

g) Aufbau aus konzentrischen, homogenen Kugelschalen verschiedener Dichte.

e)
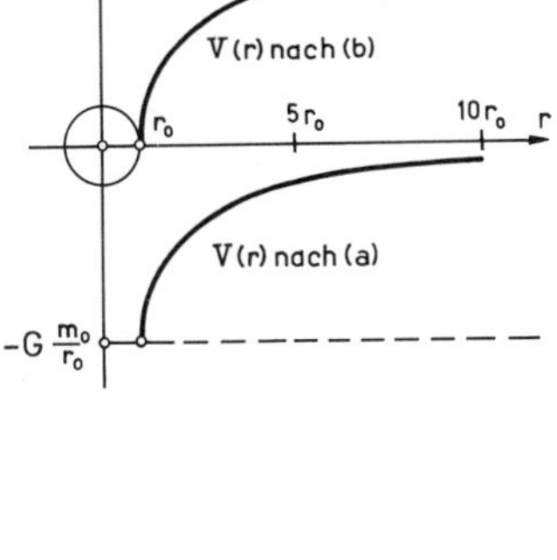

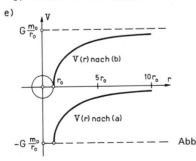

Abb. 4–91

466 a) Verlaufen radial vom Unendlichen bis zur Kugeloberfläche; Richtungssinn nach innen.

b) $\frac{4}{3} r_0$; $2r_0$; $4r_0$; ∞.

c) Feldstärke $= \frac{\vec{F}_{\text{grav.}}}{m} = \vec{g} =$ Schwerebeschleunigung an der betr. Feldstelle; sie ist unabhängig von der gewählten Probemasse; nur abhängig von der felderzeugenden Masse m_0 und vom Ort (r).

d) $g \sim \frac{1}{r^2}$; $V \sim \frac{1}{r}$.

e) Sie ist die negative Ableitung des Potentials nach dem Abstand r vom Gravitationszentrum:

$$g = -\frac{dV}{dr} = -G m_0 \frac{1}{r^2}.$$

f) Durch Integration der Funktion $-g(r) = G m_0 \frac{1}{r^2}$ von r_1 bis r_2:

$$V_2 - V_1 = G m_0 \int_{r_1}^{r_2} \frac{dr}{r^2} = G m_0 \left(\frac{1}{r_1} - \frac{1}{r_2}\right) > 0.$$

467 Kraft und Beschleunigung durch Vektoraddition der Komponenten, Potential durch algebraische Addition der Teilpotentiale.

468 $\Delta g \approx \frac{G m_s}{r^2}$; $0{,}0059\ \text{m/s}^2$; $\frac{\Delta g}{g_0} = 0{,}6\,‰$;
die 3. geltende Ziffer wird um ∓ 1 geändert.

469 a) Neumond: $2{,}4 \cdot 10^{20}$ N, Vollmond: $6{,}3 \cdot 10^{20}$ N – gegen Sonne gerichtet;
Viertel: $4{,}8 \cdot 10^{20}$ N
$\alpha = 65°$ gegenüber Verbindung Mond–Erde.

b) Nein! Der Mond bewegt sich im Sonnensystem auf einer stets gegen die Sonne hin konkaven Kurve veränderlicher Krümmung (man wähle z. B. den Erdbahnradius 150 mm und zeichne dazu das Stück der Mondbahn für einen synodischen Monat); die auf den Mond wirkende resultierende Kraft ändert Betrag und Richtung, ist aber stets nach innen gerichtet.

470 a) $V = V_E + V_M$; $-1{,}3 \cdot 10^6$ J/kg; $V_0 = -62{,}6 \cdot 10^6$ J/kg; $V = 0{,}02\, V_0$.

b) Das Potential besitzt dort ein Maximum, da $g = -\frac{dV}{dr} = 0\ \text{m/s}^2$ sein muß.

471 $\Delta E = m\,\Delta V + E_k = -m g_0 h \frac{r_0}{r_0 + h} + \frac{1}{2} m v^2.$

472 $v_0 = \sqrt{\frac{-2 g_0 r_0 h}{r_0 + h}}$; 8,74 km/s; $h_1 = \frac{3 r_0 h}{4 r_0 + h}$; $5{,}39 \cdot 10^3$ km.

473 a) $v = r_0 \sqrt{\frac{-g_0}{r_0 + h}}$; $7{,}35 \cdot 10^3$ m/s;

b) $T = 2\pi \left(1 + \frac{h}{r_0}\right) \sqrt{\frac{r_0 + h}{-g_0}}$; $6{,}30 \cdot 10^3$ s;

c) $\frac{\Delta E}{m} = -g_0 r_0 \frac{r_0 + 2h}{2(r_0 + h)}$; $3{,}55 \cdot 10^7$ J/kg $= 9{,}87$ kWh/kg.

474 a) $v = \sqrt{-r_0 g_0}$; 7,91 km/s;

$\frac{W}{m} = -\frac{1}{2} g_0 r_0$; $3{,}13 \cdot 10^7$ J/kg = 8,69 kWh/kg;

b) $v = \sqrt{\frac{-r_0 g_0}{2}}$; 5,59 km/s;

$\frac{W}{m} = -\frac{3}{4} r_0 g_0$; $4{,}69 \cdot 10^7$ J/kg = 13,0 kWh/kg;

c) $v = \sqrt{-2 r_0 g_0}$; 11,2 km/s;

$\frac{W}{m} = -r_0 g_0$; $6{,}26 \cdot 10^7$ J/kg = 17,4 kWh/kg.

475 $E_k = \frac{-m g_0 r_0^2}{2r} > 0$, da $g_0 < 0$ ist;

$E_p = \frac{m g_0 r_0^2}{r} < 0$;

$E_k = -\frac{1}{2} E_p$.

476 a) $v = r_0 \sqrt{\frac{-g_0}{r_0 + h}}$; 7725 m/s; 7761 m/s; + 29 m/s;

b) $E_k = \frac{-m g_0 r_0^2}{2(r_0 + h)}$; $2{,}391 \cdot 10^{10}$ J; $2{,}409 \cdot 10^{10}$ J; $+1{,}8 \cdot 10^8$ J;

$E_p = \frac{m g_0 r_0^2}{r_0 + h}$; $-4{,}782 \cdot 10^{10}$ J; $-4{,}818 \cdot 10^{10}$ J;

$\Delta E_p = -3{,}6 \cdot 10^8$ J; $\Delta E_p = -2 \Delta E_k$.

477 a) Zur Erreichung möglichst großer Endgeschwindigkeiten muß das Verhältnis von Startmasse zu Endmasse («Nutzlast») möglichst groß sein (Abwurf nutzloser Massen).
b) Nach Osten; um den Energieanteil auszunutzen, der durch die Geschwindigkeit des Startpunktes infolge der Erdrotation gegeben ist.

478 a) $v = r_0 \sqrt{\frac{-g_0}{r_0 + h}}$; 7,799 km/s;

b) $E_{p\,(\mathrm{Bahn})} + E_{(\mathrm{Flucht})} = 0$; wo $E_{\mathrm{Fl}} = E_{k\,(\mathrm{Bahn})} + \Delta E_k$;

$v_{\mathrm{Fl}} = r_0 \sqrt{\frac{-2 g_0}{r_0 + h}} = \sqrt{2} \cdot v_{\mathrm{Bahn}}$; 11,03 km/s;

v für «freie Bahn» zum Mond beträgt 98% von $v_{(\mathrm{Flucht})}$.

479 a) $v_0 = \sqrt{\frac{2 G m_0}{r_0}}$; 2,38 km/s;

b) $T = 2\pi \sqrt{\frac{(r_0 + h)^3}{G m_0}}$; 1 h 58 min;

c) $E = G m_0 m \frac{r_0 + 2h}{2 r_0 (r_0 + h)}$; $2{,}98 \cdot 10^9$ J; 827 kWh.

480 a) $v_0 = \sqrt{v_1^2 + 2(V_1 - V_0)}$, wo $V = -G \Sigma \frac{m_i}{r_i}$; $11{,}1 \cdot 10^3$ m/s;

b) $v_2 = \sqrt{v_1^2 + 2(V_1 - V_2)}$; $2{,}49 \cdot 10^3$ m/s.

481 $v = \sqrt{2G\frac{m}{r}}$; $v_1 = 42{,}1$ km/s; $v_2 = 618$ km/s.

482 a) Ellipse;

b) $r_1 = \frac{-v_0^2 r_0}{v_0^2 + 2g_0 r_0}$; $25{,}3 \cdot 10^3$ km;

c) $v_1 = \frac{v_0 r_0}{r_1}$; 2,52 km/s;

d) Flächensatz: $dA/dt = \text{const.} = \pi a b / T = \frac{1}{2} r_0 v_0$ mit $a = (r_1 + r_0)/2$ und

$b = \sqrt{r_1 r_0}$; daraus: $T = \frac{\pi (r_0 + r_1)}{v_0} \sqrt{\frac{r_1}{r_0}}$; $1{,}98 \cdot 10^4$ s = 5,50 h.

4.8. Drehbewegung des starren Körpers

4.8.1. *Kinematische Grundbegriffe*

483 a) $(\text{arc}\,\varphi) = \varphi = \frac{b}{r} = \frac{\text{Bogenlänge}}{\text{Radius}}$;

b) 1 Radiant = 1 rad = $\frac{\text{m}}{\text{m}}$; sie ist dimensionslos;

c) arc $\varphi = 2{,}35$ rad oder $\varphi = 2{,}35$ rad oder $\varphi = 2{,}35$; $\varphi = 134{,}6°$.

484 a) Aus $\frac{\varphi}{\pi} = \frac{\varphi\,(\text{in Grad})}{180°}$ folgt:

Gradmaß: φ (in Grad) $= \frac{180°}{\pi} \cdot \varphi = 57{,}2958° \cdot \varphi \approx 57{,}3° \cdot \varphi$;

Bogenmaß: $\varphi = \pi \frac{\varphi\,(\text{in Grad})}{180°} = \frac{\varphi\,(\text{in Grad})}{57{,}2958°} \approx \frac{\varphi\,(\text{in Grad})}{57{,}3°}$;

1 rad $\hat{=}$ 57,2958° ≈ 57,3°;

b) 0,0175 rad, 1,14 rad, 4,71 rad, 6,98 rad; 25,8°, 258°, 573°.

485 a) Als Quotient aus dem von einem Radiusvektor überstrichenen Winkel und der zugehörigen Zeit; genauer: Grenzwert dieses Quotienten für $\Delta t \to 0$; ω; s^{-1} bzw. rad · s^{-1};

b) als Quotient aus der Änderung der Winkelgeschwindigkeit und der zugehörigen Zeit; genauer: Grenzwert dieses Quotienten für $\Delta t \to 0$; α; s^{-2} bzw. rad · s^{-2};

c) derselbe Wert der Winkelgeschwindigkeit bzw. Winkelbeschleunigung gilt für alle Punkte des Körpers;

d) nach Def. a) ist ω bei konstanter Drehbewegung auch der Quotient aus dem Bogenmaß des vollen Winkels und der Umlaufszeit, $2\pi/T$; dies ist identisch mit dem Produkt aus 2π und der Frequenz f.

486 Frequenz f oder ν wird in der Physik streng im Sinne von Anzahl von periodischen Vorgängen pro Zeiteinheit gebraucht. Einheit der Frequenz ist das Hertz; 1 Hz = 1 s^{-1}. (Z. B. Schwingungen der Wellenzüge pro Sekunde.) – Die Technik braucht eher den Begriff von «Tourenzahl» oder «Drehzahl» n und mißt fast einheitlich mit der Einheit 1 min^{-1}. Unter der «Umdrehungszahl» N wird im allgemeinen die Anzahl aller Umdrehungen während einer bestimmten Zeit t verstanden: $N = nt$.

487 $s = r \operatorname{arc} \varphi$ bzw. in abgekürzter Form $s = r\varphi$; $v = r\omega$; $a_t = r\alpha$.

488 $v = 2\pi n r$; ≈ 50 cm/s; ≈ 23 cm/s.

489 733 s^{-1}; 73,3 m/s.

490 a) 30 s^{-1}; 188 s^{-1}; 37,7 m/s.
b) 4 min 25 s.

491 942 s^{-2}.

492 a) $\varphi = \frac{s}{r}$; 0,4 ≙ 22,9°;

b) $\omega = \frac{v}{r}$; 0,4 s^{-1}; $\alpha = \frac{a}{r}$; 0,2 s^{-2}.

493 a) $h = s\left(1 + \frac{r_2}{r_1}\right)$;

b) $s \leqq h \leqq 2s$.

494 a) $h = \varphi(r_1 - r_2)$;

b) $\Delta\varphi = \frac{(v_1 + v_2)\,\Delta t}{2(r_1 - r_2)}$; 8 rad.

495 $a_t = r\alpha$; $a_r = r\omega^2$; $\vec{a} = \vec{a}_t + \vec{a}_r$; 5 m/s²; 14,4 m/s²; 15,2 m/s².

496 a) $v = v_x = 2\pi d n$; 94,2 cm/s; $\theta = 0°$;
b) $v_x = \pi d n$; $v_y = -\pi d n$; $v = \pi d n\sqrt{2}$; 66,6 cm/s; $\theta = -45°$.

497 A: $v_x = 2\pi n r_1$; $v_y = -2\pi n r_1$; $v = 2\pi n r_1\sqrt{2}$; 17,8 cm/s; $\theta = -45°$;
B: $v_x = v = 2\pi n(r_1 + r_2)$; 44,0 cm/s; $\theta = 0°$;
C: $v_x = v = 2\pi n(r_1 - r_2)$; $-18{,}8$ cm/s; $\theta = 180°$.

498 a) $t = \frac{t_1}{2} + \frac{s}{2\pi r n}$; 7,37 s;

b) $t = \frac{s}{2\pi r n}$; 6,37 s; $\approx -14\%$.

499 a) $t = -\frac{\omega}{\alpha}$; 8 s;

b) aus der Tangentialbeschleunigung eines Umfangspunktes und der Zeit bis zum Stillstand läßt sich zunächst der Abrollweg des Rades berechnen;

c) $N = -\frac{\omega^2}{4\pi\alpha}$; 25,5;

d) $\varphi = -\frac{\omega^2}{2\alpha}$; 160 rad; 9168°.

4.8.2. *Dynamik der Drehbewegung*

4.8.2.1. *Das Grundgesetz der Drehbewegung*

500 $M = J\alpha$;
Drehmoment an Stelle der Kraft; Trägheitsmoment an Stelle der Masse; Winkelbeschleunigung an Stelle der Linearbeschleunigung.

501 a) J entspricht im dynamischen Grundgesetz der früheren Masse m.
b)

Translationsbewegung		Rotationsbewegung	
Zeit	t	Zeit	t
Weg	$\vec{s}$	Winkel	φ
Geschwindigkeit	$\vec{v}$	Winkelgeschwindigkeit	$\omega = \dot{\varphi}$
Beschleunigung	$\vec{a}$	Winkelbeschleunigung	$\alpha = \ddot{\varphi}$
Kraft	$\vec{F}$	Drehmoment	$\vec{M}$
Masse	m	Trägheitsmoment (Drehmasse)	J
Energie der Translation	$\frac{1}{2} m v^2 = E_k$	Energie der Rotation	$\frac{1}{2} J\omega^2 = E_k$
Impuls	$m\vec{v} = \vec{p}$	Drall (Drehimpuls)	$J\vec{\omega} = \vec{L}$
Kraftstoß	$\vec{F}\Delta t = \Delta(m\vec{v}) = \Delta\vec{p}$	Drehmomentenstoß	$\vec{M}\Delta t = \Delta(J\vec{\omega}) = \Delta\vec{L}$

502 0,0741 s^{-2}; 66,7 cm/s.

503 $t = \dfrac{12\pi m r^2 n}{F r_1}$; 37,7 s.

504 a) $a = \dfrac{2F}{3m}$; 2 m/s^2;
b) 3 m/s^2;
die Linearbeschleunigung der Achse ist unabhängig vom Radius des Zylinders.

505 $\alpha = \dfrac{3g}{2l} \sin\varphi$.

506 $s = \dfrac{1}{2} l \dfrac{M}{J} t^2 = \dfrac{3}{4} g t^2$; 1,84 cm.

507 $v = \sqrt{\dfrac{10}{7} g \Delta h (1 - \mu \cot\theta)}$.

508 $t_1 = \sqrt{\dfrac{2s}{g\sin\theta}}$; $t_2 = \sqrt{\dfrac{7}{5}}\sqrt{\dfrac{2s}{g\sin\theta}}$; $t_3 = \sqrt{\dfrac{3}{2}}\sqrt{\dfrac{2s}{g\sin\theta}}$;
Quader zuerst; Zylinder zuletzt.

509 Aus $\Sigma F_x = m a_x$ und $M = J\alpha$ folgt $\tan\theta = 3\mu_H$; $\theta = 50°$.

510 Ruhezustand (vgl. Abb. 4–92, a):

$F_1 = F_{G_2}$; Gleichgewicht;
$F_2 = F_1$; Newton III;
$F_3 = F_2$; Gleichgewicht
$F_4 = F_3$; Newton III;
$F_5 = F_4$; Gleichgewicht;
$F_6 = F_5$; Newton III;
$F_7 = F_6$; Gleichgewicht;
$F_8 = F_7$; Newton III;
$F_9 = F_{G_1} - F_8$; Gleichgewicht;
$F_8 = F_1 = F_{G_2}$; $F_9 = F_{G_1} - F_{G_2}$.

Gleichförmig beschl. Bewegung (vgl. Abb. 4–92, b):

$F_1 > F_{G_2}$; Newton II;
$F_2 = F_1$; Newton III;
$F_3 = F_2$; Faden masselos;
$F_4 = F_3$; Newton III;
$F_5 > F_4$, beschl. Drehbewegung;
$F_6 = F_5$; Newton III;
$F_7 = F_6$; Faden masselos;
$F_8 = F_7$; Newton III;
$F_{G_1} > F_8$; Newton II
$F_{G_2} < F_1 = F_4 < F_5 = F_8 < F_{G_1}$.

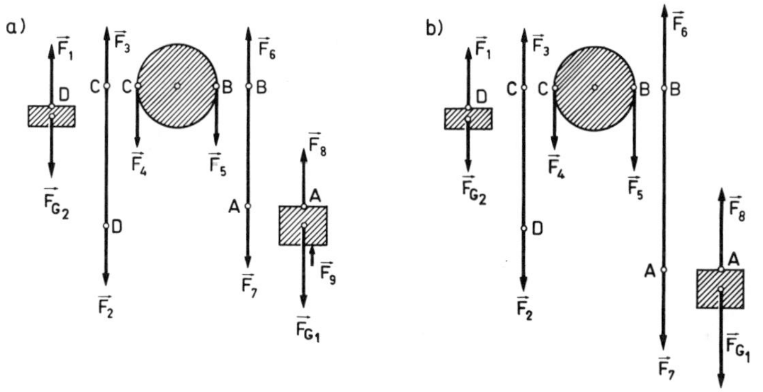

Abb. 4–92

511 a) $a = \dfrac{g\,\Delta m}{2m + \Delta m}$; 40,3 cm/s²; 1,58 s; $F = m(g + a)$; 0,715 N;

b) $a = \dfrac{g\,\Delta m}{\dfrac{m_R}{2} + 2m + \Delta m}$; 30,0 cm/s²; 1,83 s;

$F_1 = (m + \Delta m)(g - a)$; 0,722 N; $F_2 = m(g + a)$; 0,708 N.

512 a) Die Rolle würde sonst vom Faden nicht mitgenommen;
b) beim Auf- und Abrollen des Fadens auf der Rolle träten zusätzliche Biegungskräfte auf;
c) es verliefe eine zusätzliche Zeit, bis das Drehmoment voll wirksam wäre;
d) auch für die Beschleunigung des Fadens wäre ein Teil der Kraft aufzuwenden.

513 a) (1.) $\alpha = \frac{F_{G_1} r_1}{J}$; (2.) $\alpha = \frac{F_{G_1} r_1}{J + \frac{F_{G_1}}{g} r_1^2}$;

b) (2.) $F = \frac{J F_{G_1}}{J + \frac{F_{G_1}}{g} r_1^2}$;

c)	(1.)	0;	5;	10;	15;	20 s^{-2};
	(2.)	0;	4,88;	9,09;	12,2;	14,3 s^{-2};
		10;	9,76;	9,09;	8,16;	7,14 N;

d) 0; – 2,4%; – 9,1%; – 18,7%; – 28,5%.

514 a) $\omega = \frac{2 m_1 g t}{r(2m_1 + m)}$; 32,7 s^{-1}; $s = \frac{\omega r t}{2} = \frac{m_1 g t^2}{2m_1 + m}$; 1,96 m;

b) $\omega = \frac{2gt}{3r}$; 218 s^{-1}; $s = \frac{gt^2}{3}$; 13,1 m.

515 a) $\alpha = \frac{2 m_1 g}{r(2m_1 + m)}$; $a = \frac{2 m_1 g}{2m_1 + m}$; $F = \frac{m_1 m g}{2m_1 + m} = \frac{9}{10} F_{G_1}$;

b) $\alpha = \frac{2g}{3r}$; $a = \frac{2g}{3}$; $F = \frac{mg}{3} = \frac{1}{3} F_{G_1}$;

c) Sie sind vom Radius der Walze unabhängig.

516 $\alpha = \frac{2g}{3r}$; umgekehrt proportional zum Radius des Zylinders, unabhängig von seiner Masse;

$a = \frac{2}{3} g$; unabhängig von Radius und Masse des Zylinders;

$F = \frac{1}{3} mg$; konstanter Bruchteil des Zylindergewichts, unabhängig von seinem Radius.

517 a) $\alpha = g \frac{F_{G_1} r_1 - F_{G_2} r_2}{F_{G_1} r_1^2 + F_{G_2} r_2^2 + gJ}$;

b) $F_1 = F_{G_1}\left(1 - \alpha \frac{r_1}{g}\right)$; $F_2 = F_{G_2}\left(1 + \alpha \frac{r_2}{g}\right)$;

c) $t = \sqrt{\frac{2h}{r_1 \alpha}}$.

518 $\alpha = \frac{v_0}{r_1 t}$; $F_s = m\left(g + \frac{v_0}{t}\right)$; $F = \frac{J\alpha + F_s r_1}{\mu_G r_2}$; 0,69 kN.

519 $M = \alpha J = \frac{4}{5} \pi \frac{m r^2}{Tt}$; $2{,}24 \cdot 10^{26}$ Nm; $F = \frac{M}{r}$; $3{,}5 \cdot 10^{19}$ N.

520 a) $\alpha = \frac{2 r_1}{2 r_1^2 + r_2^2} g$; $a = \alpha r_1 = \frac{2 r_1^2}{2 r_1^2 + r_2^2} g$;

b) $F = mg \frac{r_2^2}{2 r_1^2 + r_2^2}$;

c) 0,98 mg; $v = \sqrt{2as}$; 0,392 m/s; $\omega = \frac{v}{r_1}$; 78,4 s^{-1}; 12,5 s^{-1}.

4.8.2.2. *Berechnung einfacher Massen-Trägheitsmomente; Steinerscher Satz*

521 a) $J_s = 2A\varrho \int_0^{l/2} x^2 dx$; $J_e = A\varrho \int_0^{l} x^2 dx$;

b) $J_s = \frac{1}{12} ml^2$; $J_e = \frac{1}{3} ml^2$;

c) $J_e = J_s + m\left(\frac{l}{2}\right)^2$.

522 a) $J = 2\pi\varrho h \int_0^r x^3 dx$; $\frac{1}{2} mr^2$;

b) $1{,}07 \cdot 10^{-3}$ kg m^2.

523 Aus $J = \frac{1}{2}\pi h\varrho (r_2^4 - r_1^4)$ und $m = \pi h \varrho (r_2^2 - r_1^2)$ folgt $J = \frac{1}{2} m (r_1^2 + r_2^2)$.

524 $1{,}88 \cdot 10^{-3}$ kg m^2;
$2 \cdot 10^{-6}$ kg m^2; 1‰, zu vernachlässigen;
$0{,}09 \cdot 10^{-3}$ kg m^2; 5%;
$0{,}43 \cdot 10^{-3}$ kg m^2; 23%;
$1{,}35 \cdot 10^{-3}$ kg m^2; 72%.

525 a) $r_1 = \frac{r}{\sqrt[4]{2}}$; $0{,}84\,r$;

b) $\frac{m_1}{m_2} = \sqrt{2} + 1$; 2,41.

4.8.2.3. *Rotationsenergie und Drehimpuls (Drall)*

526 a) Das Produkt aus dem mittleren Drehmoment und dem Zeitintervall, in dem jenes wirkt, ist gleich der Änderung des Drehimpulses (oder Dralls);
$\vec{M} \Delta t = J \Delta \vec{\omega} = \Delta \vec{L}$; $(J = \text{const.})$
b) Beide Werte gelten in Bezug auf die gewählte Drehachse;
c) $\vec{M} t = J(\vec{\omega}_2 - \vec{\omega}_1)$.

527 a) $\omega = \frac{F r_1 t}{2 m r_2^2}$; 51 s^{-1}; 8,1 s^{-1};

b) Rotationsbewegung reibungslos, Kugeln als Massenpunkte, Vernachlässigung aller übrigen Massen.

528 $\omega_2 = \omega_1 + \alpha \Delta t$; $\alpha = -\frac{zrF}{J}$; $\omega_2 = 30\,\text{s}^{-1}$.

529 $\Delta L = F r \Delta t = \frac{3}{2} m r^2 (\omega_2 - \omega_1)$; $a_s = \frac{2F}{3m}$.

530 a) Beide Energien besitzen die Dimension $M\,L^2\,T^{-2}$ und die Einheit J;
b) Linearimpuls: Dimension $M\,L\,T^{-1}$; Einheit: kg m s^{-1}; Drehimpuls: Dimension $M\,L^2\,T^{-1}$; Einheit: kg m^2 s^{-1}.

531 Der Linearimpuls ist ein polarer Vektor in Richtung des Geschwindigkeitsvektors, der Drehimpuls ein axialer Vektor in Richtung der Drehachse der Rotationsbewegung; er bildet mit der Drehrichtung eine Rechtsschraube (Definition durch das Vektorprodukt $\vec{L} = \Sigma \vec{r}_i \times \vec{p}_i$).

532 a) $E_k = \frac{1}{6} A \varrho \pi^2 n^2 l^3$; 118 J;

b) $E_k = \frac{2}{3} A \varrho \pi^2 n^2 l^3$; 474 J.

533 $E_k = \frac{\pi^3 d \varrho r^4}{T^2}$; 4,22 kJ.

534 $\eta = 4 \frac{J}{r^2 m_t}$, unabhängig von v; 1,5%

535 a) $\omega = \frac{F r_1 t}{m r^2}$; 400 s^{-1}; $L = F r_1 t$; 0,3 kg $m^2 s^{-1}$; $E = \frac{L\omega}{2}$; 60 J;

b) $s = \frac{\omega r_1 t}{2}$; 1,2 m;

c) die Ausdehnung des Wulstes in der Richtung von r wurde nicht berücksichtigt.

536 a) $\vec{L}_2 = \vec{L}_1 + \vec{M} \Delta t$ (vgl. Abb.4–93), d.h. die Kreiselachse kippt im Uhrzeigersinn um die negative x-Achse;

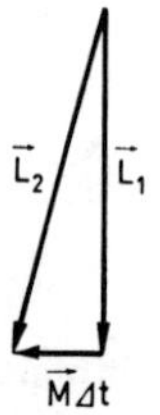

Abb. 4–93

b) Wir betrachten von vorne z. B. ein Massenstück rechts in der Abbildung. Es bewegt sich horizontal nach vorn. Dem ausgeübten Drehmoment würde geometrisch eine neue Bewegung nach vorne oben entsprechen. Wegen der Trägheit bleibt die horizontale Bewegung erhalten, was möglich ist, wenn die Achse mit ihrem obern Ende nach rechts ausweicht.

537 a) Rotation im Gegenuhrzeigersinn um die positive z-Achse mit konstanter Winkelgeschwindigkeit, sofern das ausgeübte Drehmoment konstant ist;
b) solange das Drehmoment der Hände wirkt;
c) Stillstand, sobald das Drehmoment zu wirken aufhört; Rückwärtsbewegung in die Ausgangslage, wenn ein Drehmoment gleichen Betrages im entgegengesetzten Sinn während der gleichen Zeit ausgeübt wird.

538 a) $M = \overline{OS}\ F_G \sin\beta$; negative x-Richtung;
b) Spitze um $\vec{M} \Delta t$ in der negativen x-Richtung; in den 1. Oktanten $(+xyz)$;
c) x-y-Ebene, Uhrzeigersinn von oben gesehen;
d) gleichförmige Bewegung auf Kegelmantel mit Öffnungswinkel β, von oben gesehen im Uhrzeigersinn, Spitze in O (Präzession).

539 a) Vektorielle Änderung des Dralls in der Horizontalebene führt auf Präzessionsbewegung in der Horizontalebene, deren Vektor die Richtung der positiven z-Achse hat;

b) $\omega_{\mathrm{Pr}} = \dfrac{d\varphi_{\mathrm{Pr}}}{dt} = \dfrac{dL/L}{dt} = \dfrac{M}{L}$;

c) $\omega_{\mathrm{Pr}} = \dfrac{r_2 g}{r_1^2 \omega}$; 4,9 s^{-1}; $T_{\mathrm{Pr}} = 1{,}3$ s; die Masse des Kreisels.

540 $\dfrac{1}{2} T_{\mathrm{Pr}} = \dfrac{2\pi^2 n J}{m g s}$; ≈ 15 s.

4.8.2.4. *Energie- und Drall-Erhaltungssatz*

541 Potentielle Energie: mgh; kinetische Energie der fortschreitenden Bewegung des Schwerpunktes: $\dfrac{1}{2} m v^2$; Rotationsenergie: $\dfrac{1}{2} J_S \omega^2$.

542 $v = \sqrt{3lg}$; $\approx 7{,}7$ m/s.

543 $v = \sqrt{gh}$.

544 a) $v_1 = \sqrt{2gs \sin\theta}$; $v_2 = \sqrt{\dfrac{5}{7}}\, v_1$; $v_3 = \sqrt{\dfrac{2}{3}}\, v_1$;

b) $t_1 = \sqrt{\dfrac{2s}{g \sin\theta}}$; $t_2 = \sqrt{1{,}4}\, t_1$; $t_3 = \sqrt{1{,}5}\, t_1$;

c) Kugel: 0,4; Zylinder: 0,5.

545 $v = \dfrac{mg \sin\theta}{m + \dfrac{J_S}{r^2}}\, t$.

546 a) $t = \dfrac{3 v_0}{2 g \sin\theta}$; 1,83 s;

b) nach oben! Am Anfang: $\mu_H = \dfrac{1}{3} \tan\theta$; 0,19; beim Umkehrpunkt: $\mu_H = \tan\theta$; 0,58.

547 Vollzylinder: $v_1 = \dfrac{2}{\sqrt{3}} \sqrt{g\Delta h}$;

zylindrischer Ring: $v_2 = 2\sqrt{\dfrac{6-\sqrt{2}}{17}}\sqrt{g\Delta h} < v_1$; $v_1 = 1{,}11\, v_2$.

548 a) $v = \sqrt{\dfrac{10 g\Delta h}{7}}$;

b) $v = \sqrt{\dfrac{10 g \Delta h}{7}(1 - \mu \cot\theta)}$.

549 a) $m_1 g y = \frac{1}{2} m_1 v_1^2 + \frac{1}{2} J \omega^2$; $\omega = \frac{v_1}{r_1}$;

b) $v_1 = r_1 \sqrt{\frac{2 m_1 g h}{J + m_1 r_1^2}}$; 2,0 m/s; 10 s^{-1};

c) 1,25 s;

d) 1,6 m/s^2; 8,0 s^{-2};

e) $\frac{E_{rot}}{E_k} = \frac{J}{m_1 r_1^2}$; 5,25.

550 a) $v = 2 \sqrt{\frac{m_1 g h}{m + 2m_1}}$; 2,0 m/s; 33 s^{-1}; 2,0 s; 16,5 s^{-2}; $\frac{m}{2m_1}$; 9;

b) 0,5.

551 a) $mgh = \frac{1}{2} J \omega^2 + \frac{1}{2} m v_s^2$; wo $J = mr^2$ und $v_s = \omega r$;

b) $v = \sqrt{gh}$;

c) $\frac{E_{rot}}{E_k} = 1$;

d) vertikale Richtung des Fadens angenommen.

552 $\omega = \frac{2}{r} \sqrt{\frac{gh}{3}}$; 40 s^{-1}; $v = 2 \sqrt{\frac{gh}{3}}$; 2 m/s; $\frac{E_{rot}}{E_k} = 0{,}5$.

553 $v = 2r_1 \sqrt{\frac{gh}{2r_1^2 + r_2^2}}$; 0,40 m/s.

554 In einem System von Körpern, auf welches keine äußern Drehmomente wirken, bleibt der Drall (Drehimpuls) erhalten.

555 Bei gleichbleibendem Drall erhöht er im zweiten Fall die Winkelgeschwindigkeit durch Verkleinern des Trägheitsmoments (Zusammenziehen des Körpers).

556 Mensch mit Ski bilden ein abgeschlossenes System; die kleine Reibung gegenüber der Unterlage wird vernachlässigt. Dreht der Skifahrer seinen Oberkörper rasch um die Längsachse im einen Sinn, so drehen sich die Beine mit den Skis im entgegengesetzten Sinn, da der gesamte Drehimpuls null bleibt.

557 $\frac{\omega_2}{\omega_1} = \frac{J_1}{J_2}$; ≈ 6.

558 a) 1. Gesamt-Drehimpuls ist gleich null;

2. Das System Mann-Drehschemel rotiert, in Richtung der positiven z-Achse gesehen im Uhrzeigersinn;

3. die Rotation Mann-Drehschemel verläuft umgekehrt;

4. Gesamtsystem Drehschemel-Mann-Rad wieder in Ruhe; der Gesamt-Drehimpuls ist von 1. bis 4. gleich null;

b) die Winkelgeschwindigkeit des Systems Drehschemel-Mann ist in 2. und 3. halb so groß wie diejenige des Rades.

4.9. **Hydro- und Aero-Dynamik**

4.9.1. *Grundlegende Fragen und Beziehungen*

559 Flüssigkeiten und Gase ohne Schubspannung, d.h. ohne innere Reibung. Die Dichte dieser Medien bleibt bei den betrachteten Strömungen konstant (Inkompressibilität).

560 Falsch! Man unterscheide zur Begründung örtliche und zeitliche Änderung des Geschwindigkeits-Vektors.

561 a) Flüssigkeit besitzt innere Reibung sowie Reibung gegenüber der Rohrwand; innere Reibung verantwortlich für die Geschwindigkeitsabnahme von der Mitte zur Wand;
b) keine Reibung zwischen Wand und Flüssigkeit; über innere Reibung keine Aussage möglich.

562 a) Es bilden sich «Wirbel» (rotierende Flüssigkeitselemente); Ursache: die Reibung in der Flüssigkeit (reelle Flüssigkeit) und die Überschreitung einer von der Flüssigkeit abhängenden Grenzgeschwindigkeit;
b) «Faden»- oder «Schicht»-Strömung, wobei benachbarte Schichten (Stromlinien) störungsfrei («glatt») nebeneinander mit verschiedenen Geschwindigkeiten gleiten können, ohne daß sich Wirbel ablösen.

563 a) Kontinuitätsgleichung: $A_1 v_1 = A_2 v_2$;
b) sie ist reibungslos und inkompressibel;
c) das pro Zeiteinheit durch den Querschnitt transportierte Flüssigkeitsvolumen;
d) $\varrho A v$.

564 20,6 m/s.

565 $\frac{d_2}{d_1} = \sqrt{2}$.

4.9.2. *Das Gesetz von Daniel Bernoulli*

566 a) $p + \frac{\varrho}{2} v^2 = \text{const.}$; auf die stationäre, reibungslose, inkompressible Strömung;
b) $[\varrho v^2]_{\text{SI}} = \frac{\text{N}}{\text{m}^2}$;
c) p ist die äußere Arbeit pro Volumeneinheit, $\frac{\varrho}{2} v^2$ die kinetische Energie pro Volumeneinheit; Erhaltung der Energie.

567 Daß das Gas in der Verengung zusammengedrückt werde! Seine Dichte bleibt konstant; die Geschwindigkeit ändert sich.

568 Bedingung der Inkompressibilität nicht erfüllt.

569 a) In jedem Punkte ist der Vektor der Strömungsgeschwindigkeit Tangente an die Stromlinie;

b) die Stromlinie ist die Bahn eines Flüssigkeitsteilchens;
c) enger liegende Stromlinien (kleinerer Strömungsquerschnitt) bedeuten größere Geschwindigkeit (Kontinuitätsgleichung); größerer Geschwindigkeit entspricht kleinerer Druck (Bernoulli).

570 Symmetrie:
a) zwei normal zueinander stehende Symmetrieebenen;
b) Symmetriezentrum;
c) Symmetrieebene normal zur Strömungsrichtung;
d) keine Symmetrie;
Druckverteilung: Diskussion gemäß vorangehender Aufgabe;
resultierende Kraft:
a) keine;
b) keine; Drehmoment im Uhrzeigersinn;
c) normal zur Strömungsrichtung nach oben;
d) schief zur Anströmungsrichtung nach rechts oben (Auftrieb und Widerstand).

571 a) $h_2 = h_1 - \dfrac{v_2^2}{2g}\,\dfrac{A_1^2 - A_2^2}{A_1^2}$; 11,9 cm;

b) $v_2 = A_1\sqrt{\dfrac{2gh_1}{A_1^2 - A_2^2}}$; 1,77 m/s; es wird Luft angesogen.

572 $\Delta p = \dfrac{\varrho}{2}v_1^2\left[\left(\dfrac{A_1}{A_2}\right)^2 - 1\right]$; $4\varrho v_1{}^2$.

573 $v_1 = \sqrt{\dfrac{2\Delta p}{\varrho[(d_1/d_2)^4 - 1]}}$; 1,15 m/s.

574 $v_2 = \sqrt{\dfrac{2(\Delta p_1 - \Delta p_2)}{\varrho[1 - (d_2/d_1)^4]}}$; 25 m/s; $\dfrac{\Delta V}{\Delta t} = v_2 A_2$; 0,49 dm³/s; 34 min.

575 $v = \sqrt{\dfrac{2\Delta p}{\varrho}}$; 800 km/h.

576 $\dfrac{\Delta p}{p} = 0{,}02 = 2\%$.

577 $\Delta v \approx \dfrac{mg}{A\varrho v}$; ≈ 40 m/s; ≈ 16%.

4.9.3. *Widerstand und Auftrieb*

578 a) Wenn die Reibungskräfte vernachlässigbar klein sind gegenüber den Kräften, die auf die Strömungsform zurückzuführen sind;

b) $F = c_W A\,\dfrac{\varrho}{2}\,v^2$;

c) nein! da er dimensionslos ist.

579 0,46 kN; 0,24 kN; 1,9; 21 kW.

580 0,12 N.

581 $F_L = 3$ kN; $P = \dfrac{1}{\eta}F_L v$; 0,7 MW.

582 $v = 2\sqrt{\dfrac{d\varrho g}{3c_w\varrho_n}}$; 18 m/s; 73 m/s.

583 a) $\dfrac{v_1}{v_2} = \sqrt{\dfrac{\varrho_1}{\varrho_2}}$; $\approx 1:4$;

b) $\dfrac{r_1}{r_2} = \dfrac{\varrho_2}{\varrho_1}$; $\approx 16:1$.

584 $v = \dfrac{2}{d}\sqrt{\dfrac{2mg}{\pi c_w \varrho}}$; 6,3 m/s; 2 min 40 s.

4.9.4. *Reaktionskraft; Ausflußgeschwindigkeit*

585 a) Niveau I: $v \approx 0$; Niveau II: $h = 0$; für I und II: $p_1 = p_2 = p$;
b) daraus: $v = \sqrt{2gh}$;
c) die Einschnürung des austretenden Strahles.

586 $\dfrac{\Delta V}{\Delta t} = \dfrac{\pi d^2}{4}\eta\sqrt{2gh}$; 24 cm³/s.

587 a) $F = A\varrho v^2$;
b) $F = \dfrac{\pi d^2 \varrho g h}{2}$; 12,6 N.

588 $\varphi = \dfrac{4Ar\varrho g h}{D^*}$; 2,35 ≙ 135°.

589 $m = \Delta t\sqrt{\dfrac{A\varrho g(m_1 + Al\varrho)}{2}}$; 4,3 kg.

590 $F = \dfrac{\sqrt{2}}{4}\pi v^2 d^2 \varrho$; 9,0 N.

591 $F = 2v^2 A\varrho$; $4 \cdot 10^5$ N.

592 $s = 2\sqrt{hh_1}$; in der Wasseroberfläche, $\dfrac{p}{2} = h$; $s = 2h$.

593 a) Für $x = 0$ und für $x = h_0$ muß die Sprungweite Null werden (warum?), an irgend einer Zwischenstelle muß sie daher ein Maximum erreichen;
b) s_{max} für $x = h_0/2$; $s = h_0$;
c) 0,87 m; 1,00 m; 0,87 m.

5. SCHWINGUNGEN UND WELLEN; AKUSTIK

5.1. *Grundlegendes; elementare Begriffe*

1 Die Periodizität, d.h. die zeitlich regelmäßige Wiederholung eines Bewegungsablaufes oder einer Zustandsänderung, nachdem ein mechanischer, thermischer oder elektrischer Gleichgewichtszustand gestört worden ist, wobei Kräfte auftreten, die dieses Gleichgewicht wieder herzustellen versuchen.
Beispiele: An einer Feder aufgehängte Masse; Blattfeder; Pendel; Stimmgabel; Saite; elektrische und magnetische, periodisch wechselnde Größen führen zu elektromagnetischen Schwingungen.

2 b) Elongation: x oder y; 1 m; Amplitude: $\hat{x}$ oder $\hat{y}$ bzw. y_0; 1 m; Periode oder Schwingungsdauer: T; 1 s; Frequenz: f oder ν; 1 s^{-1} = 1 Hz; Kreisfrequenz ω; 1 s^{-1}; Phase und Phasenunterschied; φ und $\Delta\varphi$; vgl. Aufg. 5–7.

3 a)

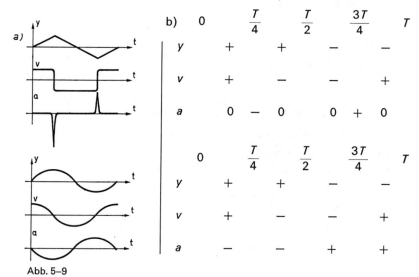

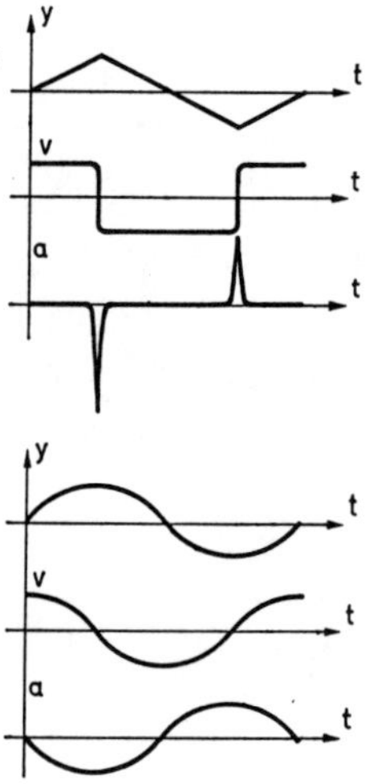

Abb. 5–9

b)

	0		$\frac{T}{4}$		$\frac{T}{2}$		$\frac{3T}{4}$		T
y		+		+		−		−	
v		+		−		−		+	
a		0	−	0		0	+	0	

	0		$\frac{T}{4}$		$\frac{T}{2}$		$\frac{3T}{4}$		T
y		+		+		−		−	
v		+		−		−		+	
a		−		−		+		+	

c) Im 1. Fall große Kraft in den Umkehrpunkten; dazwischen Kraft 0; im 2. Fall sich stetig ändernde, gegen den 0-Punkt hin gerichtete Kraft, deren absoluter Betrag mit wachsender Elongation zunimmt.

4 Zeitliche Abnahme der Amplitude als Folge der Abwanderung von Energie aus dem System (Reibungskräfte mechanischen oder elektromagnetischen Ursprungs).

5.2. Schwingungen

5.2.1. *Harmonische Schwingung*

5 Die rückwärtstreibende Kraft $\vec{F}$, die das System nach einer äußeren Störung wieder in die Gleichgewichtslage zurückführen will, muß der momentanen Auslenkung $\vec{y}$ aus der Gleichgewichtslage proportional und jener entgegengesetzt gerichtet sein: $\vec{F} = -D\vec{y}$.

6 a) Schattenprojektion einer mit konstanter Winkelgeschwindigkeit umlaufenden Masse und der Pendelmasse eines Federpendels;

b) $\varphi = \omega t$; $\hat{v} = \hat{y}\omega$; $a_z = \hat{y}\omega^2$:

$y = \hat{y} \sin(\omega t)$;

$v = \hat{y}\omega \cos(\omega t)$;

$a = -\hat{y}\omega^2 \sin(\omega t)$; (vgl. Abb. 5–10)

c) $F_z = m\hat{y}\omega^2$; $F = -m\hat{y}\omega^2 \sin(\omega t) = -m\omega^2 y = -Dy$;

d) $D = m\omega^2$; $T = 2\pi\sqrt{\dfrac{m}{D}}$.

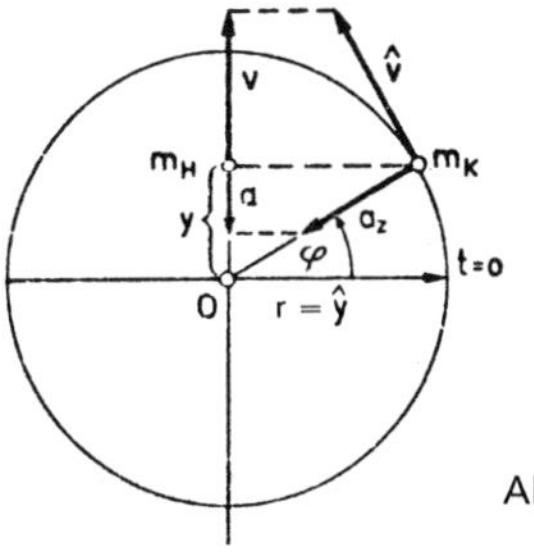

Abb. 5–10

7 a) $0;\ \frac{T}{4};\ \frac{T}{2};\ \frac{3T}{4};\ T;$

$0;\ \frac{\pi}{2};\ \pi;\ \frac{3\pi}{2};\ 2\pi;$

b) v eilt gegenüber y um $\frac{\pi}{2}$ voraus, ebenso a gegenüber v.

8 a) Die auf den Massenpunkt wirkende resultierende Kraft genügt dem Kraftgesetz $\vec{F} = -D\vec{y}$ nicht;
b) sie ist unabhängig von der Amplitude!

9 $m\ddot{x} = -Dx;\quad x = \hat{x}\sin\omega t;\quad \dot{x} = \hat{x}\omega\cos\omega t;\quad \ddot{x} = -\hat{x}\omega^2\sin\omega t;$

$m\hat{x}\omega^2\sin\omega t = D\hat{x}\sin\omega t;\quad m\omega^2 = D;\quad T = 2\pi\sqrt{\frac{m}{D}}.$

10 a) und b): $E_{pot_{max}} = E_{total} = \frac{1}{2}D\hat{y}^2 = \frac{1}{2}mv^2 + \frac{1}{2}Dy^2.$

11 a) 50,0 cm, 0 cm, −43,3 cm; 0 cm/s, −52,4 cm/s; 26,2 cm/s;
−54,8 cm/s², 0 cm/s², 47,5 cm/s²;
b) 3,5 s.

12 a) $\hat{v} = \hat{y}\omega = \hat{y}\frac{2\pi}{T}$; 62,8 cm/s;
b) 11,8 cm; 50,8 cm/s.

13 a) $T = \frac{2\hat{y}\pi}{\hat{v}}$; 0,628 s; $y = \hat{y}\sin\omega t = \hat{y}\sin\left(\frac{\hat{v}}{\hat{y}}t\right)$; 7,45 cm;

b) $\sin\left(\frac{\hat{v}}{\hat{y}}t\right) = \frac{4}{5}$; $t = 0{,}22$ s;

14 1,12 s.

15 20 g; 4,56 cm; 40,8 cm/s.

16 $\omega = \sqrt{\frac{F}{my_1}};\quad \omega t = \arcsin\left(\frac{y}{\hat{y}}\right);\quad v = \hat{y}\omega\cos(\omega t) = \sqrt{\frac{D}{m}(\hat{y}^2 - y^2)};$
$\pm$ 0,40 m/s.

17 Federkonstante $D = \frac{mg}{l};\quad T = 2\pi\sqrt{\frac{l}{g}};$

die Schwingungszeit der Feder stimmt überein mit derjenigen eines mathematischen (Faden-)Pendels der Länge l.

18 a) (1): $F = -A\varrho_w g y = -D_1 y$; (2): $F = -2A\varrho_{Hg} g y = -D_2 y$;
Kraftgesetz der harmonischen Schwingung;

b) (1): $T_1 = 2\pi\sqrt{\dfrac{m_1}{A\varrho_w g}}$; 1,4 s;

(2): $T_2 = 2\pi\sqrt{\dfrac{m_2}{2A\varrho_{Hg} g}}$; 0,9 s;

c) (2): mit $m_2 = \varrho_{Hg} l A$ wird $T_2 = 2\pi\sqrt{\dfrac{l/2}{g}}$; entspricht der Schwingungsdauer eines math. Pendels der Länge $l/2$.

19 a) $m_y = m_0 \dfrac{y^3}{r_0^3}$; $F = -G\dfrac{m_y m}{y^2} = -G\dfrac{m_0 m}{r_0^3} y = -Dy$;

b) $t = \dfrac{T}{2} = \pi r_0 \sqrt{\dfrac{r_0}{G m_0}}$; $\approx$ 42 min.

5.2.2. *Überlagerung harmonischer Schwingungen*

20 Die zusammenzusetzenden Schwingungen stören sich gegenseitig nicht: Die Elongation der resultierenden Schwingung ist in jedem Moment die algebraische Summe der Elongationen der Teilschwingungen.

22 a) $y_1 = \hat{y}\sin\omega t$, $y_2 = \hat{y}\sin(\omega t + \Delta\varphi)$

$y_r = 2\hat{y}\cos\dfrac{\Delta\varphi}{2}\sin\left(\omega t + \dfrac{\Delta\varphi}{2}\right)$ für $-\pi \leqq \Delta\varphi \leqq +\pi$;

$2\hat{y}$, $1{,}414\hat{y}$, $\hat{y}$, $0{,}518\hat{y}$, 0;

$0, \pm\dfrac{\pi}{4}, \pm\dfrac{\pi}{3}, \pm\dfrac{5\pi}{12}, \pm\dfrac{\pi}{2}$;

b) $-\dfrac{2\pi}{3}$, $+\dfrac{2\pi}{3}$.

23 b) 4 cm; 0,5 cm; −4,33 cm.

24 $y_r = \hat{y}_r\sin(\omega t + \Delta\varphi_r)$; $\hat{y}_r = \sqrt{\hat{y}_1^2 + \hat{y}_2^2 + 2\hat{y}_1\hat{y}_2\cos\Delta\varphi}$;

$\tan\Delta\varphi_r = \dfrac{\hat{y}_2\sin\Delta\varphi}{\hat{y}_1 + \hat{y}_2\cos\Delta\varphi}$; 4,36 cm; $-36{,}6° \triangleq -0{,}639$ rad.

25 $\cos\Delta\varphi = \dfrac{\hat{y}_r^2 - (\hat{y}_1^2 + \hat{y}_2^2)}{2\hat{y}_1\hat{y}_2}$; $-86{,}2° \triangleq -1{,}50$ rad;

$\cos\Delta\varphi_r = \dfrac{\hat{y}_r^2 + \hat{y}_1^2 - \hat{y}_2^2}{2\hat{y}_r\hat{y}_1}$; $-56{,}2° \triangleq -0{,}982$ rad.

26 Für die Rechnung zerlegt man die Vektoren in x- und y-Komponenten; $6\hat{y}$; $5{,}42\hat{y}$; $3{,}86\hat{y}$; $1{,}85\hat{y}$; 0.

27

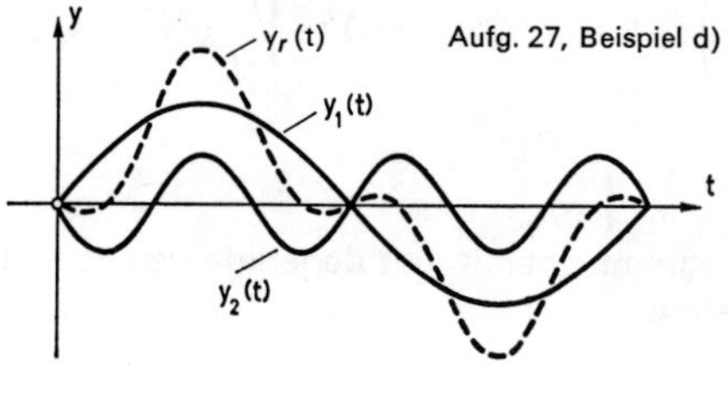

Abb. 5–11

28 $y_r = 2\hat{y}\cos\left(\frac{\omega_1 - \omega_2}{2}t\right)\sin\left(\frac{\omega_1 + \omega_2}{2}t\right)$; Frequenz $\frac{f_1 + f_2}{2}$;

$y_r = 2\hat{y}\cos\left(\frac{\omega_1 - \omega_2}{2}t\right)$, zeitabhängig; $(f_1 - f_2)$ Maxima pro Sekunde;

Schwebungen.

29 Faßt man die Elongationen der Teilschwingungen als Vektoren auf, so ergibt sich die Elongation der resultierenden Schwingung in jedem Moment als ihre Vektorsumme. Die algebraische Summe nach Aufgabe 5–20 ist der Spezialfall der Vektorsumme beim Zusammenfallen der Teilschwingungen in dieselbe Richtung.

30 a) $y = x$;
b) $y = -x$;
c) $x^2 + y^2 = \hat{x}^2 = \hat{y}^2$.

31 Z. B. a) $x = \hat{x}\cos 2\omega_2 t$; $y = \hat{y}\sin\omega_2 t$; $\hat{x} = \hat{y}$.

32 $4x^2 - 4xy + 4y^2 - 3\hat{x}^2 = 0$; $\hat{x} = \hat{y}$; die Gerade $y = x$ ist Symmetrieachse.

5.2.3. *Das mathematische Pendel*

33 Nein! Sie gilt nur für sehr kleine Amplituden, da bei ihrer Ableitung $\sin\alpha = \alpha$ gesetzt wurde.

34 Erstere schwingt harmonisch, und zwar unabhängig von der Amplitude; letztere nur für sehr kleine Amplituden.

35 4,91 s; 12,2 min^{-1}.

36 20,3 s.

37 99,10 cm.

38 16:9; $t = \frac{1}{f_2 - f_1}$; 10 s.

39 $\Delta l = \frac{g}{4\pi^2}\,\frac{f_2^2 - f_1^2}{f_1^2 f_2^2}$; 13,81 cm.

40 $T = \frac{\pi}{\sqrt{g}}(\sqrt{l} + \sqrt{s})$; 1,60 s.

41 a) $\frac{\Delta T}{T} = \sqrt{1 + \frac{\Delta l}{l}} - 1$;
b) 9,5%; −10,6%; 18,3%; −22,5%.

42 a) $\frac{\Delta T}{T} = \frac{1}{2}\,\frac{\Delta l}{l}$;

b) $\frac{\Delta T}{T} = \frac{1}{2}\alpha\,\Delta\vartheta$; $1{,}98 \cdot 10^{-4} \approx 0{,}2$‰.

43 a) $\frac{f_1}{f} = \frac{t - \Delta t}{t}$;

b) $\frac{l}{l_1} = \frac{l_1 - \Delta l}{l_1} = \left(\frac{T}{T_1}\right)^2 = \left(\frac{f_1}{f}\right)^2 = \left(\frac{t - \Delta t}{t}\right)^2$;

führt auf rel. Verkürzung der falschen Pendellänge l_1 um

$\frac{\Delta l}{l_1} \approx \frac{\Delta l}{l} \approx \frac{2\Delta t}{t}$; ≈ 3‰.

44 $t = 10T$; 20,1 s; größtmöglicher relat. Fehler:

$\frac{\Delta g}{g} = \pm\left(\frac{\Delta l}{l} + 2\frac{\Delta t}{t}\right)$; 11‰;

$g = (9{,}81 \pm 0{,}11)\ \mathrm{m/s^2} = \begin{cases} 9{,}92\ \mathrm{m/s^2} \\ 9{,}70\ \mathrm{m/s^2}. \end{cases}$

45 $T = 2\pi\sqrt{\frac{l\cos\varphi}{g}}$; $l_1 = l\cos\varphi$.

46 $F = mg(3\cos\beta - 2\cos\hat{\beta})$.

47 $\cos\hat{\beta} = \frac{3mg - F}{2mg}$; 42,6° ≈ 43°.

48 $h = r_0$; 6370 km.

49 a) 981,0 cm/s²;

b) $\Delta l \approx l_0\left[1 - \left(\frac{r_0}{r_0 + h}\right)^2\right]$; 1,1 mm.

50 a) $l_1 = l\left(\frac{nT_s}{t}\right)^2$; 99,50 cm;

b) 982,0 cm/s².

5.2.4. *Torsionsschwingung und physisches Pendel*

51 a) $M = -D^*\varphi$; $T = 2\pi\sqrt{\frac{J}{D^*}}$;

M = rückwirkendes Drehmoment; J = Trägheitsmoment bezüglich der Drehachse; D^* = Winkelrichtgröße;

b) $F \mathrel{\hat{=}} M$; $D \mathrel{\hat{=}} D^*$; $m \mathrel{\hat{=}} J$;

c) $[D]_{SI} = 1\ \mathrm{N/m} = 1\ \mathrm{kg/s^2}$; $[D^*]_{SI} = 1\ \mathrm{kg\ m^2/s^2}$.

52 a) Ja! denn das rückwirkende Drehmoment ist proportional zur Auslenkung;

b) $\bar{D}^* = \frac{\bar{F}l}{2\bar{\varphi}}$; 0,269 kg m²/s²;

c) 1,50 s.

53 a) $T = 2\pi\sqrt{\frac{J_0 + 2mr^2}{D^*}}$;

b) $D^* = 0{,}655\ \mathrm{kg\ m^2/s^2}$; $J_0 = 8{,}86 \cdot 10^{-3}\ \mathrm{kg\ m^2}$;

c) 2,56 s;

d) Gerade.

54 $M = -D^*\varphi;\quad J\alpha = J\ddot{\varphi} = -D^*\varphi;$

Ansatz: $\varphi = \varphi_0 \sin \omega t;\quad \dot{\varphi} = \varphi_0\omega \cos \omega t;\quad \ddot{\varphi} = -\varphi_0\omega^2 \sin \omega t;$

$$J\varphi_0\omega^2 \sin \omega t = D^*\varphi_0 \sin \omega t;\quad J\omega^2 = D^*;\quad T = 2\pi\sqrt{\frac{J}{D^*}}.$$

55 a) $M = -mgs \sin\varphi;$

b) nein! da M nicht proportional zu φ ist;

c) $\sin\varphi \approx \varphi;\quad D^* = mgs;$

d) $T = 2\pi\sqrt{\frac{J}{mgs}};$

J = Trägheitsmoment des starren Körpers bezüglich der Drehachse.

56 a) $T = 2\pi\sqrt{\frac{2l}{3g}};\quad 1{,}79\ \text{s};\quad l_r = \frac{2l}{3};\quad 80\ \text{cm};$

b) $T = 2\pi\sqrt{\frac{7l}{12g}};\quad 1{,}68\ \text{s};\quad l_r = \frac{7l}{12};\quad 70\ \text{cm}.$

57 $T = 2\pi\sqrt{\frac{2r^2 + 5l^2}{5lg}};\quad \frac{\Delta T}{T} \approx \frac{1}{5}\left(\frac{r_2}{l}\right)^2;\quad 0{,}5‰.$

58 $v = \sqrt{3\,gl(1 - \cos\varphi)};\quad 2{,}08\ \text{m/s}.$

59 $T = 2\pi\sqrt{\frac{2r}{g}};\quad l_r = 2r.$

60 $T = 2\pi\sqrt{\frac{3r}{2g}};\quad l_r = \frac{3}{2}r.$

61 $T = 2\pi\sqrt{\frac{d}{g}};\quad 1{,}55\ \text{s}.$

62 $\frac{T_1^2}{T_2^2} = \frac{J_1 D_2^*}{J_2 D_1^*};\quad \frac{5}{8}\sqrt{2}.$

63 $T = 2\pi\sqrt{\frac{7r}{5g}};\quad l_r = \frac{7}{5}r.$

***64** $T = 2\pi\sqrt{\frac{x_1^2 + x_2^2}{g(x_1 + x_2)}};\quad 1{,}3\ \text{s}.$

65 $T = 2\pi\sqrt{\frac{m_2x^2 + m_1s^2}{g(m_1s - m_2x)}}.$

66 1,55 s; 59,72 cm.

67 $m_3 = m_1\frac{15m_1 + 17m_2}{17m_1 + 15m_2};\quad 1{,}043\ \text{kg}.$

68 $v_2 \approx \frac{(m_1 + m_2)s_1}{m_2s_2}\sqrt{2gl(1 - \cos\varphi)} \approx \frac{m_1s_1}{m_2s_2}\sqrt{2gl(1 - \cos\varphi)}.$

69 $T = 2\pi\sqrt{\frac{2(l^2 - 3lx + 3x^2)}{3g(l - 2x)}};$

für $T_{\min}$: $x_1 = \frac{l}{6}(3 - \sqrt{3});\quad 0{,}211\,l;\quad T_{\min} = 2\pi\sqrt{\frac{l}{g\sqrt{3}}}.$

5.3. **Wellen**

5.3.1. *Elemente der Wellenlehre*

70 Eine Gesamtheit von schwingenden Massenteilchen, linear, flächig oder im Raum angeordnet, die phasenverschobene, örtliche Schwingungen ausführen. Dabei wird Energie, aber keine Materie vom Sender zum Empfänger transportiert.

71 $c = f\lambda = \frac{\lambda}{T}$; 5,0 m/s.

72 Schwingung: y-t-Diagramm eines einzelnen, harmonisch schwingenden Teilchens. Darstellung aller möglichen, aufeinander folgenden Elongationen innerhalb der Periode T, die sich anschließend wiederholen;
Welle: y-x-Diagramm in einem bestimmten Zeitpunkt t_1 einer Vielheit von Teilchen, deren Gleichgewichtslage in die x-Achse fällt. Änderung des Parameters t um Δt ergibt eine Verschiebung der Kurve in der x-Richtung um Δx. Die einzelnen Teilchen haben sich dabei, in der y-Richtung schwingend, um verschiedene Δy verschoben.

73 a) $y(x;\, t) = \hat{y} \sin 2\pi \left(\frac{t}{T} - \frac{x}{\lambda}\right) = \hat{y} \sin (\omega t - kx)$;
b) x ändert das Vorzeichen.

74 $\frac{t}{T} - \frac{x}{\lambda} = \frac{t + \Delta t}{T} - \frac{x + \Delta x}{\lambda}$; $c = \frac{\Delta x}{\Delta t} = \frac{\lambda}{T} = f\lambda$.

75 $5 \cdot 10^4\ s^{-1}$; $3{,}14 \cdot 10^5\ s^{-1}$; $2{,}5 \cdot 10^3\ s^{-1}$; $1{,}57 \cdot 10^4\ s^{-1}$.

76 $2{,}9998 \cdot 10^8$ m/s $\approx$ 300000 km/s.

77 $v = \frac{c}{\sin \alpha}$; $\approx$ 688 m/s.

5.3.2. *Fortschreitende harmonische Transversal- und Longitudinalwellen*

78 Zufolge einer Kopplungskraft zwischen benachbarten «Teilchen» (Kohäsion, Schwerkraft, elektromagnetische Kräfte, etc.) wird eine «Störung» und damit Energie von einem Ort zu einem benachbarten übertragen, ohne daß damit ein Transport von Materie verbunden wäre.

79 a) Die Schwingungen der Teilchen erfolgen in der Ausbreitungsrichtung der Welle bzw. normal dazu.
b) Die Bewegung der einzelnen Teilchen ist zeitlich periodisch, die momentane Anordnung der Teilchen innerhalb einer Wellenlänge wiederholt sich räumlich.

80 Das Medium muß formelastisch sein; nur der feste Körper hat diese Eigenschaft (Schubbeanspruchung).

81 Alle drei Aggregatzustände verfügen über die hier notwendige Volumenelastizität (Druckbeanspruchung).

82 a) Fortlaufende «Verdichtungs»- und «Verdünnungs»-Zonen.
b) Fortschreitendes Zusammenschlagen der Puffer der Güterwagen (ungebremst) beim Ankuppeln einer Lokomotive an den Güterzug; wandernde Verdichtungsringe beim Vorwärtskriechen von Ringelwürmern (Anneliden) und Raupen; Ausbreitung eines Stoßes durch eine eng aneinandergereihte, Schulter an Schulter aufgestellte Menschenreihe.

83 a) 4 m;
b) 0,75 s;
c) $\frac{5\pi}{4}$; − 7,07 cm;
d) 73,8 cm.

84 a) $\hat{v} = 2\pi\hat{y}\frac{c}{\lambda}$; 9,42 cm/s;
b) $7{,}10 \cdot 10^{-8}$ J.

5.3.3. *Überlagerung von harmonischen Wellen; stehende Wellen*

85 a) Durch Vektoraddition der Teil-Elongationen (vgl. Aufg. 5–29).
b) Die Vektorsumme der Einzel-Elongationen muß dauernd gleich Null werden.

86 a) $y_1 = \hat{y}\sin(\omega t - kx)$; $y_2 = \hat{y}\sin\left(\omega t - kx - \frac{\pi}{2}\right)$;
b) $y_r = \hat{y}\sqrt{2}\sin\left(\omega t - kx - \frac{\pi}{4}\right)$;
c) $-\hat{y}$.

87 $y_r = 2\hat{y}\cos\frac{\pi\Delta x}{\lambda}\sin\left(\omega t - kx - \frac{\pi\Delta x}{\lambda}\right)$.

88 Durch Überlagerung von zwei gleichen, in entgegengesetzter Richtung laufenden Wellen. Die Energie wandert nicht mehr längs des Wellenstrahls. Vielmehr gibt es Stellen, wo die Teilchen während der ganzen Zeit in Ruhe verharren («Knoten»), während im Abstand von $\lambda/4$ von diesen Stellen Teilchen mit stets maximaler Energie angetroffen werden (Mitte des «Bauches»).

89 a) Aus $y_1 = \hat{y}\sin 2\pi\left(\frac{t}{T} - \frac{x}{\lambda}\right)$ und $y_2 = \hat{y}\sin 2\pi\left(\frac{t}{T} + \frac{x}{\lambda}\right)$
folgt $y_r = 2\hat{y}\cos 2\pi\frac{x}{\lambda}\sin\omega t$;
b) $y_r = 0$ (unabhängig von t) für $x = \frac{\lambda}{4}; \frac{3\lambda}{4}; \frac{5\lambda}{4}; \ldots$ (Knoten);
$\hat{y}_r = f(x)$; $\hat{y}_{max} = 2\hat{y}$ für $x = 0; \frac{\lambda}{2}; \lambda; \frac{3\lambda}{2}; \ldots$ (Schwingungsbäuche);
c) Abstand von einem Knoten zum übernächsten (räumliche Periodizität).

90 $c = 2\Delta x f$; 6,90 m/s.

91 Die Teilchen in den Knoten sind die Zentren maximaler Dichte-, d. h. Druckschwankungen, während die Zentren der Bäuche Stellen größter kinetischer Energie bzw. potentieller Energie ohne wesentliche Dichteänderung darstellen. In benachbarten Knoten verändert sich die Dichte gegenphasig im Sinne von «groß» und «klein».

5.3.4. *Ausbreitung der Wellen in verschiedenen Medien*

92 Wegen den raschen Volumen- und Druckänderungen bei der Schallausbreitung in Gasen spielt sich der Vorgang adiabatisch ab; die Newtonsche Formel $v_l = \sqrt{\frac{p}{\varrho}}$ darf nicht verwendet werden.

93 $2{,}04 \cdot 10^{11}$ N/m².

94 $c = \frac{2}{d}\sqrt{\frac{Fl}{\pi \varrho \Delta l}}$; 3,52 km/s; 17,6 cm.

95 $t = l\sqrt{\frac{\varrho}{E}}$; $7{,}3 \cdot 10^{-4}$ s; 548 m.

96 $4{,}86 \cdot 10^{-10}$ m²/N.

97 Die Wasserwellen sind keine elastischen Wellen. Die Koppelungskraft ist nicht durch irgend eine elastische Kraft, sondern durch die Schwerkraft gegeben («Schwerewellen»), allenfalls, bei kleinen Wellenlängen, auch durch die Oberflächenspannungskräfte. Die einzelnen Wasserelemente schwingen bei den Oberflächenwellen von Flüssigkeiten keineswegs etwa transversal (quer), sondern in mehr oder weniger vertikalen Kreisen oder auf elliptischen Bahnen.

98 a) Räumlich radial; eben radial; parallele Geraden in der Ebene, normal zum stabförmigen Erreger;
konzentrische Kugelflächen, konzentrische Kreise; parallele Geraden parallel zum Erreger; Ausbreitungs- oder Strahlrichtung normal zu den «Wellenflächen».
b) $w_1 \sim r^{-2}$; $w_2 \sim r^{-1}$; $w_3 = \text{const.}$;

c) wegen $\hat{y} \sim \sqrt{w}$: $\hat{y} = \hat{y}_1 \frac{r_1}{r}$; $\hat{y} = \hat{y}_1 \sqrt{\frac{r_1}{r}}$; $\hat{y} = \hat{y}_1$;

d)

	$r =$	1	2	5	10	m / cm
$\hat{y} =$	1. Fall	2	1	0,4	0,2	μm
	2. Fall	2	1,4	0,9	0,6	mm
	3. Fall	2	2	2	2	mm

(vgl. Abb. 5–12)

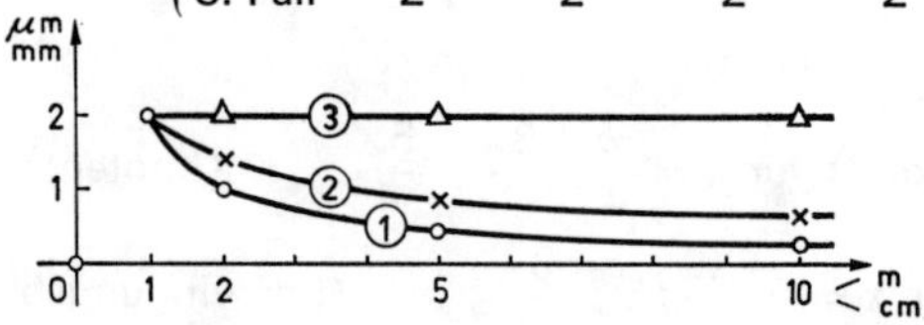

Abb. 5–12

99 a) $c_0 = \sqrt{\frac{p_n \varkappa}{\varrho_n}}$; 331,5 m/s; $-0{,}9$ ‰;
b) p/ϱ ist bei gleichbleibender Temperatur konstant.

100 $c = c_0 \sqrt{\dfrac{T}{T_n}}$; 349,6 m/s.

101 $\lambda = \dfrac{1}{f}\sqrt{\varkappa \dfrac{p_n T}{\varrho_n T_n}} = \dfrac{1}{f}\sqrt{\varkappa \dfrac{RT}{M}}$; 51,9 cm.

102 $l = \dfrac{3}{4}\lambda = \dfrac{3 c_0}{4f}\sqrt{\dfrac{T}{T_n}}$; 77,8 cm.

103 $c_1 = c_2 \dfrac{s_1}{s_2}$; $5{,}16 \cdot 10^3$ m/s.

104 $c = \sqrt{\dfrac{F}{\pi r^2 \varrho}}$; 100,4 m/s; ≈ 2%; $F = \pi r^2 \varrho \left(\dfrac{lf}{n}\right)^2$; 69,1 N.

5.4. Elemente der musikalischen Akustik

5.4.1. *Intervalle und Stimmung*

105 1500/min; 50, 60.

106 528 Hz; $1173\frac{1}{3}$ Hz; $293\frac{1}{3}$ Hz; $195\frac{5}{9}$ Hz; $41\frac{1}{4}$ Hz.

107 $f_n = f_1 i_1 i_2 \dots i_n$; $f_2 = \dfrac{f_1}{i_1 i_2 \dots i_n}$.

108 $\dfrac{9}{8}$.

109 $\dfrac{5}{3}$.

110 4 Oktaven und 1 Quinte.

111 Sexte zu hoch.

112 a) −1,23%;
b) 1,25%.

113 $i = \sqrt[12]{2}$; 1,0595; 1,189; −0,9%; 1,260; 0,8%; 1,498; −0,1%.

114 a) 1,0293; 1,0072;
b) ≈ 3 s^{-1}.

5.4.2. *Ton und Klang*

115 a) Der Ton entspricht einer harmonischen Schwingung, der Klang einer Überlagerung mehrerer harmonischer Schwingungen;
b) es handelt sich dabei stets um «Klänge».

116 n-ter Partialton = $(n - 1)$-ter Oberton; spez. 2. Partialton = 1. Oberton.

117 $f_n = n f_1$.

118 c', g', c'' und e'' kommen als 2., 3., 4. und 5. Partialton von c deutlich zum Klingen, e' und a' hingegen nicht (Resonanz).

119 Abhängig von Frequenz und Amplitude der den Klang bildenden Partialtöne; unabhängig von ihrer Phasenlage.

120 Abszisse: Frequenz bzw. Ordnungszahl der einzelnen Partialtöne;
Ordinate: Druckamplitude des betreffenden Partialtones; logarithmischer Maßstab, da ein Amplitudenbereich von mindestens 2 Zehnerpotenzen in Frage kommt.

121 b) Angabe über die Phasenlage der Teilschwingungen; nein.

122 Nein! Einzelne Partialtöne mit Ordnungszahlen < 33 fehlen im Spektrum.

123 Flügel: Gleichmäßig starke Amplituden der ersten 6 Partialtöne, satter Klang; Cembalo: Herausstechen des 4., 6. und 8. Partialtones; viele hohe Obertöne, metallischer Klang und Verdecken des Grundtones beim Zusammenspiel mit Orchester-Instrumenten.
Außer den Frequenzen der schwingenden Saiten wird von den verschiedenen schwingenden Teilen der Instrumente ein kontinuierliches Spektrum abgestrahlt.

124 a) Die Einschwingvorgänge (zeitlicher Verlauf im Aufbau des Klanges aus den einzelnen Partialtönen); der Intensitätsverlauf während kurzer Klangdauer (Klavier: größte Intensität beim Anschlag; Orgel: Zunahme der Intensität nach dem Klangansatz).
b) Die «Formanten»: Gruppen von Partialtönen, die, unabhängig von der Höhe des Grundtones, in der Tonskala festliegen.

5.4.3. *Tonquellen; Saiten und Luftsäulen*

125 a) $f_1 = \dfrac{c}{2l}$;

b) $f_1 = \dfrac{c}{4l}$.

126 a) Von der molaren Masse des Füllgases, vom Verhältnis der spezifischen Wärmekapazitäten, von der Temperatur der Gasfüllung;
b) von der Spannung der Saite und der Dichte des Saitenmaterials.

127 a) Alle;
b) nur die ungeradzahligen;
c) alle.

128 ≈ 516 m/s.

129 a) $f_2 = f_1 \sqrt{\frac{T_2}{T_1}}$; 448 Hz;
b) $i \approx 1{,}02$; $i_{1/4} \approx 1{,}03$; $i < i_{1/4}$.

130 2,69 m; 5,38 m.

131 9,77 cm; 1,63 cm; 3,26 cm.

132 $l_{\text{ged.}}/l_{\text{offen}} = 1/2i$; $\frac{5}{12}$.

133 2 kHz, 6 kHz, 10 kHz, 14 kHz und 18 kHz.

134 $i_1 = \frac{c}{4lf_{a'}}$; $\frac{1}{2}$; $i_2 = \frac{3c}{4lf_{a'}}$; $\frac{3}{2}$.

135 $s = \frac{2n-1}{4f} \sqrt{\varkappa \frac{RT}{M}}$; $n = 1, 2, 3, \dots$; 15,4 cm; 46,1 cm; 76,9 cm; ...

136 290 m/s.

137 3520 Hz; a''''.

138 $l = s_1 + \frac{s_2}{1 - (f_1/f_2)}$; 36 cm; 132 Hz.

139 1., 3., 5.; 1., 2., 4., 5.

140 a) $f = \frac{1}{2l} \sqrt{\frac{4F}{\pi d^2 \varrho}}$; l, F, ϱ;
b) $\frac{d_1}{d_2} = \frac{f_2}{f_1}$; $\frac{3}{2}$.

141 $\frac{F_1}{F_2} = \frac{A_1 f_1^2}{A_2 f_2^2}$; $\frac{5}{2}$.

142 $\frac{\varrho_1}{\varrho_2} = \frac{f_2^2}{f_1^2}$; $\frac{16}{9}$.

143 $\frac{F_1}{F_2} = i^2 \frac{d_1^2 \varrho_1}{d_2^2 \varrho_2}$; 1,6.

144 $F_1 = 4 m_1 l^2 f_1^2$; 53,8 N; $F_2 = \pi d_2^2 \varrho_2 l^2 f_2^2$; 45,6 N;
$1{,}40 \cdot 10^8$ N/m²; $14{,}5 \cdot 10^8$ N/m².

5.4.4. *Schallintensität; Schallpegel und Lautstärkepegel*

145 Als Quotient aus der Schalleistung und der Fläche, die von den Wellen senkrecht durchsetzt wird;
1 W/m²; auch gebräuchlich: 1 W/cm² = 10^4 W/m².

146 a) $L = 20 \lg \frac{p}{p_0}$; üblich: $p_0 = 2 \cdot 10^{-5}$ Pa;

b) $L = 10 \lg \frac{J}{J_0}$; $J_0 = 10^{-12}$ W/m²;

c) $L_2 - L_1 = 20 \lg \frac{p_2}{p_1} = 10 \lg \frac{J_2}{J_1}$;

d) 1 bar = 10^5 N/m² = 10^5 Pa nach Def.; 1 μ bar = 0,1 Pa.

147 a) Die Differenz der Schallpegel auf beiden Seiten der Wand;

b) $J_1/J_2 = 316$; $p_1/p_2 = \sqrt{J_1/J_2}$; ≈ 18.

148 a) Der Schallpegel ist eine vom meßbaren Schalldruck abhängige physikalische Meßgröße; die Lautstärke ist eine subjektive, physiologisch-psychologische Empfindung;

b) die logarithmische Abhängigkeit von J bzw. p ist für den Schallpegel als mathematische Beziehung genau definiert, für die Lautstärke gilt sie nach dem Weber-Fechnerschen Gesetz, das den ungefähren logarithmischen Zusammenhang zwischen Reiz- und Empfindungsstärke beinhaltet;

c) Schallpegelangaben sind für jede Frequenz oder jedes Frequenzgemisch möglich, Lautstärkeangaben sind wegen der frequenzabhängigen Ohrempfindlichkeit auf J oder p bei 1000 Hz zu beziehen;

d) für Schallpegel und Lautstärke sind als Bezugswerte $p_0 = 2 \cdot 10^{-5}$ Pa bzw. $J_0 = 10^{-12}$ W/m² festgesetzt;

e) Schallpegel wird in dB, Lautstärke in phon angegeben; bei 1000 Hz gilt 1 dB = 1 phon.

149 a) 0 phon; ca. 130 phon

b) logarithmischer, linearer Maßstab;

c)

L	0	20	40	60	dB
J	10^{-12}	10^{-10}	10^{-8}	10^{-6}	W/m²
p	$2 \cdot 10^{-5}$	$2 \cdot 10^{-4}$	$2 \cdot 10^{-3}$	$2 \cdot 10^{-2}$	N/m²

Logarithmischer Maßstab.

150 a) 10 phon;

b) ≈ 30 dB.

151 a) 10^4, 10^2;

b) 40 dB;

c) ≈ 25 dB.

152 a) $J \sim P$ und $J \sim \frac{1}{r^2}$;

b) $J \sim P$ und J unabhängig von r;

c) Wirklichkeit meistens näher a), jedoch weder a) noch b) genau zu verwirklichen; außerdem Energieverluste durch innere Reibung.

153 $\approx 8 \cdot 10^{-6}$ W/m²; ≈ 69 phon; ≈ 28 km.

154 $\Delta L_S \approx \Delta L$; $\approx 9{,}5$ phon.

155 a) $10^{5,9} \approx 8 \cdot 10^5$;

b) $\Delta L_S \approx \Delta L$; ≈ 90 phon (Lärm in Maschinenräumen).

156 $\Delta L = 10 \lg n$.

157 ≈ 117 dB; nein.

158 a) 87 phon;

b) $n = 10^{\frac{\Delta L_S}{10}}$; 20.

159 $\overline{AC} = s(2-\sqrt{2})$; 11,72 m; B eilt in der Phase um π vor oder nach: $\Delta\varphi \approx \pm\pi$.

5.4.5. *Der Dopplereffekt*

160 a) $f_1 = f_0 \frac{c \pm v}{c}$;

b) $f_2 = f_0 \frac{c}{c \mp v}$;

c) $\frac{\Delta f}{f_2} = -\left(\frac{v}{c}\right)^2$; $-1\,\%$.

161 $\frac{f_1}{f_2} = \frac{c+v}{c-v}$; 1,03.

162 a) $\approx \frac{9}{8}$ (Ganzton);

b) $\frac{f_1}{f_2} = \left(\frac{c+v}{c-v}\right)^2$; $1{,}263 \approx 1{,}25 = \frac{5}{4}$ (große Terz).

163 $v = c\,\frac{\sqrt{i}-1}{\sqrt{i}+1}$; 88,9 km/h.

164 $n \approx \frac{2 f_0 v}{c}$; $\approx 9\ \mathrm{s}^{-1}$.

165 $v = \frac{nc}{2f_0 - n}$, $\lim\limits_{n \ll 2f_0} v = \frac{nc}{2f_0}$; 20 m/s > 60 km/h = 16,7 m/s.

166 a) Periodische Schwankung der Tonhöhe mit der Frequenz $f = n$, evtl. Intervall oder Schwebungen; Näherung und Entfernung der Tonquelle;

b) $i = \frac{c+v}{c-v}$; unabhängig von f_0;

c) $\frac{\Delta f}{f_0} = \frac{2cv}{c^2 - v^2}$; $\lim\limits_{v \ll c} \frac{\Delta f}{f_0} = \frac{2v}{c}$;

d) $i = 1{,}07 \approx \frac{16}{15}$ (Halbton); $\frac{\Delta f}{f_0} \approx 6{,}5\,\%$; 1033 Hz, 969 Hz.

167 a) $\frac{f_1}{f_2} = \frac{c + v'}{c}$; $v' = \frac{v^2 t}{\sqrt{s^2 + v^2 t^2}}$; 1,22;

b) 436 m; 1,11 km;

c) 4,48 s.

Wärmelehre

6. THERMISCHE LÄNGEN-, VOLUMEN- UND DICHTE-ÄNDERUNG VON FESTEN KÖRPERN UND FLÜSSIGKEITEN

6.1. *Feste Körper*

1 Er meint damit «die Temperatur beträgt heute 30 °C!» Die Temperatur sagt nur etwas über den «Wärmezustand» der Luft aus; sie ist eine Zustandsgröße wie Druck und Volumen. – «Wärme» (auch «Wärmemenge» genannt) ist eine Energieform. (Näheres vgl. 8.2 und 8.3.)

2 Bei konstanter Masse verändert sich das Volumen.

3 380 Temperatur-Einheiten; Proportionalität zwischen ΔT und Δl.

4 Weil die Querdehnung zufolge des extremen Verhältnisses von Dicke zu Länge praktisch kaum ins Gewicht fällt.

5 1,8 cm.

6 199,95 mm.

7 57 °C.

8 $8{,}10 \cdot 10^{-6}\ \mathrm{K}^{-1}$.

9 $\dfrac{l_1}{l_2} = \dfrac{\alpha_2}{2\alpha_1}$; 1,1; beim Kompensationspendel einer Uhr.

10 4,9 m.

11 a) $r_1 = r_{1_0}(1 + \alpha\vartheta)$; $r_2 = r_{2_0}(1 + \alpha\vartheta)$;
b) $d = r_2 - r_1 = d_0(1 + \alpha\vartheta)$.

12 a) $h \approx s\sqrt{2\alpha\Delta\vartheta}$; 41 cm;
b) wegen des Eigengewichts des Drahtes wäre eine unendlich große Kraft nötig um den Draht zu einer Geraden zu strecken, und es wäre dabei die Zugfestigkeit längst überschritten.

13 a) $l_2 = l_1\left(1 + \dfrac{\alpha}{1 + \alpha\vartheta_1}\Delta\vartheta\right)$ oder $l_2 = l_1\dfrac{1 + \alpha\vartheta_2}{1 + \alpha\vartheta_1}$; 500,72 mm.
b) $l_2 = l_1(1 + \alpha\Delta\vartheta)$; 500,72 mm.

14 80,03 cm.

15 $l = l_0[1 + (\alpha_1 - \alpha_2)\vartheta]$; 999,02 mm.

16 $\Delta A \approx 2\alpha A\Delta\vartheta$; 16 cm².

17 $\vartheta_2 \approx \vartheta_1 + \dfrac{2\Delta A}{\pi\alpha d_1^2}$; 65 °C.

18 $\approx 175\ °C$; $\Delta V = \frac{\pi}{2} d_0^2 \Delta d$; $\approx 23\ mm^3$.

19 $\frac{\Delta V}{V} = \frac{V^* - V}{V} \approx \frac{V^* - V}{V^*} \approx -\alpha^2 \Delta\vartheta^2 \frac{3 + \alpha \Delta\vartheta}{1 + 3\alpha \Delta\vartheta} \approx -\alpha^2 \Delta\vartheta^2 (3 - 8\alpha \Delta\vartheta)$;
$-0{,}03$ ‰.

20 a) $\frac{\Delta l}{l} \approx \alpha \Delta\vartheta$; 0,18%;

b) $\frac{\Delta A}{A} \approx 2\alpha \Delta\vartheta$; 0,36%;

c) $\frac{\Delta V}{V} \approx 3\alpha \Delta\vartheta$; 0,54%;

d) Nein! Nichts von den geometrischen Abmessungen.

21 77,5 °C.

22 $10{,}44 \cdot 10^3\ kg/m^3$.

23 $F = AE\alpha \Delta\vartheta$; $\approx 4 \cdot 10^4\ N$.

24 a) $\sigma = \frac{F_1}{A} + E\alpha \Delta\vartheta$; $2{,}07 \cdot 10^8\ N/m^2$; ja, wegen der gewählten Vorspannung;

b) nein; Abstand der Widerlager wird nicht benötigt.

25 a) $d_2 \geqq \frac{E d_1}{E + 0{,}5\, \sigma_B}$; 29,97 mm;

b) $\Delta\vartheta \geqq 60\ °C$.

26 $\frac{l_1}{l_2} = \frac{r + \frac{d}{2}}{r - \frac{d}{2}} \approx 1 + (\alpha_1 - \alpha_2)\,\vartheta$;

$r \approx \frac{d}{(\alpha_1 - \alpha_2)\,\vartheta} + \frac{d}{2} \approx \frac{d}{(\alpha_1 - \alpha_2)\,\vartheta}$; ≈ 70 cm.

27 a) Die Länge des Bimetallstreifens, wegen $\varphi = \frac{l}{r}$;

b) möglichst langer, bei der Umgebungstemperatur zu Spirale geformter und am einen Ende starr befestigter Bimetallstreifen; Übertragung der Bewegung des freien Endes und damit der Änderung des Zentriwinkels auf einen Zeiger.

6.2. *Flüssigkeiten; Barometerreduktion*

28 a)/b) In beiden Fällen mit dem für die Flüssigkeit einzig bestehenden Volumen-Ausdehnungskoeffizienten. Gegenseitige Verschiebbarkeit der Flüssigkeitsmoleküle in allen Richtungen.
c) $\Delta V = V_0 \gamma \Delta\vartheta$; $\Delta l A = l_0 A \gamma \Delta\vartheta$; $\Delta l = l_0 \gamma \Delta\vartheta$.

29 $\gamma = \frac{h - h_0}{h_0 \Delta\vartheta}$; $1{,}09 \cdot 10^{-3}\ °C^{-1}$.

30 a) $\varrho_1 = \dfrac{\varrho_0}{1+\gamma\vartheta_1}$; $\varrho_2 = \dfrac{\varrho_0}{1+\gamma\vartheta_2}$; daraus $\varrho_2 \approx \varrho_1\,[1-\gamma(\vartheta_2-\vartheta_1)]$;
b) γ im Bereich zwischen 0 °C und der höhern Temperatur als konstant betrachtet;
c) $\varrho_2 = \varrho_1 \dfrac{1+\gamma\vartheta_1}{1+\gamma\vartheta_2}$; $13{,}473 \cdot 10^3\,\mathrm{kg/m^3}$; $\varrho_2 \approx \varrho_1\,[1-\gamma(\vartheta_2-\vartheta_1)]$;
$13{,}472 \cdot 10^3\,\mathrm{kg/m^3}$.

31 $V \approx \dfrac{m(1+\gamma\Delta\vartheta)}{\varrho_{20}}$; $9{,}94\,\mathrm{cm^3}$.

32 Weil der wahren Flüssigkeitsdehnung die Ausdehnung des Gefäßes, Behälters etc. überlagert ist.

33 a) Das Gefäß wird zuerst erwärmt und dehnt sich aus, bevor die Volumenzunahme des Wassers beginnt;
b) $\approx$ 10 mm;
c) das Wasser beginnt sich zu erwärmen, bevor das Glas die Temperatur 70 °C erreicht hat.

34 Die Kristallstruktur des Eises beansprucht ein um ca. $^1/_{11}$ größeres Volumen als das flüssige Wasser. (Vgl. Abb. 6–4.)

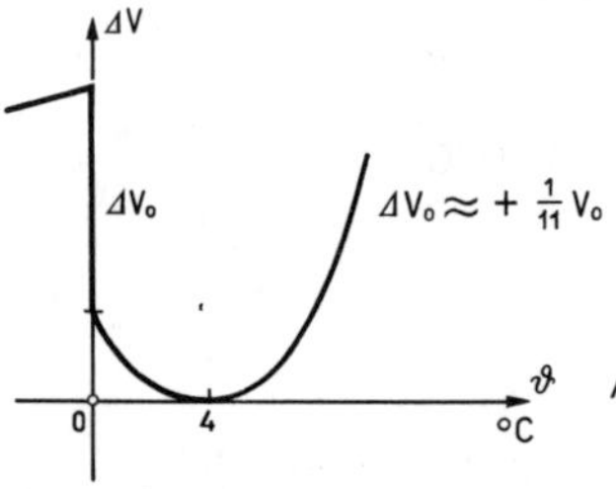

Abb. 6–4 (nicht maßstäblich)

35 $\Delta h = \dfrac{(V_1\gamma_1 - V_2 3\alpha_2)\,\Delta\vartheta}{A}$; 27,4 mm.

36 Dehnungsbetrag (Verschiebung des Thermometer-Fadens pro Temperatureinheit);
vom Volumen des Thermometergefässes und dem Kapillardurchmesser:

$$\Delta l = \frac{V_0\gamma\Delta\vartheta}{A};$$

(Δl = Fadenverschiebung; V_0 = Volumen der gesamten Thermometerflüssigkeit; γ = Volumenausdehnungskoeffizient der Flüssigkeit; A = Kapillarquerschnitt; $\Delta\vartheta$ = Temperaturänderung).

37 Fehlanzeige wegen des «herausragenden Fadens»; starke Beeinflussung der Temperatur der geringen Flüssigkeitsmenge durch die Wärmeaufnahme («Wärmekapazität») des Thermometers selbst.

38 Unregelmäßige, nichtlineare Ausdehnung des Wassers; Zweideutigkeit der Volumen-Temperatur-Funktion im Gebiet um 4 °C; Erstarren unter Volumenzunahme bei 0 °C.

39 Ja! es wird $\Delta h \approx \dfrac{(\gamma - 2\alpha)\,V\Delta\vartheta}{lb} = h(\gamma-2\alpha)\,\Delta\vartheta$; $-2{,}7$ cm.

40 $\Delta p \approx \dfrac{\gamma - 3\alpha}{\chi(1+\gamma\Delta\vartheta)}\Delta\vartheta; \quad \approx 800$ bar.

41 a) Er wird geringer, da die Dichte der Flüssigkeit stärker abnimmt als diejenige des festen Körpers;

b) $F_2 = F_1 \dfrac{1+3\alpha\Delta\vartheta}{1+\gamma\Delta\vartheta} \approx F_1 \{1-(\gamma-3\alpha)\Delta\vartheta\}$;

c) $F_2 \approx 0{,}98\,F_1; \quad \approx -2\%$.

42 a) $p_0 = 725{,}2$ Torr;
b) 966,7 mbar.

43 a) Nein! Denn Hg-Säulen gleicher Höhe, aber verschiedener Temperatur zeigen verschiedene Luftdrücke an;
b) Ja! Die Druckanzeige eines Dosen-Barometers ist unabhängig von seiner Temperatur.

44 a) $p_0 = p\,[1-(\gamma-\alpha)\,\vartheta]; \quad 972{,}0$ mbar;
b) $p\,(\gamma-\alpha)\,\vartheta; \quad 2{,}4$ mm Hg.

7. DAS THERMISCHE VERHALTEN DES IDEALEN GASES

7.1. *Vorgänge mit einer konstant gehaltenen Zustandsgröße*

1 $\gamma = \dfrac{V_2 - V_1}{V_1\vartheta_2 - V_2\vartheta_1}; \quad 0{,}00367\ °\mathrm{C}^{-1}$.

2 a) Im festen und flüssigen Zustand sehr unterschiedliche Werte für verschiedene Stoffe; bei verschiedenen Gasen praktisch derselbe Wert von

$\gamma \approx \dfrac{1}{273}\ °\mathrm{C}^{-1} \approx 0{,}00366\ °\mathrm{C}^{-1}$;

b) $\gamma = \dfrac{\Delta p}{p_0\Delta\vartheta}$ = relative Änderung des Druckes bei 0 °C pro Grad Temperatur-Änderung; ebenfalls für alle Gase annähernd derselbe Wert und mit dem Ausdehnungskoeffizienten übereinstimmend;
c) die Einführung der absoluten Temperatur $T = 273{,}15\ \mathrm{K} + \vartheta \approx 273\ \mathrm{K} + \vartheta$ führt auf die einfachen Gleichungen V/T = const. bei konstantem Druck und p/T = const. bei konstantem Volumen. [1])

3 a) Man benutzt einen auf alle Gase anwendbaren, stark vereinfachten Formalismus, der die wirklichen Verhältnisse «idealisiert» (Gesetze von Boyle-Mariotte, Gay-Lussac und Amontons); die Abweichungen im Verhalten der «realen» Gase sind aber in den in Betracht fallenden Temperaturbereichen meistens so gering, daß sie vernachlässigt werden können.
b) Diejenigen mit dem tiefsten Kondensationspunkt: Helium, Wasserstoff.

---

[1]) Genauer wäre die Schreibweise $T \approx 273\ \mathrm{K} + \dfrac{\vartheta}{°\mathrm{C}}\mathrm{K}$, wo $\dfrac{\vartheta}{°\mathrm{C}}$ die Maßzahl der in °C gegebenen Temperatur ϑ bedeutet; an der numerischen Beziehung wird dadurch nichts geändert.

4 Moleküle als ideal elastische Kügelchen, die kein Eigenvolumen besitzen («Massenpunkte») und untereinander keine Kohäsionskräfte ausüben; ihre mittlere Geschwindigkeit ist durch die herrschende Temperatur gegeben; der «Gasdruck» wird als die mittlere Kraft pro Flächeneinheit definiert, die sich zufolge der elastischen Reflexion der vielen Moleküle an den Wänden und der damit verbundenen zeitlichen Impulsänderung ergibt. Das ideale Gas, das weder fest noch flüssig wird, unterzieht sich, im Gegensatz zum «realen» Gas im ganzen Temperaturbereich den klassischen Gesetzen von Gay Lussac, Amontons und Boyle-Mariotte.

5 a) Die Ausdehnung der festen Körper ist relativ gesehen so gering, daß aus praktischen Gründen die Ausgangslänge meist als l_0 (Länge bei 0 °C) betrachtet wird; bei den Gasen hingegen ist $\gamma_0 = \frac{1}{273}\,°C^{-1}$ relativ groß und stellt wirklich nur den Bruchteil des Volumens bei 0 °C dar.

b) Für die in K gemessene Temperatur ist $\gamma_T = \frac{1}{T}$.

6 Aus dem Volumen-Temperatur- sowie dem Druck-Temperaturgesetz folgt, daß das Volumen bzw. der Druck des idealen Gases bei dieser Temperatur Null ist.

7 1 K ist der 273,16te Teil der thermodynamischen Temperatur des Tripelpunktes des Wassers (0,01 °C).

8 90 cm³.

9 307 °C.

10 $\Delta p_2 = (p_0 + \Delta p_1)\frac{T_2}{T_1} - p_0$; $\approx$ 1,8 bar.

11 $T = T_n \frac{p + \varrho g \Delta h}{p + \varrho g \Delta h_0}$; 354,6 K; 81,4 °C.

12 0,9464 kg/m³; 2,040 kg/m³.

13 $m = \frac{pV\varrho_n}{p_n}$; 2,55 kg.

14 $V = \frac{mT}{\varrho_n T_n}$; 29,9 cm³.

7.2. *Allgemeine Zustandsgleichung*

15 ≈ 76 l.

16 202,9 cm³.

17 $\Delta l = \frac{l(T_2 - T_1)}{T_2}$; $\frac{l}{7}$.

18 a) $\varrho = \varrho_n \frac{pT_n}{p_n T}$; 210 kg/m³;

b) 4,20 kg;

c) $p_2 = p_1 \frac{T_2}{T_1}$; 176 bar.

19 3,25 kg/m³.

20 $2{,}38 \cdot 10^3$ N.

21 Kein Anlaß dazu wegen der sehr geringen Druckabhängigkeit der Flüssigkeitsdichte; kleine Kompressibilität.

22 $\Delta m = \frac{V \varrho_n p T_n}{p_n}\left(\frac{1}{T_1} - \frac{1}{T_2}\right)$; 3,62 kg.

23 1 mol ist die Stoffmenge eines Systems bestimmter Zusammensetzung, das aus ebenso vielen Teilchen besteht, wie Atome in $^{12}/_{1000}$ kg des Nuklids $^{12}_{6}C$ enthalten sind.
Die Teilchen können Atome, Moleküle, Ionen, Elektronen oder eine Gruppe solcher Teilchen genau angegebener Zusammensetzung sein.
Diese Teilchen-Zahl beträgt $6{,}02 \cdot 10^{23}$ mol^{-1}; sie wird als Avogadro-Konstante bezeichnet.

24 Sie gilt für jedes (ideale) Gas und für beliebige Gasmassen;
a) $pV = nRT$;
b) $pV = \frac{m}{M} RT$;
M = Molare Masse;
R = Molare Gaskonstante.

25 a) In der allgemeinen Zustandsgleichung des idealen Gases, $\frac{pV}{T} = \frac{m}{M} R$, sind alle Größen außer T bekannt;
b) 866 K.

26 $p_2 = \frac{12\, p_1 T_2}{T_1}$; 11,5 bar.

27 $\Delta m = \frac{V T_n \varrho_n}{T p_n}(p_1 - p_2)$; 6,895 g ≈ 6,90 g.

28 $\Delta m = \frac{V \varrho_n T_n}{p_n}\left(\frac{p_1}{T_1} - \frac{p_2}{T_2}\right)$; 6,893 g ≈ 6,90 g.

29 a) 8,3202 J/mol K; 8,3188 J/mol K; 8,3066 J/mol K; 8,2561 J/mol K;
b) R = 8,3144 J/mol K; +0,7‰; +0,5‰; −0,9‰; −7,0‰;
c) kleinste Abweichungen vom idealen Gas bei H_2 und He, größte beim Gas mit den Molekülen größter Masse.
d) Im Gegensatz zum idealen Gas sind das Eigenvolumen der Moleküle und die Kräfte zwischen ihnen von Bedeutung (Van der Waals).

30 $m = \frac{M}{R} \cdot \frac{pV}{T}$; 1,28 kg.

31 $\frac{pV}{T} = nR$;
a) 22,414 dm³;
b) 5,08 dm³.

32 120 mol.

33 a) Im selben Volumen enthalten verschiedene Gase bei gleichem Druck und gleicher Temperatur gleich viel Moleküle;
b) nein! nach der Umkehrung des Satzes von Avogadro müßten alle Gase bei Normalbedingungen das gleiche Molvolumen aufweisen. Beobachtung und Berechnung (vgl. Aufg. 7–29) zeigen aber Unterschiede in der Größenordnung von einigen Promillen.

34 $\frac{m_1}{m_2} = \frac{M_1 V_1}{M_2 V_2}$; 23,3%, 76,7%.

35 a) 614 mbar;
b) 616 mbar; −11 °C; 0,819 kg/m³.

36 a) 0,057 kg/m³;
b) $d = \sqrt[3]{\frac{6 F_G}{\pi g (\varrho_L - \varrho_{H_2})}}$; 12,4 m.

7.3. *Adiabatische Prozesse*

37 a) Isotherm: Vorgang bei konstanter Temperatur, bedingt durch Wärmeaustausch zwischen dem betrachteten System und seiner Umgebung;
adiabatisch: verläuft bei vollständiger Wärmeisolierung des Systems gegenüber seiner Umgebung bzw. bei sehr raschen Volumenänderungen, die für den Wärmeaustausch keine Zeit lassen; Energieaustausch mit der Umgebung nur in Form von mechanischer Arbeit möglich, jedoch nicht durch Wärmeübergang;
b) Volumenänderung in Kolbenmotoren; Kompression in Strahltriebwerken; Druckänderungen in den Schallwellen der Luft; Aufpumpen eines Veloschlauchs (Verbindungsschlauch wird heiß!).

38 Sehr rasche Volumenvergrösserung bzw. Drucksenkung; adiabatische Abkühlung; am Ventil schlägt sich Wasserdampf der Umgebungsluft als Reif nieder.

39 $TV^{\varkappa-1} = \text{const.}$; $\frac{p^{\frac{\varkappa-1}{\varkappa}}}{T} = \text{const.}$

40 757 K.

41 $p_2 = 25{,}2\, p_1$; 459 °C.

42 213 °C.

43 $\Delta T = T_0 \left(e^{-\frac{(\varkappa-1) g \varrho_n h}{\varkappa p_n}} - 1\right)$; −1,04 °C; Kondensation nicht berücksichtigt; wahrer Wert −0,65 °C/100 m.

44 670 °C; 28,5 bar.

8. DIE WÄRME ALS ENERGIEFORM

8.1. *Elementare Berechnungen zur Wärmeenergie; spezifische Wärmekapazität*

1 a) «Wärmemenge», auch «Wärme», «Energie», *«Wärmeenergie»*;
b) Q; 1 J;
c) von der Temperatur.

2 a) Von der Temperaturänderung, der Masse und der als spezifische Wärmekapazität bezeichneten Stoffkonstanten; $\Delta Q \sim \Delta\vartheta$; $\Delta Q \sim m$; $\Delta Q \sim c$;
b) $\Delta Q = c\, m\, \Delta\vartheta$.

3 a) $c = \dfrac{\Delta Q}{m\,\Delta\vartheta}$; sie ist die Energieänderung pro Masseneinheit und pro Grad Temperaturänderung;
b) 1 J kg^{-1} °C^{-1} oder 1 J kg^{-1} K^{-1};
c) früher: ja! $c_W = 1\ \dfrac{\text{kcal}}{\text{kg °C}}$; aus den Definitionen der spez. Wärmekapazität und der Einheit 1 kcal;
heute: nein! $c_W = 4{,}19 \cdot 10^3$ J/kg °C aus der zuzuführenden mechanischen oder elektrischen Energie experimentell zu bestimmen.

4 a) Es stellt sich mit der Zeit eine zwischen den Anfangstemperaturen der beiden Körper liegende Temperatur ein, die von den übrigen Daten der Körper abhängt (vgl. Aufg. 8–5, b); Austausch von (Wärme-)Energie;
b) Erhaltung der Gesamtenergie;
c) kein Energieaustausch mit der Umgebung; abgeschlossenes System; im allgemeinen nicht streng erfüllt!

5 a) $c\,m_1(\vartheta_1 - \vartheta_m) = c\,m_2(\vartheta_m - \vartheta_2)$; $\vartheta_m = \dfrac{m_1\vartheta_1 + m_2\vartheta_2}{m_1 + m_2}$;

b) $c_1 m_1(\vartheta_1 - \vartheta_m) = c_2 m_2(\vartheta_m - \vartheta_2)$; $\vartheta_m = \dfrac{c_1 m_1\vartheta_1 + c_2 m_2\vartheta_2}{c_1 m_1 + c_2 m_2}$.

6 $\vartheta_m = \dfrac{m_1\vartheta_1 + m_2\vartheta_2}{m_1 + m_2}$; 35 °C.

7 $m_1 = m\,\dfrac{\vartheta_2 - \vartheta_m}{\vartheta_2 - \vartheta_1}$; 35,7 kg; 14,3 kg.

8 $x = \dfrac{(1-\eta)\,m_2 c_2}{m_1 c_1 + m_2 c_2} \cdot 100\,\%$; 72,6 %.

9 $c_2 = \dfrac{m_3 c_3(\vartheta_3 - \vartheta_e) - m_1 c_1(\vartheta_e - \vartheta_a)}{m_2(\vartheta_e - \vartheta_a)}$; 2,0 kJ/kg °C.

10 $w_{\text{Kal}} = \dfrac{m_2(\vartheta_2 - \vartheta_m)c}{\vartheta_m - \vartheta_1} - m_1 c$; 87,3 J/°C.

11 827 °C.

12 Maßgebend ist ϱc; Fe, Cu, Al, Sn, Pb.

13 a) Die spez. Wärmekapazität ist davon abhängig, ob die Erwärmung des Gases bei konstantem Druck oder bei konstantem Volumen erfolgt;

b) erwärmt man bei konstantem Druck (z. B. Gas in einem Zylinder, abgeschlossen durch reibungslos verschiebbaren, aber dicht schließenden Kolben), so verrichtet das Gas gegen den Außendruck die Arbeit $p\,\Delta V$; um diesen Betrag ist die zuzuführende Energie größer als in dem Falle, da bei konstantem Volumen dieselbe Endtemperatur erreicht werden soll.

14 $\Delta Q = \dfrac{m c_p T_n \Delta p}{\varkappa p_n}$; 86,7 J.

15 a) $T = T_n + \dfrac{\Delta Q}{c_p \varrho_n V_0}$; 15,4 °C;

b) $\Delta V = \dfrac{\Delta Q}{c_p \varrho_n T_n}$; 56 dm³; (unabhängig von V_0).

16 a) Es wird nicht diese ganze Luftmasse aufgeheizt, da ein Teil während des Erwärmens weggeht; es wird eine größere als die bei 17 °C im Raume befindliche Masse aufgeheizt;

b) $\varrho = \dfrac{1}{2}(\varrho_1 + \varrho_2)$; $\Delta Q = \dfrac{c_p \varrho_n V p T_n \Delta T}{2 p_n}\left(\dfrac{1}{T_1} + \dfrac{1}{T_2}\right)$; $2{,}50 \cdot 10^5$ J; $\pm 1{,}2\%$.

17 $\Delta Q = \dfrac{p T_n \varrho_n c_p \Delta V}{p_n}$; 17,0 J; 28,8 °C; V_1 und T_1.

18 $\Delta Q = \dfrac{V T_n \varrho_n c_p \Delta p}{p_n \varkappa} = \dfrac{c_p V \Delta p M}{\varkappa R}$; 7,38 kJ.

8.2. *Kinetische Gastheorie*

19 Obschon die Summe der Energien aller einzelnen Moleküle schon bei kleinen Gasmengen und bei gewöhnlichen Temperaturen enorme Beträge ausmacht, wird man sie nie vollständig in «gerichtete» mechanische Energie (z. B. gespannte Feder, hochgehobener Körper, etc.) umsetzen können, weil die Molekulargeschwindigkeit in jedem Moment auf alle Richtungen des Raumes («Freiheitsgrade») gleichmäßig verteilt ist.

20 a) Größerer durchschnittlicher Abstand zwischen den Teilchen; keine bzw. vernachlässigbare Kräfte zwischen den Teilchen außer bei den elastischen Zusammenstößen; ungeordnete Molekularbewegung;

b) $p = \dfrac{1}{3} n_0 m_m \overline{v^2}$;

c) n_0 = Zahl der Teilchen pro Volumeneinheit oder «Teilchendichte»; m_m = Masse eines Teilchens; $\overline{v^2}$ = mittleres Geschwindigkeitsquadrat der Molekularbewegung; $n_0 m_m = \varrho$ = Dichte des Gases, daher $\bar{v} \approx \sqrt{\dfrac{3p}{\varrho}}$; (man beachte jedoch, daß $\sqrt{\overline{v^2}}$ und $\sqrt{\bar{v}^2} = \bar{v}$ nicht dasselbe ist!; vgl. Aufg. 8–32).

21 a) $\varepsilon = \dfrac{3}{2}\dfrac{R}{N_A} T = \dfrac{3}{2} k T$; R (molare Gaskonstante) = 8,314 J K⁻¹ mol⁻¹;
N_A (Avogadro-Konstante) = $6{,}022 \cdot 10^{23}$ mol⁻¹; k (Boltzmann-Konstante) = $1{,}381 \cdot 10^{-23}$ JK⁻¹;

b) für die Temperatur T;

c) alle Gase werden flüssig vor Erreichen des abs. Nullpunktes; es existiert auch eine Nullpunktsenergie ε_0.

22 a) 1. Ausdruck aus $pV = \frac{m}{M} RT$; 2. und 3. nach Aufgaben 8–20 und 21;

b) gleichwertig, da $\varrho \sim n_0$ und $T \sim \varepsilon$ ist; der Druck eines Gases ist der Dichte und der absoluten Temperatur bzw. der Teilchendichte und der mittleren Teilchenenergie proportional;

c) 1,56 bar; $n_0 = \varrho \frac{N_A}{M}$; $2{,}26 \cdot 10^{25}\ \text{m}^{-3}$; $\varepsilon = \frac{3}{2} kT$; $1{,}04 \cdot 10^{-20}$ J.

23 a) Unverändert;
b) links: Druck der eingeschlossenen Luft (kein bzw. vernachlässigbar kleiner Schweredruck!); rechts: Schweredruck, ausgeübt von der Lufthülle der Erde;
c) auf beiden Seiten gilt: gleiche Dichte des Gases oder gleiche Teilchendichte; gleiche Temperatur oder gleiche mittlere Teilchenenergie; daher $p_l = p_r$.

24 a) p steigt; V sinkt; T const.; n_0 steigt; ε const.; $\bar{v}$ const.;
b) p steigt; V sinkt; T steigt; n_0 steigt; ε steigt; $\bar{v}$ steigt;

c) $p_2 = \frac{5}{4} p_1$; V const.; $T_2 = \frac{5}{4} T_1$; n_0 const.; $\varepsilon_2 = \frac{5}{4} \varepsilon_1$; $\bar{v}_2 = \frac{\sqrt{5}}{2} \bar{v}_1$;

d) $p_2 = p_1$; $V_2 = \frac{5}{4} V_1$; $T_2 = \frac{5}{4} T_1$; $n_{0_2} = \frac{4}{5} n_{0_1}$; $\varepsilon_2 = \frac{5}{4} \varepsilon_1$; $\bar{v}_2 = \frac{\sqrt{5}}{2} \bar{v}_1$;

e) $p_2 = p_1$; $V_2 = \frac{2}{3} V_1$; $T_2 = \frac{2}{3} T_1$; $n_{0_2} = \frac{3}{2} n_{0_1}$; $\varepsilon_2 = \frac{2}{3} \varepsilon_1$; $\bar{v}_2 = \sqrt{\frac{2}{3}}\, \bar{v}_1$.

25 Temperatur und Druck; $T_2 = 4T_1$, da $\overline{v_2^2} = 4\,\overline{v_1^2}$ und $T \sim \overline{v^2}$; $p_2 = 4p_1$, da $p \sim T$.

26 Keine! Da $T \sim \overline{v^2}$.

27 a) In der mittleren kinetischen Energie pro Teilchen; nicht in der mittleren Geschwindigkeit;
b) fortwährender Energieausgleich durch die elastischen Stöße zwischen den Teilchen verschiedener Masse.

28 $E_k = \frac{3}{2} nRT$; 3,74 kJ.

29 a) $E_k = \frac{3}{2} n V_{mn} p_n$; 3,41 kJ;

b) $\varepsilon = \frac{3}{2} \frac{V_{mn} p_n}{N_A}$; $5{,}66 \cdot 10^{-21}$ J.

30 a) $\varrho = \frac{pM}{RT}$; 0,808 kg/m³;

b) $n_0 = \frac{N}{V} = \frac{p}{kT}$; $2{,}41 \cdot 10^{26}\ \text{m}^{-3}$; Anzahl der Teilchen pro Volumeneinheit.

c) Für a) Volumen, für b) Volumen und Art des Stoffes unnötig.

d) Ja! Bei gegebenem Druck nur von Temperatur oder mittlerer Teilchenenergie abhängig;

e) $2{,}69 \cdot 10^{25}\ \text{m}^{-3}$.

31 Nein! $T_2 = -126{,}6$ °C liegt höher als die Kondensationspunkte von O_2 und N_2 bei Normdruck.

32 a) $\bar{v} \approx \sqrt{\dfrac{3p_n}{\varrho_n}}$; 1839 m/s; 493 m/s; 461 m/s; 392 m/s;
b) $\bar{v} = 1694$ m/s; 454 m/s; 425 m/s; 361 m/s; $\dfrac{\Delta\bar{v}}{\bar{v}} \approx 8{,}5\%$;
c) $\dfrac{p}{\varrho} = \text{const.}$ für $T = \text{const.}$

33 a) $N = \dfrac{1}{6} n_0 A \bar{v} \Delta t$; $1{,}32 \cdot 10^{27}$;
b) weil sich die Teilchendichte proportional zum Druck ändert; $1{,}32 \cdot 10^{26}$.

34 a) $N = V \dfrac{N_A p}{V_{mn} p_n}$; $2{,}65 \cdot 10^{16}$;
b) $l = 282\,U$.

35 $\varrho_2 = \varrho_1$; $\bar{v}_2 = \bar{v}_1 \sqrt{\dfrac{7}{6}}$; $\varrho_2' = \dfrac{7}{6}\varrho_1'$; $\bar{v}_2' = \bar{v}_1'$.

36 $T_2 = 4T_1$; 819 °C.

37 $\bar{v}_1 : \bar{v}_2 = \sqrt[3]{2}$; 1,26.

38 $\bar{v}_2 = \bar{v}_0 \sqrt{\dfrac{T_1}{T_n}\left(\dfrac{1}{\eta}\right)^{\varkappa-1}}$; 444 m/s.

39 Vergleich der Fluchtgeschwindigkeit mit mittlerer thermischer Molekülgeschwindigkeit:
a) Erde: $\bar{v}_{N_2} \approx \sqrt{\overline{v^2_{N_2}}} \approx 390$ m/s; $v_{Fl} = 11{,}1$ km/s $\approx 28\,\bar{v}_{N_2}$, wird von keinem Molekül erreicht;
b) Mond: $v_{Fl} \approx 2{,}4 \cdot 10^3$ m/s; (bei Vollmond wegen der gemeinsamen Gravitationswirkung von Sonne und Erde nur $\approx 2{,}2 \cdot 10^3$ m/s) $\bar{v}_{N_2} \approx \sqrt{\overline{v^2_{N_2}}} \approx 580$ m/s; $v_{Fl} \approx 4\,\bar{v}_{N_2}$; von $6 \cdot 10^{23}$ Molekülen erreichen ca. 10^{15} Moleküle die Fluchtgeschwindigkeit.

8.3. *Wärme und mechanische Arbeit (1. Hauptsatz)*

40 $Q = s \mu_G m g \cos\alpha$; 2,7 kJ.

41 $W = (m_1 c_1 + m_2 c_W)\,\Delta\vartheta$; $1{,}31 \cdot 10^4$ J.

42 a) Potentielle Energie in kinetische, diese in ungeordnete Wärmeenergie;
b) $Q = mgh$; 3,92 kJ; $\Delta\vartheta = \dfrac{gh}{c}$; 7,6 °C.

43 $\Delta\vartheta = \dfrac{g\,\Delta h\,\eta}{c}$; $\approx 1{,}2$ °C.

44 $\Delta\vartheta = \dfrac{v^2 + 2gh}{2c}$; $\approx 0{,}05$ °C.

45 $Q = \dfrac{1}{2} m v^2$; $7{,}81 \cdot 10^7$ J; 187 kg.

46 $P = \dfrac{W}{t}$; 112 W; 980 kWh; 88 Fr.

47 a) Niedrigen Gang einschalten, Bremsen mit Motor;

b) $t = \frac{c m_1 \Delta\vartheta}{\eta m g v \sigma}$; ≈ 110 s; ganze Fahrzeit 400 s.

48 C_p ist deshalb größer als C_v, weil das Gas (1 mol) bei der Erwärmung um 1 °C bei konstant gehaltenem Druck äußere Arbeit verrichtet, die dem Wert $C_p - C_v$ genau entspricht («äquivalent ist»); mit dem damals bekannten Wert $C_p - C_v \approx 2$ cal/mol °C ergab die Rechnung 1 cal = 4,2 J.

49 a) 5 dm³; 2,5 dm;

b) $W = \left(p_0 + \frac{mg}{A}\right)\Delta V$; ≈ 550 J.

50 a) $W = p_1 \Delta V = \frac{m p_n \Delta T}{\varrho_n T_n}$; 216 kJ;

b) $W = c_p m \Delta T\left(1 - \frac{1}{\varkappa}\right)$; 216 kJ;

c) nein! In Lösung a) hebt sich p_1 weg.

8.4. *Energie der Wärmequellen; Wärmekraftmaschinen*

51 a) $P = 4\pi r^2 E_0$; $3{,}82 \cdot 10^{26}$ W;

b) $4{,}5 \cdot 10^{-8}$ %;

c) $s = \sqrt[3]{\frac{Pt}{\varrho H}}$; 210 km.

52 Preis = $\frac{\Delta Q \cdot P^*}{\eta \cdot H_u \cdot \rho_{EG}}$; 2,1 Rp.; ($P^*$= Preis pro m³).

53 $m = \frac{Pt}{\eta H}$; $2{,}4 \cdot 10^4$ kg.

54 $\eta = \frac{Pt}{mH}$; 40%.

55 $x = \frac{\eta c m \Delta\vartheta}{Pt}$; 46%.

56 $\eta = \frac{P}{v q \varrho H}$; ≈ 33%.

57 a) $P = \bar{p} \Delta V \frac{n}{2}$; $\approx 2{,}9$ kW;

b) 0,49 kg $\approx$ 0,65 l.

8.5. Änderung des Aggregatzustandes

8.5.1. *Schmelzen und Erstarren*

58 Zur Überführung eines Aggregatzustandes in den «höheren» (z. B. fest → flüssig, flüssig → gasförmig, fest → gasförmig, etc.) muss Energie zugeführt werden, bei der Umkehr des Überganges gibt «das System» Energie ab (Schmelz-, Verdampfungs- und Lösungswärme, bzw. Erstarrungs-, Kondensations- und Kristallisationswärme).

59 a) Erwärmen des Eises; Schmelzen des Eises; Erwärmen des Wassers;
b) $2{,}05 \cdot 10^4 : 3{,}338 \cdot 10^5 : 4{,}182 \cdot 10^4 \approx 1:16:2$;
c) Abb. 8–3

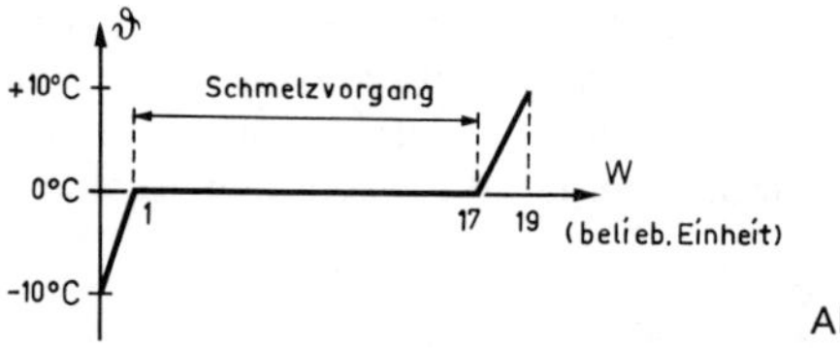

Abb. 8–3

60 a) 0,488 kg;
b) 163 kJ.

61 Dem Energiesatz.

62 a) Vom Druck abhängig;
b) er ist sehr klein; z. B. – 0,0075 °C/bar für Eis;
c) Schmelzen von Eis unter Druck und Wiedergefrieren bei Nachlassen des Druckes: «Regelation»;
d) diejenigen mit Abnahme des spezifischen Volumens beim Schmelzen und umgekehrt;
e) Erhöhung des Schmelzpunktes.

63 Die doppelte Masse Wasser von 0 °C. Das warme Wasser hat gerade die nötige Schmelzwärme für das Eis geliefert.

64 $\Delta Q = V\varrho\,(c\,\Delta\vartheta + L_f)$; 1,4 kJ.

65 Nein! $\vartheta_2 = \vartheta_1 + \dfrac{L_f}{c}$; $463\ °\mathrm{C} < \vartheta_f$.

66 $\vartheta_e \geqq \dfrac{m_1 c_1 \vartheta_1 - m_2 (L_f - c_2 \vartheta_2)}{(m_1 + m_2)\, c_1}$; $\geqq 13{,}6\ °\mathrm{C}$.

67 $m_1 = \dfrac{m_2 c_W \Delta\vartheta_2}{\bar{c}\,\Delta\vartheta_1 + L_f}$; 574 g.

68 $L_f = \dfrac{(m_1 c_1 + m_2 c_2)\,(\vartheta_a - \vartheta_e)}{m_3} - c_2 \vartheta_e$; 319 kJ/kg; –4,5%.

69 $x = \dfrac{c_W m\,\Delta\vartheta}{L_f}$; 113 g.

8.5.2. *Verdampfen und Kondensieren*

70 Phasen-Übergänge:
a) flüssig ⟶ gasförmig unterhalb des Siedepunktes,
b) flüssig ⟶ gasförmig unter Dampfblasenentwicklung beim Siedepunkt,
c) wie b),
d) flüssig ⟶ gasförmig,
e) fest direkt in gasförmig unter Ausschaltung der flüssigen Phase,
f) gasförmig ⟶ flüssig.

71 a) Erwärmen des Wassers; Verdampfen des Wassers; Erwärmen des Dampfes;
b) $4{,}2 \cdot 10^4 : 2{,}256 \cdot 10^6 : 2{,}0 \cdot 10^4 \approx 2 : 110 : 1$;
c) Vgl. Lösung 8–59 c).

72 a) Siedetemperatur bei Normdruck (101325 Pa).
b) Bildung von Dampfblasen im Innern der Flüssigkeit, die aufsteigen und austreten; der Dampfdruck muß gleich der Summe aus atmosphärischem und hydrostatischem Druck sein;
c) ja! wenn der äußere Druck gleich dem Dampfdruck von Wasser bei 50 °C ist (123,3 mbar).

73 $W_a = p\Delta V = mp\left(\frac{1}{\varrho_S} - \frac{1}{\varrho_{Fl}}\right) \approx mp\frac{1}{\varrho_S}$; $1{,}69 \cdot 10^5$ J/kg; 92,5%.

74 Erst beim Erreichen des 5fachen Volumens verdampft aller Alkohol; bis dahin: Dampf «gesättigt»; nachher Expansion des Dampfes: Dampf «ungesättigt».

75 $m_1 = m_2 \frac{c_2\vartheta_2 + L_{v2}}{c_1\vartheta_1 + L_{v1}}$; 444 g.

76 a) $L_v = \frac{(m_1 c_1 + m_2 c_W)(\vartheta_e - \vartheta_a) - m_3 c_W(\vartheta - \vartheta_e)}{m_3}$;
b) Kondensationswärme = Verdampfungswärme (Energiesatz).

77 $m = \frac{m_W c\vartheta_2 + m_E(L_f + c\vartheta_2)}{L_v + c(\vartheta_1 - \vartheta_2)}$; 18,6 g.

78 1,33 m Wasser von 100 °C und 0,67 m Dampf von 100 °C.

79 2,12 m³/kg; −4,3%.

80 a) $v = \frac{RT}{pM}$; 0,311 m³/kg;
b) − 25‰.

81 a) linear;
b) $L_v = \frac{L_{v2} - L_{v1}}{\vartheta_2 - \vartheta_1}(\vartheta - \vartheta_1) + L_{v1}$;
c) 108 °C: $2{,}234 \cdot 10^6$ J/kg; 800 mbar: $2{,}273 \cdot 10^6$ J/kg;
d) $2{,}519 \cdot 10^6$ J/kg; + 0,76%.

82 b) $p = p_1 + \frac{p_2 - p_1}{\vartheta_2 - \vartheta_1}(\vartheta - \vartheta_1)$ für $\vartheta_1 \leqq \vartheta \leqq \vartheta_2$;
c) 4 °C: 8,578 mbar; + 5,5%;
14 °C: 16,720 mbar; + 4,6%;
24 °C: 31,000 mbar; + 3,9%;
95 °C: 857,10 mbar; + 1,4%.

83 a) $p - p_1 = A(T - T_1)^2 + B(T - T_1)$;
$A = 4{,}29$ mbar/K²; $B = 53{,}81$ mbar/K;
b) $p = 1013$ mbar; $T = 77{,}34$ K.

84 a) Es gibt nach der Entdeckung von Andrews eine «kritische Temperatur», oberhalb welcher auch mit den größten Drücken keine Aufspaltung in flüssige und gasförmige Phase möglich ist.
b) für He, O_2, N_2 und H_2.

8.6. *Luftfeuchtigkeit*

85 a) Masse des gesättigten Dampfes pro Volumeneinheit = Dichte des gesättigten Dampfes; ϱ_s in kg/m³ (vgl. Tabelle 4);
b) Druck des gesättigten Dampfes bei der herrschenden Temperatur; p_s in Pa (vgl. Tabelle 4);
c) Druck des vorhandenen Wasserdampfes; Gesamtdruck, vermindert um den Partialdruck des Wasserdampfes;
d) vorhandene Masse Wasserdampf pro Volumeneinheit = vorhandene Dampfdichte; ϱ_D in kg/m³; die absolute Feuchte wird gelegentlich auch als Partialdruck des in der Luft vorhandenen Wasserdampfes angegeben;
e) Verhältnis der absoluten Feuchte zur Sättigungsmenge; $f_r = \varrho_D/\varrho_s$; Angabe in % (wenig davon abweichend ist das Verhältnis des Partialdruckes zum Sättigungsdruck; $f_r = p_D/p_s$);
f) Temperatur, bei der die vorhandene Dampfdichte zur Sättigungsmenge wird.

86 Nur erstere ist für die Beurteilung der Niederschlags-Wahrscheinlichkeit bzw. Wolken- oder Dunstbildung maßgebend.

87 208 kg.

88 0,0107 kg/m³; 63%.

89 ≈ 4 °C.

90 $f_r = \dfrac{m}{V\varrho_s}$; 67%.

91 Aus $p_p \approx p_s f_r$ folgt $\dfrac{p_p}{p} \approx 0{,}0089$; ≈ 9‰.

92 a) $\varrho_S = \dfrac{p_S M_W}{T_n R}$; $4{,}85 \cdot 10^{-3}$ kg/m³;
b) $\varrho = \varrho_n - \varrho_S\left(\dfrac{M_L}{M_W} - 1\right)$; 1,290 kg/m³;
c) $M_L > M_W$; $M_L = 0{,}02898$ kg/mol; $M_W = 0{,}01801$ kg/mol.

93 a) Trocken: 1,141 kg/m³; gesättigt: 1,131 kg/m³;
b) $f_r = 50\%$: 1,136 kg/m³.

94 $R = \dfrac{M p_s}{T \varrho_s}$; 8,308 J/mol K; ≈ −1‰.

9. DIE AUSBREITUNG DER WÄRME DURCH LEITUNG, STRÖMUNG UND STRAHLUNG

9.1. *Allgemeines zur Wärmeausbreitung*

1 Schaumstoffe sind sehr schlechte Wärmeleiter. Die Wärme der Hand wird von ihnen sogar schlechter aufgenommen als durch die umgebende Luft.

2 Schlechte Wärmeleiter; gute Absorber der Wärmestrahlung.

3 Geringe Wärmeleitung von Holz und Luft; Verminderung der Konvektion im Zwischenraum durch die Glaswolle.

4 a) $\approx -195{,}8\ °\mathrm{C}$;
b) durch Wärmeleitung, -strömung und -strahlung;
c) Leitung: Glas guter, Vakuum bester Isolator; Strömung: Dichteabnahme der Luft über N_2 nach oben, keine Strömung; Strahlung: Reflexion der von außen einfallenden Strahlung am Metallbelag.

5 Es bildet sich sehr schnell eine Dampfhaut (zischendes Geräusch beim ersten Berühren der heißen Platte), die schlecht wärmeleitend ist, und die den eingeschlossenen Flüssigkeitstropfen vor der raschen Verdampfung schützt.

6 Die Wärmestrahlung der Sonne zur Erde, ihre teilweise Reflexion und die Ausstrahlung der Erde in den Weltraum (Strahlungsgleichgewicht der Erde); die Wärmeströmungen der Luft und der Meere.

9.2. *Angewandte Beispiele*

7 a) $Q = -\lambda A t \frac{\Delta\vartheta}{\Delta x}$; $\Phi = -\lambda A \frac{\Delta\vartheta}{\Delta x}$; $q = \frac{\Phi}{A} = -\lambda \frac{\Delta\vartheta}{\Delta x}$;
b) J; W; W/m^2;
c) Wärmeleitfähigkeit λ; W/K m.

8 691 kJ; 0,270 kJ; 90 J.

9 ≈ 190 W/m^2; ≈ 17 W/m^2; ≈ 11.

10 $m = \frac{\lambda A t \Delta\vartheta}{l L_f}$; 0,61 kg.

11 a) $\frac{x}{d_1} = \frac{d_2 \varrho_2 c_2 \Delta\vartheta_1}{d_1 \varrho_1 L_f}$; 0,11;
b) $t = \frac{(d_1 - x) d_2 \varrho_1 L_f}{\lambda \Delta\vartheta_2}$; 5,7 h $\approx$ 6 h.

12 $\lambda = \frac{\lambda_1 \lambda_2 (d_1 + d_2)}{\lambda_1 d_2 + \lambda_2 d_1}$; 144 W/K m.

13 a) $\vartheta = \dfrac{d_2\lambda_1\vartheta_1 + d_1\lambda_2\vartheta_2}{d_2\lambda_1 + d_1\lambda_2}$; $-8{,}3$ °C;
b) $1{,}12 \cdot 10^5$ J;
c) 68 cm.

14 31 kW.

15 a) Poliert: kleinerer Wärmeverlust durch Abstrahlung; horizontal: kleinere «Wärme-Übergangszahl» zwischen Luft und Platte als bei vertikaler Stellung;

b) $T = (T_1 - T_2)\dfrac{\ln\dfrac{r_2}{r}}{\ln\dfrac{r_2}{r_1}} + T_2$;

c) $q = -\lambda\dfrac{dT}{dr} = \lambda\dfrac{(T_1 - T_2)}{\ln(r_2/r_1)}\dfrac{1}{r}$;

d)

$r =$	1 cm	2,5 cm	4 cm	7 cm	10 cm
$T =$	500 K	420 K	380 K	331 K	300 K.

16 a) $\Phi = \dfrac{2\pi l\lambda(\vartheta_1 - \vartheta_2)}{\ln\dfrac{r_2}{r_1}}$;

b) $\dfrac{\Phi_{\text{genähert}}}{\Phi_{\text{genau}}} = \dfrac{d_m \ln\dfrac{r_2}{r_1}}{2d}$; 1,002; +2‰;
ja! Schon der Fehler in den Temperaturangaben erlaubt nicht diese Genauigkeit der Berechnung von Φ.

17 a) $\Phi_2 = 16\,\Phi_1$;
b) $T_2 = \sqrt[4]{2}\,T_1 = 1{,}189\,T_1$; 357 K.

18 a) Bei der Temperatur, die der Körper annimmt, ist die von seiner ganzen Oberfläche emittierte Strahlungsleistung gleich groß wie die Strahlungsleistung, die von der beschienenen Fläche absorbiert wird;

b) $T = \sqrt[4]{\dfrac{E_0}{2\sigma}}$; 331 K ≙ 58 °C.

OPTIK

10. STRAHLENOPTIK

10.1 Der Verlauf von Lichtstrahlen und Lichtbündeln

10.1.1. *Reflexion am ebenen Spiegel*

1 a) Bei der Lichtausbreitung in einem homogenen Medium ist es die Richtung der Normalen zu den Wellenflächen (vgl. Aufgabe 5–98);
b) eine parallele, divergente oder konvergente Gesamtheit von «Lichtstrahlen», die den Ausbreitungsraum kontinuierlich erfüllen.

2 Verbindung von L' (symmetrischer Punkt zu L bezüglich Spiegelebene) mit A liefert den Spiegelpunkt, in welchem die Reflexion stattfindet. Beweis mit dem Reflexionsgesetz.

3

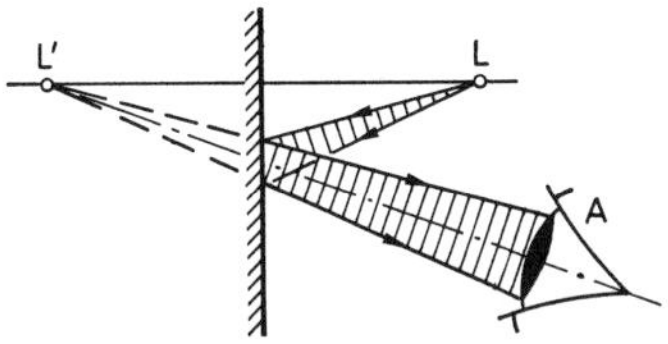

Abb. 10–10

4 32 m.

5 Aufstellung des Spiegels und Spiegelhöhe ergeben sich aus den Strahlen: Scheitel–Spiegel–Auge und Sohle–Spiegel–Auge; $h_{Sp} = 0{,}5\,h$.

6 a) Um 30° im Uhrzeigersinn;
b) um 60° im Gegenuhrzeigersinn.

7 a) An beweglichem, meist kleinem Spiegelchen reflektiertes Lichtbündel, das z. B. in Form einer scharfen Strichmarke auf eine Skala gelenkt wird;
b) langer Zeigerarm; Drehwinkel des Zeigers = doppelter Drehwinkel des Spiegels.

8 11,6°; $\omega = \frac{1}{2} \operatorname{arc\,tan} (s_2/s_1)$.

9 a) Unendlich viele;
b)

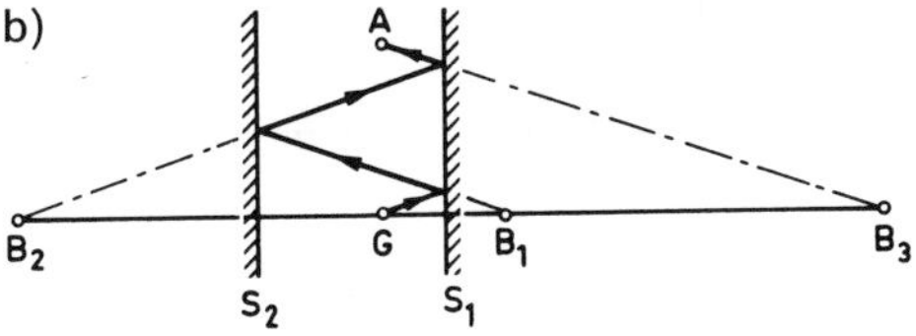

Abb. 10–11

10.1.2. *Reflexion an gekrümmten Spiegeln*

11 Beim Parabolspiegel werden alle achsenparallelen Lichtstrahlen im Brennpunkt des Spiegels vereinigt.

12 Das Reziproke des örtlichen Krümmungsradius.

13 Das örtliche Einfallslot ist als «Flächennormale» zu errichten; auf dieses Lot hat man Einfalls- und Ausfallswinkel im Sinne des Reflexionsgesetzes zu beziehen.

14 Wahl eines Gegenstandspunktes an beliebiger Stelle des einfallenden Strahles; reflektierter Strahl durch dessen Bildpunkt; oder:
neue Achse durch den Krümmungsmittelpunkt parallel zum einfallenden Strahl; reflektierter Strahl durch Brennpunkt auf dieser Achse.

15 Auge im divergierenden Strahlenkegel nach dem reellen Bildpunkt.

17 60 cm hinter dem Spiegel; virtuell; 32 mm.

18 a) 76 cm;
b) $-0{,}05$; $-0{,}20$.

19 a) $b = \frac{4}{3} f > 0$; $B = \frac{1}{3} G$; $v = \frac{1}{3}$;

b) $b = \frac{4}{5} f < 0$; $B = -\frac{1}{5} G$; $v = -\frac{1}{5}$;

c) $g = f \frac{v+1}{v}$; $\frac{4}{3} f$, reell; $5f$, reell; $\frac{1}{2} f$, virtuell; $\frac{3}{2} f$, reell.

21 $b_1 : b_2 = (s+f) : (s-f)$; $\frac{B_1}{B_2} = -1$.

22 $B = 2f \tan \frac{\varphi}{2} \approx f\varphi$; 15,2 cm.

23 16,7 cm vor dem Spiegel.

24 $g = \frac{s}{v-1}$; 40 cm; $b = s \frac{v}{v-1}$; 80 cm; $f = s \frac{v}{v^2-1}$; 26,7 cm.

25 a) $s = 2r$;
b) im Scheitel.

26 a) $s = r\left(1 - \frac{1}{2\cos\alpha}\right)$; $\Delta f = \frac{r}{2}\left(\frac{1}{\cos\alpha} - 1\right)$;

b) $\cos\alpha = \frac{r}{r + 2\Delta f}$; $\alpha = 3{,}62°$; $d = 2r \sin\alpha$; 126 mm;

c) $\delta = 2\Delta f \tan 2\alpha$; 0,254 mm.

10.1.3. *Brechung und Totalreflexion*

27 Die Verschiedenheit der Ausbreitungsgeschwindigkeit des Lichtes in den beiden Medien.

28 a) Der Strahl wird «dem Lote zugebrochen», im umgekehrten Fall «vom Lote weggebrochen».
b) Die Möglichkeit der «Totalreflexion». Der Strahl wird bei der Erreichung bzw. bei Überschreitung des sogenannten «Grenzwinkels» an der Grenzfläche ins optisch dichtere Medium zurückgeworfen.

29 Silbern glänzende Gasperlen in Sprudelgetränken; sehr helle, scheinbar «versilberte» Flächen bei Betrachtung geschliffener Glaskörper aus verschiedenen Richtungen; «Rechtwinkel-Spiegel» des Vermessungs-Geometers; merkwürdige Spiegelungen an warmen Luftschichten dicht über dem heißen Asphalt sommerlicher Straßen; Luftspiegelungen («Fata Morgana») in der heißen Wüste; Spiegelung des Seegrundes für einen Taucher, der von unten schräg nach oben gegen die Wasseroberfläche schaut usw.

30 a) 22,3°; 60,0°;
b) 34,2°; 35,9°;
c) Übertritt Glas–Luft: 41,5°; Übertritt Alkohol–Wasser: 78,2°.

31 $\tan\alpha = \dfrac{n \sin\delta}{n\cos\delta - 1}$; $\alpha = 28{,}3°$.

32 $\tan\alpha = n$; $\alpha = 56{,}3°$.

33 $r = \dfrac{s}{\sqrt{n^2 - 1}}$; 11,3 cm.

34 $\beta_3 = \alpha_1$.

35 $\beta_1 = 35{,}0°$; $\beta_2 = 40{,}6°$; $\beta_3 = 31{,}9°$; $s = d(\tan\beta_1 + \tan\beta_2 + \tan\beta_3)$; 2,18 cm.

36 $h = 0{,}268\,a$; $x = 0{,}845\,a$; 112°.

37 a) $s = r\tan\varphi$; 1,71 cm;
b) außerhalb des Treffpunktes des Grenzstrahls.

38 $h = \dfrac{(b\tan\alpha - a)\sqrt{n^2 - \cos^2\alpha}}{\sin\alpha - \sqrt{n^2 - \cos^2\alpha}}$; 11,0 cm.

39 Dem «Prinzip von Fermat», nach dem das Licht von einem beliebigen Punkt P nach einem beliebigen Punkt Q stets denjenigen Weg wählt, für den seine Laufzeit ein Minimum ist.

10.2. **Optische Bauelemente**

10.2.1. *Platten und Prismen*

40 Einschalten einer «planparallelen Platte». Als Variable kommen in Frage: Einfallswinkel, Plattendicke und Glassorte (Brechungsquotient).

41 $x = s\,\dfrac{\sin(\alpha-\beta)}{\cos\beta}$; 15,4 mm; $x = s\sin\alpha\left(1 - \dfrac{\cos\alpha}{\sqrt{n^2-\sin^2\alpha}}\right)$.

42 $\sin\alpha_3 = \dfrac{n_1 \sin\alpha_1}{n_3}$; $\alpha_3 = 38{,}8°$; der Brechungswinkel in der 2. Flüssigkeit ist unabhängig vom Brechungsquotienten der Glaswand.

43 a) $\varphi_1 = 77{,}9°$; $\alpha_1 = 16{,}6°$; n_2 wird nicht gebraucht;
b) der Strahl bleibt innerhalb der Alkoholschicht, da $\varphi_2 = 47{,}3° < \varphi_1$ ist.

45 a) 49,0°; 38,0°;
b) 34,6°; 9,2°.

46 a) $\delta = 0°$;
b) $\delta = 20{,}5°$;
c) n_{Glas} wird nicht gebraucht.

47 1,46.

48 $\alpha \leqq 43{,}7°$.

49 22,8°; in der Halbebene, welche den brechenden Winkel des Prismas enthält.

50 48,6°, nach drei Totalreflexionen.

51 $n = \dfrac{\sin\alpha}{\sin\gamma}$.

52 a) $\alpha_1 = 48{,}6°$; $\delta_{\min} = 37{,}2°$;
b) $\alpha_1 = 90°$; $\delta = 57{,}9°$; $\alpha_1 = 27{,}9°$; $\delta = 57{,}9°$;
c) $\Delta\alpha_1 = +5° : \delta = 37{,}5°$; $\Delta\alpha_1 = -5° : \delta = 37{,}6°$.
d) Im Gebiet der min. Ablenkung ergibt eine Änderung des Einfallswinkels im Bereich von 10° eine Änderung der Ablenkung von maximal 0,4°. (Bedeutung vergleiche Aufgaben 10–59 und 11–10.)

53 1,65.

54 1. Brechung an Kathete, Totalreflexion an Hypothenuse, Brechung an anderer Kathete; austretender Strahl parallel zum eintretenden.
2. Brechung an Kathete, Totalreflexion an anderer Kathete, Brechung an Hypothenuse.

55 30°; austretender Strahl parallel zum eintretenden.

56 $0{,}099° \approx 6'$.

57 $149{,}8° \approx 150°$.

58 $\sin\alpha_2 = \sin\gamma\sqrt{n^2-\sin^2\alpha_1} - \sin\alpha_1\cos\gamma$.

59 a) Je zwei nicht zusammenstoßende und nicht gegenüberliegende Flächen; 60°; 21,6°;
b) Deck- und eine Seitenfläche; 90°; 45,1°;

c) Achse normal zur Ebene Sonne–Halopunkt–Beobachter; 21,6° ≈ 22°; Drehungen der Kristalle um die Hauptachse um einige Grade gegenüber der Stellung für min. Ablenkung ändern fast nichts an der Ablenkung der betreffenden Farbe.

10.2.2. *Konvex- und Konkavlinsen*

60 $f = \dfrac{r_1 r_2}{(n-1)(r_1 + r_2)}$; $f_1 = \pm 48$ cm; $D_1 = \pm 2{,}08$ m^{-1};
$f_2 = \pm 80$ cm; $D_2 = \pm 1{,}25$ m^{-1} oder $f'_2 = \pm 120$ cm; $D'_2 = \pm 0{,}83$ m^{-1};
$f_3 = \pm 240$ cm; $D_3 = \pm 0{,}416$ m^{-1}.

61 $n = \dfrac{r}{2f} + 1$; 1,56; 90 cm.

62 $r_2 = \left(\dfrac{D}{n-1} - \dfrac{1}{r_1}\right)^{-1}$; −12,5 cm.

63 Konkavlinse: aufrechtes, verkleinertes, virtuelles Bild hinter der Linse; ca. 80 cm vom Auge;
Konvexlinse: verkehrtes, verkleinertes, reelles Bild vor der Linse; ca. 50 cm vom Auge.

64 Schnitt schiefer Parallelstrahlen in der Brennebene. (Vgl. Abb. 10–12)

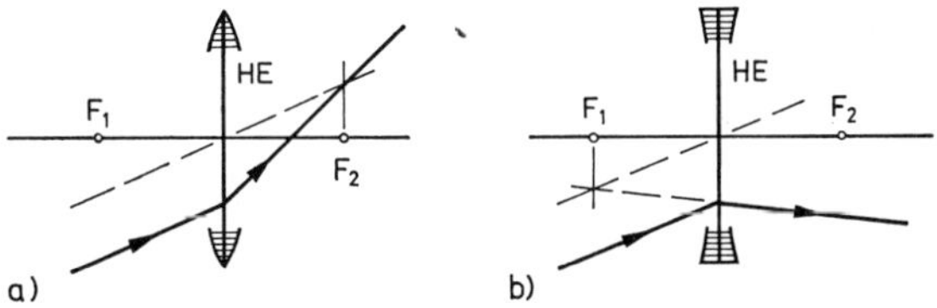

Abb. 10–12

65 a) $b = \dfrac{f}{1 - \dfrac{f}{g}}$; $\lim\limits_{f/g \to 0} b = f$; $b \approx f + \dfrac{f^2}{g}$ (Näherung 1. Ordnung);

b) 0,3 mm, nach innen;

c)

g	0,5	1	2,5	5	10	∞	m
b	61,1	58,0	56,2	55,6	55,3	55,0	mm

(Vgl. Abb. 10–13.)

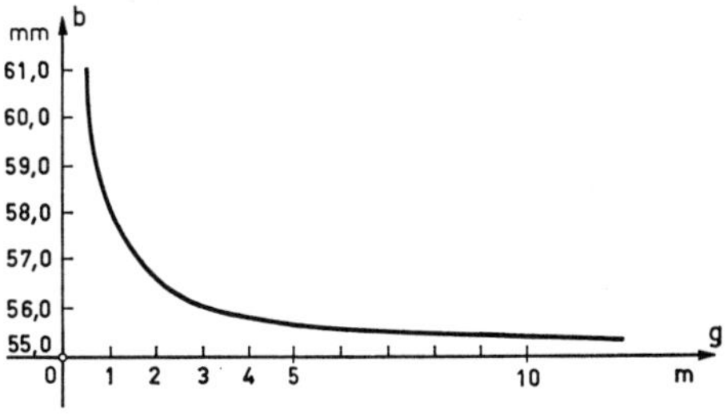

Abb. 10–13

66 $x_1 x_2 = f^2$.

67 a) Austretender Strahl in Richtung des einfallenden;
b) gleiche Wirkung wie eine mit dem Medium Wasser gefüllte Bikonkavlinse in Luft; d. h. sie wirkt als Zerstreuungslinse.

68 a) 16,4 m;
b) 2,25 cm.

69 $\Delta b = \dfrac{-f^2 \Delta g}{(g_1 - f)(g_2 - f)}$; 3,76 mm.

70 a) $v = \dfrac{f}{g - f}$; $v > 0$ für reelle, $v < 0$ für virtuelle Bilder;

b) $g = f\dfrac{v + 1}{v}$; $1{,}33f$; $0{,}67f$.

71 $b = \dfrac{2f - s + \sqrt{s^2 + 4f^2}}{2}$; 17,7 cm; $g = s + b$; 97,7 cm.

72 $g \geqq \dfrac{f(G + B)}{B}$; $\geqq 2{,}4$ m.

73 a) $\Delta b = 7{,}66$ mm nach außen;
b) $g_{min} \approx 23$ cm.

74 a) $g = \dfrac{f(v + 1)}{v}$; $b = f(v + 1)$; $x = b - f = vf$;

b) 0,0535; 98,5 cm; 2,67 mm.

75 $-7{,}5$ cm; $-0{,}375$.

76 a) 15 cm hinter der Linse;
b) -30 cm; die Strahlen kommen scheinbar von einem Punkt, der 30 cm vor der Linse liegt;
c) 60 cm hinter der Linse.

77 $g = \dfrac{s \pm \sqrt{s(s - 4f)}}{2}$; 1,45 m; 0,55 m; $v = \dfrac{b}{g}$; 0,38; 2,64.

78 $f = \dfrac{s_1^2 - s_2^2}{4 s_1}$; 71,9 cm.

79 $4{,}0 \cdot 10^{-2}$ mm².

80 a) 15,5 cm;
b) 31,3; 980.

81 a) $G = \dfrac{Bf}{b - f}$; 1,75 mm;

b) $f \approx \dfrac{G}{\varphi}$; 20 cm.

82 a) $A = \left(\frac{sh}{f}\right)^2$; 7,84 km²;

b) $\Omega \approx \frac{s^2}{f^2}$; $\frac{\Omega}{4\pi} \approx \frac{1}{160}$.

83 5,7°; $\Delta f = r \cos\alpha + h \cot(\beta - \alpha) - rn/(n-1)$, wobei $\sin\beta = n \sin\alpha$; $-2{,}3$ mm;
$\Delta f/f = -0{,}011 = -11‰$.

84 $f_2 = f_1 \frac{(n_1 - 1)\,n_2}{n_1 - n_2}$; 80 cm.

85 $f = \frac{s}{1 - z}$; -8 cm.

86 $\Delta s = \frac{fv\Delta t}{s_0}$; 0,18 mm.

87 $g_{min} = f\frac{d}{\delta} = \frac{f^2}{B\delta}$; ≈ 54 m.

88 a) $g_1 = \frac{g}{1 + \frac{B\delta}{f^2}(g - f)}$; 1,93 m; $g_2 = \frac{g}{1 - \frac{B\delta}{f^2}(g - f)}$; 3,55 m;

b) 2,17 m; 2,94 m.

89 b) $b = 34{,}6$ cm; $B = 2{,}31$ cm;
$b' = 66{,}7$ cm; $d' = 1{,}67$ cm;
$\tan\alpha \approx \frac{d}{2s}$ (d = Blendendurchmesser, s = Abstand Gegenstand–Blende);
$2\alpha = 1{,}15°$; $\tan\alpha' = \frac{d'}{2s'}$; $2\alpha' = 2{,}98°$;
$\tan\beta \approx \frac{G}{2s}$; $2\beta = 6{,}87°$; $\tan\beta' = \frac{B}{2s'}$; $2\beta' = 4{,}12°$;

c) die Lage der Eintritts- und der Austrittspupille.

10.2.3. *Linsensysteme*

90 Die Linsen des Systems besitzen gemeinsame Hauptachse.

91 Vergleiche Lösung der Aufgabe 10–64.

92 a), b), c), e): vgl. Abb. 10–14;
$s_2 \approx 27$ cm; $h_2 \approx 40$ cm; $f'' \approx 67$ cm; H'' durch Schnittpunkt der Verlängerung p und rückwärtiger Verlängerung II F_2;

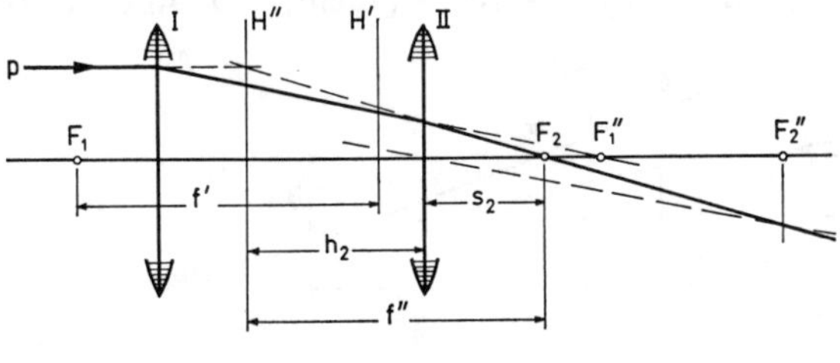

Abb. 10–14

d) $s_2 = \frac{f_2(f_1 - s)}{f_1 + f_2 - s}$; 26,7 cm; $h_2 = \frac{f_2 s}{f_1 + f_2 - s}$; 40,0 cm;

$f'' = \frac{f_1 f_2}{f_1 + f_2 - s}$; 66,7 cm;

e) durch Vertauschung von f_1 und f_2:

$s_1 = \frac{f_1(f_2 - s)}{f_1 + f_2 - s}$; 16,7 cm; $h_1 = \frac{f_1 s}{f_1 + f_2 - s}$; 50,0 cm;

$f' = \frac{f_1 f_2}{f_1 + f_2 - s}$; 66,7 cm;

f) $f' = f'' = f = \frac{f_1 f_2}{f_1 + f_2 - s}$.

93 a) $f = 30$ cm; $s_2 = 15$ cm; $h_2 = 15$ cm; $s_1 = 20$ cm; $h_1 = 10$ cm; s. Abb. 10–14;

b) Im Schnittpunkt der Hauptachse mit H'; im Schnittpunkt der Hauptachse mit H'', parallel zum einfallenden Strahl;

c)

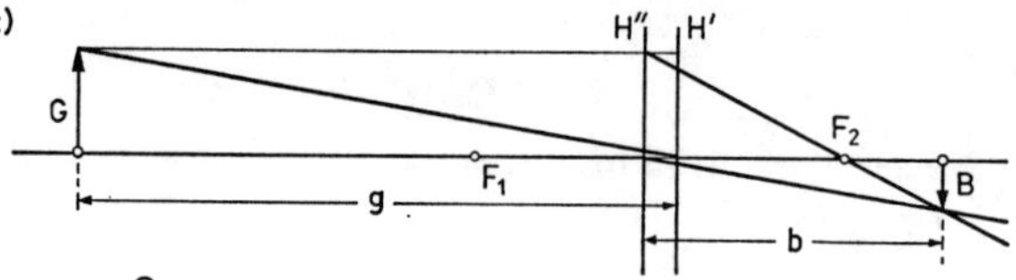

Abb. 10–15

c) $b = \frac{3}{2} f$; 45 cm; g von G bis H'; b von H'' bis B (vgl. Abb. 10–15).

d) Ja, siehe Abbildung; $B = \frac{b}{g} G$; 15 cm;

e) $g_1 = g - h_1$; 80 cm; $b_1 = \frac{g_1 f_1}{g_1 - f_1}$; 80 cm; $g_2 = s - b_1$; -60 cm;

$b_2 = \frac{g_2 f_2}{g_2 - f_2}$; 30 cm; $b = b_2 + h_2$; 45 cm.

94 a) $f = \frac{f_1^2}{2f_1 - s}$; $s_1 = s_2 = \frac{f_1(f_1 - s)}{2f_1 - s}$; $h_1 = h_2 = \frac{f_1 s}{2f_1 - s}$;

b)

s	25	20	15	10	5	0 cm
f	25,7	22,5	20,0	18,0	16,4	15,0 cm

c) $f = \frac{f_1}{2}$; 15 cm; $s_1 = s_2 = \frac{f_1}{2}$; 15 cm; $h_1 = h_2 = 0$;

wegen endlicher Linsendicke nicht zu verwirklichen;

d) $f = 18$ cm; $s_1 = s_2 = 12$ cm; $h_1 = h_2 = 6$ cm; $g = g_1 + h_1$; 27 cm;

$b = \frac{gf}{g - f}$; 54 cm; $b_2 = b - h_2$; 48 cm; $B = \frac{b}{g} G$; 20 cm.

95 b) $f = \frac{f_1^2}{s}$; 45 cm; $s_2 = \frac{f_1(f_1 - s)}{s}$; 15 cm; $h_2 = f_1$; 30 cm;

$s_1 = \frac{f_1(f_1 + s)}{s}$; 75 cm; $h_1 = -f_1$; -30 cm; (vgl. Abb. 10–16);

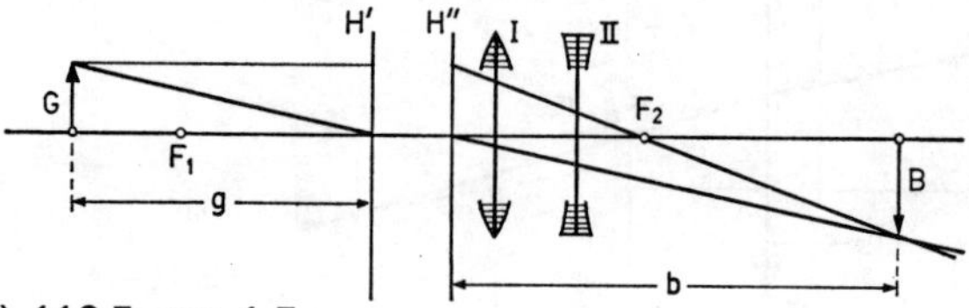

Abb. 10–16

c) 112,5 cm; 1,5.

96 a) 100 mm; 22,2 mm; 80 mm; 42,2 mm;
b) vgl. Abb. 10–17, a) und b).

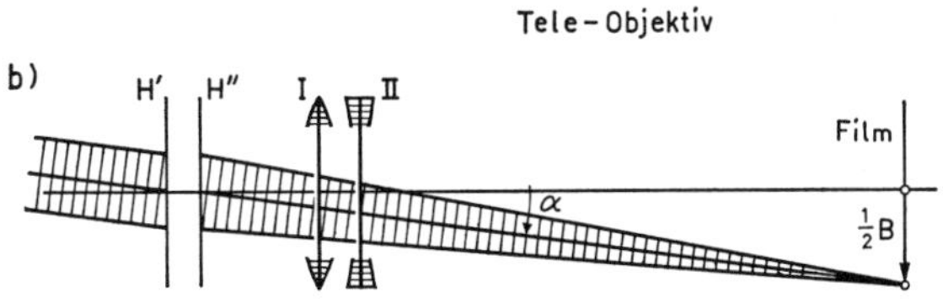

Abb. 10–17 a)

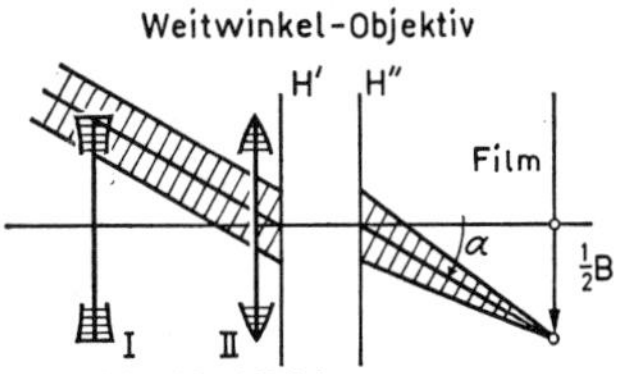

Abb. 10–17 b)

c) Für Tele-Objektiv: $2\alpha = 17{,}1°$; $d \approx 133$ m. Für Weitwinkel-Objektiv: $2\alpha = 68{,}1°$; $d \approx 30$ m.

97 -72 cm.

98 20 cm.

99 $r_2 = \dfrac{f r_1 (n_2 - 1)}{r_1 - f(n_1 - 1)}$; -25 cm.

100 a) $f = \infty$;
b) $B = G$; $v = 1$;
c) $b_2 = 2f - g_1$.

10.3. Optische Instrumente

10.3.1. *Auge, Lupe, Mikroskop*

101 a) $\dfrac{1}{f} = \dfrac{1}{s_0} - \dfrac{1}{s_1}$; $+1{,}5\ \mathrm{m}^{-1}$;
b) $-2{,}7\ \mathrm{m}^{-1}$.

102 $\dfrac{1}{s_1} = \dfrac{1}{s_0} - \dfrac{1}{f}$; $s_1 = 67$ cm;
im System Auge–Brille Abstand Null vorausgesetzt.

103 $f_{Br} = \dfrac{g_1 g_2}{g_1 - g_2}$; 75 cm; $g_{max} = f_{Br}$; 75 cm.

104 2,3 mm.

105 a) $\sin\dfrac{\alpha}{2} = \dfrac{r_0}{r_0 + h}$; $\alpha = 138{,}8°$;
b) $\dfrac{A_1}{A} = \dfrac{h}{2(r_0 + h)}$; 3,2%.

106 Angularvergrößerung als Verhältnis der trigonometrischen Tangenten des Sehwinkels *mit* Instrument und desjenigen *ohne* Instrument: $\Gamma = \dfrac{\tan\psi}{\tan\varphi}$.

107 a) Mit Instrument: entspanntes Auge, Gegenstand in der Brennebene der Lupe, virtuelles Bild im Unendlichen; $\tan\psi = G/f$;
ohne Instrument: Einstellung auf deutliche Sehweite; $\tan\varphi = G/s_0$;

b) $\Gamma = \frac{\tan\psi}{\tan\varphi} = \frac{s_0}{f}$; 5; keine Änderung;

c) $\Gamma = \frac{s_0(f_1 + f_2 - e)}{f_1 f_2}$; 9.

108 a) $\Gamma = \frac{s_0}{f} + 1$;

b) $\Gamma = \frac{s_0}{f} + \frac{s_0}{s_0 - d}$;

c) 6; $6{,}09 \approx 6{,}1 \approx 6$.

109 a) $\tan\psi = \frac{B}{f_2} = \frac{G\delta}{f_1 f_2}$; $\tan\varphi = \frac{G}{s_0}$; daraus Γ.

110 a) $\Gamma = \frac{\delta s_0}{f_1 f_2}$; 200,0; 5,130 mm;

b) $g_1 = 5{,}125$ mm; $\Gamma = \frac{b_1 s_0}{g_1 g_2}$; 248,0.

111 $v = \frac{b_1 b_2}{g_1 g_2}$; 9280; 9,3 cm.

112 $G = \frac{s_0 \varphi}{\Gamma}$; $2{,}9 \cdot 10^{-4}$ mm.

10.3.2. *Fernrohre*

113 $\Gamma = \frac{\tan\psi}{\tan\varphi} = \frac{f}{s_0}$; 8.

114 $\Gamma = \frac{\tan\psi}{\tan\varphi} = \frac{f_1}{f_2}$.

115 24 mm; 2424 mm.

116 Abbildender Strahl durch gemeinsamen Brennpunkt beider Linsen zeigt, daß $\Gamma = \frac{f_1}{f_2} = \frac{d_{\text{Objektiv}}}{d_{\text{Bildchen}}}$; 16.

117 Die zu $b = f + \Delta l$ gehörende Gegenstandsweite; $g \approx 150$ m.

118 0,37 cm; $\frac{I_2}{I_1} = \left(\frac{d_1}{d_2}\right)^2$; 1600.

119 $d = \frac{f_1(b_2 - f_2)}{f_2} \tan\delta$; 34,3 cm.

120 In der Brennebene des Okulars; $d = \frac{f_1 d_2 - f_2 d_1}{f_1 + f_2}$; 5,2 mm.

121 a) $l = \overline{H_1 H_3} = 1967{,}3$ mm;

b) $\Gamma = \frac{\tan\psi}{\tan\varphi} = \frac{f_1(f_2 + f_3 - s)}{f_2 f_3}$; 62,1;

c) $f = \frac{f_2 f_3}{f_2 + f_3 - s}$; 31,6 mm.

d) $d = \frac{1}{\Gamma} d_1$; 1,93 mm.

122 a) 450,7 mm;
b) 0,0012; 21,6°; 20,0;
c) Übereinstimmung innerhalb der verlangten Genauigkeit.

123 20 cm.

124 $l = f_1 + f_2$; 32 cm; $\Gamma = \frac{\tan\psi}{\tan\varphi} = \frac{f_1}{f_2}$; 5; $\tan\delta = \frac{d}{f_1 + f_2}$; $\delta \approx 32'$.

10.4. Grundbegriffe der Photometrie

10.4.1. *Lichtstrom, Lichtstärke, Beleuchtungsstärke*

125 a) $\cos\frac{\varphi}{2} = 1 - \frac{\Omega}{2\pi}$; $\varphi = 82{,}8°$;

b) $\Phi = \frac{\pi}{2} I$; 628 lm.

126 a) $I = Er^2$; 720 cd;
b) $\Phi = 4\pi I$; 9050 lm.

127 47,7 cd; ≈ 12 lx.

128 $E_2 = E_1 \frac{r_1^2}{r_2^2}$; 97 lx.

129 $\Phi = I\Omega \approx I \frac{\pi d_2^2}{4 r_1^2}$; ≈ 5,9 lm.

130 $E = \frac{I \cos\delta}{r^2}$; 11 lx.

131 $I = \frac{E}{h}(h^2 + s^2)^{\frac{3}{2}}$; $1{,}04 \cdot 10^3$ cd.

10.4.2 *Leuchtdichte*

132 a) $L = \frac{I}{ld}$; $2 \cdot 10^3$ cd/m²;

b) $I = L \frac{\pi d^2}{4}$; 35 cd.

133 $d = \frac{1}{\pi}\sqrt{\frac{\Phi}{L}}$; 30 cm.

11. WELLENOPTIK

11.1. *Dispersion*

1 Im Richtungssinn der Lichtablenkung betrachtet, beginnt das Spektrum bei «Rot» (größte Wellenlänge, kleinster Brechungsquotient, kleinste Gesamtablenkung) und endigt bei «Violett» (entspr. Überlegung).

2 Der Farbfehler sphärischer Linsen beruht auf der mit der Brechung verknüpften Dispersion; bei der Reflexion tritt keine Dispersion auf.

3 25,48°; 27,18°; 1,70°.

4 0,015; $\Delta\delta \approx (n_v - n_r)\gamma$; $\approx 7'$.

5 $\Delta\delta = \delta_v - \delta_r$; 1,26°.

6 $\delta_r = (n_{1r} - 1)\gamma_1 - (n_{2r} - 1)\gamma_2$; $\delta_v = (n_{1v} - 1)\gamma_1 - (n_{2v} - 1)\gamma_2$;
$\omega = \gamma_1 (n_{1v} - n_{1r}) - \gamma_2 (n_{2v} - n_{2r})$.

7 $\dfrac{\gamma_1}{\gamma_2} = \dfrac{n_2 - 1}{n_1 - 1}$.

8 a) $\dfrac{\gamma_1}{\gamma_2} = \dfrac{n_{2v} - n_{2r}}{n_{1v} - n_{1r}}$;
b) 7,33°.

9 $\Delta f = \dfrac{r}{2}\,\dfrac{n_v - n_r}{(n_v - 1)(n_r - 1)}$; 0,96 cm.

10 $\delta = 4\beta - 2\alpha$, wo $\sin\beta = \dfrac{\sin\alpha}{n}$; $\alpha_{max} = 59{,}4°$; $\delta_{max} = 42{,}0°$.

11.2 *Beugung; Interferenz; Polarisation*

11 Die Grundbedingung der «Kohärenz» der Lichtwellen ist nicht erfüllt. (Die zur Interferenz zusammentreffenden Wellen müssen an einem Ort stets während längerer Zeit dieselbe Phasenbeziehung aufweisen.)

12 Gitter: Das Licht kürzerer Wellenlänge (violett-blau) erfüllt bei zunehmendem Winkel gegenüber der Einfallsrichtung als erstes die Bedingung für Verstärkung durch Interferenz. Prisma: Gemäß Brechungsgesetz wird das violett-blaue Licht ($n_v > n_r$) am stärksten aus der Einfallsrichtung abgelenkt.

13 $\lambda_2 = \dfrac{\lambda_1}{n}$; 346,8 nm.

14 ≈ 700 nm.

15 $\sin\alpha_n = \dfrac{n\lambda}{b}$.

16 $\sin\alpha_{n+1} = (2n + 1)\,\dfrac{\lambda}{2(b + s)}$,
$n = 0, 1, 2, 3\ldots$ für Minimum 1., 2., 3., 4. ... Ordnung.

17 $\frac{\lambda}{\Delta\lambda} = nN$ (n = Ordnungszahl, N = Gesamtzahl der Gitterstriche).

18 $s = 0{,}610\,\frac{d_1 d_2}{\lambda}$; 3,33 m.

19 $d_1 = \frac{s\lambda}{0{,}610\,d_2}$; 68,5 m.

20 $N = \frac{\bar{\lambda}}{\Delta\lambda}$; 987 Striche; 0,00203 cm.

21 $r_n \approx \sqrt{nr\lambda}$, ($n = 1, 2, 3$); 1,54 mm; 2,18 mm; 2,66 mm.

22 $v = c\,\frac{\Delta\lambda}{\bar{\lambda}}$; $\approx$ 305 km/s; vom Beobachter weg.

23 $\alpha_P = \arctan n$; 60,17°.

24 a) Als planparallele Platte normal zur Kristall-Hauptachse; α abhängig von Farbe und proportional zur Plattendicke;
b) Na-Dampflampe als Lichtquelle; Quarzplatte zwischen zwei Nicolschen Prismen (Polarisator und Analysator); Auslöschung für $\alpha = 52{,}1°$ von gekreuzter Anfangsstellung aus;
c) Auslöschung des Grün z. B. der Linie E und damit Schwächung des Lichts der benachbarten kleinern und größern Wellenlängen; $\alpha = 66{,}2°$.

Elektrizitätslehre

12. ELEKTROSTATIK

12.1. *Qualitative Fragen zur Einführung*

1 Aus Kraftwirkungen zwischen Körpern, die nicht mit mechanischen Ursachen erklärt werden können.

2 Man beobachtet Anziehung und Abstoßung elektrisch geladener Körper.

3 a) Er enthält im ganzen gleich viel positive und negative Elektrizität;
b) die eine Elektrizitätsart ist im Überschuß vorhanden;
c) Defizit an Elektronen bzw. Überschuß an Elektronen.

4 a) Mit der Kraft zwischen den Ladungen, ihrem Abstand und einer für das Zwischenmedium charakteristischen Konstanten;
b) $F = \frac{1}{4\pi\varepsilon_0\varepsilon_r}\frac{Q_1 Q_2}{r^2} = \frac{k}{\varepsilon_r}\frac{Q_1 Q_2}{r^2}$ (Coulombsches Gesetz);
c) $[Q]_{SI} = 1\text{ C} = 1\text{ As}$;
d) $k = 1$, $\varepsilon_0 = 1/4\pi$;
e) Zurückführung der Einheit 1 C auf die aus praktischen Erwägungen nicht geänderte Einheit der elektrischen Stromstärke.

12.2. *Das Coulombsche Gesetz*

5 $Q = r\sqrt{\frac{F}{k}}$; $2\cdot 10^{-7}$ C; 0,144 N; 0,576 N; $4{,}5\cdot 10^{-3}$ N.

6 $9\cdot 10^{7}$ N.

7 $a = \frac{kQ_1Q_2}{mr^2}$; 0,6 m/s².

8 $F = k\cdot\left(\frac{\text{Ne}}{\text{r}}\right)^2$; $\text{N} = \frac{\text{m}}{\text{M}}\cdot\text{N}_A$; $2{,}45\cdot 10^{10}$ N.

9 $x = \sqrt[3]{\frac{klQ^2}{mg}}$; 4,51 cm.

10 Mit $\frac{r}{2l} \approx \frac{F}{mg}$ wird $Q \approx \sqrt{\frac{r^3 mg}{2lk}}$; $\approx 1{,}1\cdot 10^{-8}$ C.

11 a) $4{,}31\cdot 10^{-3}$ N;
b) $4{,}31\cdot 10^{-3}$ N; $3{,}38\cdot 10^{-3}$ N; $3{,}38\cdot 10^{-3}$ N; $2{,}06\cdot 10^{-3}$ N.

12 a) $5{,}4\cdot 10^{-4}$ N;
b) Abstoßung $\approx 2{,}2\cdot 10^{-5}$ N.

13 a) Im Abstand $\frac{s}{3}$ von Q;
b) in s außerhalb Q;
c) nein, da beide Kräfte ihre Richtung ändern.

12.3. Das elektrische Feld und seine Grundgrößen

12.3.1. *Ladung, Feldstärke, Potential, Spannung*

14 a) Abnahme, da Elektronen entzogen werden;
b) $\Delta m = \frac{Q}{e/m_e}$; 10^{-17} kg.

15 $N = \frac{m}{m_a} Z$; $3{,}011 \cdot 10^{23}$; $2{,}345 \cdot 10^{23}$.

16 a) Normal zur Oberfläche. Andernfalls würde die tangentiale Komponente von $\vec{E}$ bewegliche Ladungen verschieben (Widerspruch zur Voraussetzung!);
b) Wäre $\vec{E} \neq \vec{0}$, würden bewegliche Ladungen im Innern verschoben;
c) Verschiebt man in Gedanken eine Probeladung auf beliebigem Weg durch das Innere von A nach B, so wird keine Arbeit verrichtet, da $E = 0$ ist; also ist $\varphi_A = \varphi_B$.

17 $E = \frac{8kQ}{\varepsilon_r r^2}$; $1{,}24 \cdot 10^4$ V/m.

18 $E = k\left(\frac{Q_1}{r^2} + \frac{|Q_2|}{(s-r)^2}\right)$; Richtung $Q_1 Q_2$; $r < s$;
$7{,}82 \cdot 10^3$ V/m; $3{,}03 \cdot 10^3$ V/m; $5{,}66 \cdot 10^3$ V/m.

19 a) $E = k\frac{Q}{r^2}$; $4{,}32 \cdot 10^4$ V/m; $\varphi = k\frac{Q}{r}$; $2{,}16 \cdot 10^4$ V;
b) $E_0 = k\frac{Q}{R^2}$; $3 \cdot 10^6$ V/m; $\varphi_0 = k\frac{Q}{R}$; $1{,}80 \cdot 10^5$ V;
c) $E_i = 0$; $\varphi_i = \varphi_0$;
d) $W_1 = Q_1 \Delta\varphi$; $4{,}86 \cdot 10^{-4}$ J;
e) $W_\infty = \varphi_0 Q_1$; $5{,}40 \cdot 10^{-3}$ J.

20 $F = \frac{\varphi^2 r_1 r_2}{kr^2}$; $8 \cdot 10^{-5}$ N.

21 $1{,}91 \cdot 10^{-6}$ C; $2{,}45 \cdot 10^5$ V; $1{,}19 \cdot 10^{13}$; $1{,}08 \cdot 10^{-17}$ kg.

22 $U = \frac{mgs \tan\alpha}{Q}$; 25,4 kV.

23 Komponenten der Feldstärke mit dem Coulombschen Gesetz; resultierende Feldstärke mit den üblichen Methoden der Vektorrechnung.

24 $E_1 = 1{,}8 \cdot 10^4\,\mathrm{V/m}$; $E_2 = 0{,}9 \cdot 10^4\,\mathrm{V/m}$; $E = 2{,}01 \cdot 10^4\,\mathrm{V/m}$; $\alpha(\vec{E};\vec{E}_1) = 26{,}6°$.

25 a) $\varphi = \Sigma k \dfrac{Q_i}{r_i}$; $\dfrac{4kQ\sqrt{2}}{s}$; $1{,}3 \cdot 10^3\,\mathrm{V}$; $\dfrac{2kQ\sqrt{2}}{s}$; $6{,}5 \cdot 10^2\,\mathrm{V}$; 0 V;

b) nein;

c) 0 V/m; 0 V/m oder $\dfrac{4kQ\sqrt{2}}{s^2}$; $1{,}3 \cdot 10^3\,\mathrm{V/m}$.

26 a) $[E_s \cdot \Delta s] = \dfrac{\text{Kraft}}{\text{Ladung}} \cdot \text{Weg} = \dfrac{\text{Arbeit}}{\text{Ladung}} = \text{Spannung}$;

b) für gerade Strecke $\overrightarrow{AB} = \vec{s}$: $U_{AB} = \vec{E}\vec{s}$ ($= E s \cos\alpha$); für beliebigen Weg AB: $U_{AB} = \Sigma \vec{E}\,\Delta\vec{s}_i = \vec{E}\,\Sigma\Delta\vec{s}_i = \vec{E}\vec{s}$ (wie im Falle des geraden Weges);

c) durch Überführen einer Probeladung auf einem 1. Weg von A nach B und Zurückführen von B nach A auf einem andern Weg kann aus dem elektrischen Feld keine Energie gewonnen werden.

27 a) In A: $E = \dfrac{2kQsl}{\left(s^2 - \dfrac{l^2}{4}\right)^2}$; in B: $E = \dfrac{-kQl}{\sqrt{\left(s^2 + \dfrac{l^2}{4}\right)^3}}$;

b) in A: $E \approx \dfrac{2kQl}{s^3}$; in B: $E \approx \dfrac{-kQl}{s^3}$;

c)

Punkt	s	E	$E_{\text{angenähert}}$	$\dfrac{\Delta E}{E}$
A	$2l$	$0{,}284 \dfrac{kQ}{l^2}$	$0{,}250 \dfrac{kQ}{l^2}$	12%;
A	$5l$	$1{,}63 \cdot 10^{-2} \dfrac{kQ}{l^2}$	$1{,}60 \cdot 10^{-2} \dfrac{kQ}{l^2}$	1,8%;
B	$2l$	$-0{,}114 \dfrac{kQ}{l^2}$	$-0{,}125 \dfrac{kQ}{l^2}$	9,6%;
B	$5l$	$-7{,}88 \cdot 10^{-3} \dfrac{kQ}{l^2}$	$-8{,}00 \cdot 10^{-3} \dfrac{kQ}{l^2}$	1,5%.

28 a) $\vec{M} = \vec{p}_e \times \vec{E}$; $M = QlE \sin\alpha$;

b) $6{,}22 \cdot 10^{-24}\,\mathrm{Nm}$.

12.3.2. *Feldlinien und Äquipotentialflächen*

29 a) Die Richtung als Tangente an die Feldlinie, der Betrag durch die (räumliche) Feldliniendichte;

b) Abstand um so kleiner, je größer die Feldstärke ist; nach $E\,\Delta s = |\Delta\varphi| = \text{const.}$

30 Wäre der Winkel nicht 90°, so würde die zur Äquipotentialfläche parallele Komponente der Feldstärke bei der Verschiebung einer Probeladung längs der Äquipotentialfläche Arbeit verrichten. Dies bedeutete einen Potentialunterschied zwischen zwei Punkten der «Äquipotentialfläche». Widerspruch!

31 Parallele, äquidistante Ebenen zwischen den Platten, a) in je 1 cm Abstand, b) in 6 cm Abstand; homogenes Feld auf Grund der Voraussetzung.

32 a) $E = E_1 \frac{r_1^2}{r^2}$;

b) $U_{1r} = E_1 r_1 \frac{r - r_1}{r}$;

c) $\varphi_1 = E_1 r_1 \frac{r_2 - r_1}{r_2}$;

d) $\varphi = \frac{\varphi_1 r_1}{r_2 - r_1} \cdot \frac{r_2 - r}{r}$;

e) $5 \cdot 10^3$ V; $2 \cdot 10^3$ V; $1 \cdot 10^3$ V; $0{,}5 \cdot 10^3$ V; $0{,}2 \cdot 10^3$ V; 0;

f) $r = \frac{2 r_1 r_2}{r_1 + r_2}$; 17,1 cm.

33 $x = \frac{s}{2}$; $\left(x - \frac{4s}{3}\right)^2 + y^2 = \left(\frac{2s}{3}\right)^2$.

12.3.3. *Influenz; Flächenladungsdichte*

34 a) Trennung der Ladungen auf K, dem Glasstab abgewandtes Ende positiv, zugewandtes Ende negativ;
b) Zufluß von Elektronen durch die Erdleitung zum abgewandten Ende;
c) Zustand bleibt;
d) Verteilung der überschüssigen Elektronen über die ganze Oberfläche von K; der Körper ist negativ geladen.

35 a) Vorgang des Aufladens wie in Aufgabe 12–34, a) bis d); das System ist positiv geladen;
b) Ausschlag des Systems wächst bzw. sinkt.

36 a) Berührung mit I: Potential φ; Berührung mit II: Potential null;
b) ja; durch Influenz entgegengesetzt gleich wie I, trotz Potential null;
c) $E = \frac{\varphi}{d}$; $\sigma_1 = \varepsilon_0 E$; $Q_1 = A \sigma_1$;
d) $Q_2 = -Q_1$;
e) Berührung von I: 1,5 kV; Berührung von II: 0 V;
$5 \cdot 10^5$ V/m; $4{,}4 \cdot 10^{-6}$ C/m²; $2{,}7 \cdot 10^{-7}$ C; $-2{,}7 \cdot 10^{-7}$ C.

37 a) Trennung der Ladungen durch Influenz, solange Doppelplatte im Feld; nachher wieder neutraler Zustand; kein Ausschlag des Elektrometers;
b) Trennung der Ladungen wie in a); Plättchen nach Trennung entgegengesetzt gleich geladen; Ausschlag des Elektrometers durch Berührung mit dem einen Plättchen; Rückgang des Ausschlages durch Berühren mit dem zweiten.

38 a) $s = \sqrt{\frac{e}{\varepsilon_0 E}}$; $\approx 7{,}8 \cdot 10^{-8}$ m;

b) $s = \sqrt{\frac{2e\sqrt{3}}{3 \varepsilon_0 E}}$; $\approx 8{,}4 \cdot 10^{-8}$ m.

12.3.4. *Der elektrische Fluß; elektrische Flußdichte; Satz von Gauß*

39 a) $\Delta\Psi = \varepsilon_0 E_N \Delta A$; in Vektorschreibweise: $\Delta\Psi = \varepsilon_0 \vec{E}\Delta\vec{A}$;

b) $[\Psi]_{SI} = \frac{As}{Vm} \cdot \frac{V}{m} \cdot m^2 = As = C$;

c) der elektrische Fluß durch eine geschlossene Fläche ist gleich der Summe der eingeschlossenen Ladungen; sein Vorzeichen stimmt mit demjenigen der Gesamt-Ladung überein;

im Abstand r ist $E = E_N = \frac{1}{4\pi\varepsilon_0}\frac{Q}{r^2}$; $A = \Sigma\Delta A = 4\pi r^2$,

$\Psi = \Sigma\Delta\Psi = \varepsilon_0 EA = Q$;

d) 1. $r > r_0$: $\Psi = Q = 4\pi r_0^2\sigma$;

2. $r < r_0$: $\Psi = 0$.

40 $4{,}5 \cdot 10^{-7}$ C; $4{,}5 \cdot 10^{-7}$ C; 0; $-4{,}5 \cdot 10^{-7}$ C; 0.

41 a) $\Psi = Q$;

b) $\Psi_1 = \frac{Q}{6}$;

c) $E_A : E_K : E_E = \frac{1}{s^2} : \frac{1}{2s^2} : \frac{1}{3s^2} = 6 : 3 : 2$;

d) $\bar{D} = \frac{Q}{24s^2}$; $\bar{E} = \frac{Q}{24s^2\varepsilon_0}$;

e) $Q_i = -\frac{Q}{6}$;

f) $\bar{\sigma} = -\frac{Q}{24s^2}$.

42 $Q_F = \varepsilon_0 A E_0$; $-1{,}33 \cdot 10^{-3}$ C; $Q_R = \varepsilon_0 \Sigma E_N A$; $0{,}27 \cdot 10^{-3}$ C.

43 a) Feldlinien normal zur Platte; Richtung nach außen; Feldstärke konstant;

b) Mantelfläche: $\Psi = 0$; jede Endfläche: $\Psi = \frac{1}{2}A\sigma$;

c) $E = \frac{\sigma}{2\varepsilon_0} = \text{const.}$; $2 \cdot 10^6$ V/m;

d) Äquidistante Ebenen parallel zur Platte.

44 a) 1. Fall: In (1) und (3) nach außen; in (2): $E = 0$;

2. Fall: In (1) und (3): $E = 0$; in (2): von I nach II;

3. Fall: In (1) und (3) nach außen; in (2): von I nach II;

b) In jedem Fall gilt:

Fluß durch A in (1) und (3): $\Psi_{(1)} = \Psi_{(3)} = \frac{1}{2}A(\sigma_1 + \sigma_2)$;

Fluß durch A in (2): $\Psi_{(2)} = \frac{1}{2}A(\sigma_1 - \sigma_2)$:

1. Fall: $\Psi_{(1)} = \Psi_{(3)} = A\sigma_1$; $\Psi_{(1)}/A = \Psi_{(3)}/A = 1{,}77 \cdot 10^{-5}$ C/m²;
$\Psi_{(2)} = 0$ C;

2. Fall: $\Psi_{(1)} = \Psi_{(3)} = 0$ C; $\Psi_{(2)} = A\sigma_1$; $\Psi_{(2)}/A = 1{,}77 \cdot 10^{-5}$ C/m²;

3. Fall: $\Psi_{(1)} = \Psi_{(3)} = \frac{1}{4}A\sigma_1$; $\Psi_{(1)}/A = \Psi_{(3)}/A = 0{,}442 \cdot 10^{-5}$ C/m²;
$\Psi_{(2)} = \frac{3}{4}A\sigma_1$; $\Psi_{(2)}/A = 1{,}33 \cdot 10^{-5}$ C/m²;

c) In jedem Fall gilt: $E = \frac{\Psi}{\varepsilon_0 A}$:

1. Fall: $E_{(1)} = E_{(3)} = \frac{\sigma_1}{\varepsilon_0}$; $2 \cdot 10^6$ V/m; $E_{(2)} = 0$ V/m;

2. Fall: $E_{(1)} = E_{(3)} = 0$ V/m; $E_{(2)} = \frac{\sigma_1}{\varepsilon_0}$; $2 \cdot 10^6$ V/m;

3. Fall: $E_{(1)} = E_{(3)} = \frac{1}{4}\frac{\sigma_1}{\varepsilon_0}$; $0{,}5 \cdot 10^6$ V/m;

$E_{(2)} = \frac{3}{4}\frac{\sigma_1}{\varepsilon_0}$; $1{,}5 \cdot 10^6$ V/m;

d) In jedem Fall gilt: $U_{\text{I II}} = E_{(2)}\, d$:
1. Fall: 0 V; 2. Fall: $8 \cdot 10^4$ V; 3. Fall: $6 \cdot 10^4$ V.

45 a) In A ist E konstant, in B Abnahme nach außen, in C stärkere Abnahme nach außen;

b) A: $E(x) = \text{const.}$; B: $E(r) = E_1 r_1 \frac{1}{r}$; C: $E(r) = E_1 r_1^2 \frac{1}{r^2}$;

c) $\sigma_1 = \varepsilon_0 E_1$; A: $\sigma_2 = -\sigma_1$; B: $\sigma_2 = -\sigma_1 \frac{r_1}{r_2}$; $-\frac{\sigma_1}{2}$;

C: $\sigma_2 = -\sigma_1 \left(\frac{r_1}{r_2}\right)^2$; $-\frac{\sigma_1}{4}$;

d) A: $U = E_1 \cdot d$; B: $U = E_1 r_1 (\ln r_2 - \ln r_1)$; C: $U = E_1 r_1^2 \left(\frac{1}{r_1} - \frac{1}{r_2}\right)$;

e) A: $U = E_1 d$; $5 \cdot 10^4$ V; B: $U = E_1 r_1 \ln 2$; $\approx 3{,}5 \cdot 10^4$ V;

C: $U = \frac{1}{2} E_1 r_1$; $2{,}5 \cdot 10^4$ V.

(Vgl. Aufgabe 9–15, Temperaturfeld bei der Wärmeleitung.)

12.4. **Die Kapazität eines Leiters**

12.4.1. *Kondensator; Dielektrikum*

46 Das Coulombsche Gesetz gilt nur für punktförmige Ladungen.

47 Den Vektor $\vec{D} = \varepsilon_r \varepsilon_0 \vec{E}$ innerhalb eines Dielektrikums mit der relativen Dielektrizitätskonstanten ε_r an Stelle von $\vec{D}_0 = \varepsilon_0 \vec{E}$ im Vakuum;
Beispiele: 1. Elektrischer Fluß durch geschlossene Fläche innerhalb eines Dielektrikums mit Ladungen Q_i im Innern: $\Psi = \Sigma D_N \Delta A = \varepsilon_r \varepsilon_0 \Sigma E_N \Delta A = \Sigma Q_i$ (Satz von Gauß); 2. D identisch mit Flächenladungsdichte auf Plattenkondensator, dessen Inneres mit Dielektrikum der Dielektrizitätskonstanten ε_r gefüllt ist.

48 a) Plattenabstand $\ll$ gegenüber dem Durchmesser der Platten;
b) Feld außerhalb der Platten als verschwindend klein gegenüber demjenigen zwischen den Platten zu vernachlässigen;
c) der ganze Fluß durchsetzt (näherungsweise) das zu den Platten kongruente gestrichelte Flächenstück A zwischen den Platten; nach Gauß gilt: elektrischer Fluß $\Psi = \varepsilon_0 A E = Q$;
d) zusätzlich: $U = Ed$; $C = \frac{Q}{U} = \frac{\varepsilon_0 AE}{Ed} = \varepsilon_0 \frac{A}{d}$.

49 a) $Q = CU$; $8{,}85 \cdot 10^{-7}$ C;

b) $E = \dfrac{U}{s}$; $2{,}5 \cdot 10^{6}$ V/m;

c) $\Psi = Q = 8{,}85 \cdot 10^{-7}$ C;

d) $D = \varepsilon_r \varepsilon_0 E$; $2{,}21 \cdot 10^{-5}$ C/m².

50 $6{,}7 \cdot 10^{-9}$ C; 60 V; $s = \sqrt{4\pi r d/\varepsilon_r}$; 3,5 mm.

51 a) $C_1 = 1$ nF; $d = 2\sqrt{\dfrac{s_1 Q}{\pi \varepsilon_0 U}}$; ≈ 38 cm;

b) $s_2 = \dfrac{C_1 s_1 \varepsilon_r}{C_2}$; 0,04 mm.

52 $C_1 : C_2 = (A_1/d_1) : (A_2/d_2) = d_1 : d_2$.

53 $\sigma = \varepsilon_r \varepsilon_0 \dfrac{\varphi}{s}$; $5{,}31 \cdot 10^{-6}$ C/m².

54 a) $C_2 = \varepsilon_r C_1$; $Q_2 = Q_1$; $U_2 = \dfrac{1}{\varepsilon_r} U_1$; $E_2 = \dfrac{1}{\varepsilon_r} E_1$; $W_2 = \dfrac{1}{\varepsilon_r} W_1$;

b) $C_2 = \varepsilon_r C_1$; $Q_2 = \varepsilon_r Q_1$; $U_2 = U_1$; $E_2 = E_1$; $W_2 = \varepsilon_r W_1$.

55 a) $C_2 = \dfrac{1}{2} C_1$; $Q_2 = Q_1$; $U_2 = 2U_1$; $E_2 = E_1$; $W_2 = 2W_1$;

b) $C_2 = \dfrac{1}{2} C_1$; $Q_2 = \dfrac{1}{2} Q_1$; $U_2 = U_1$; $E_2 = \dfrac{1}{2} E_1$; $W_2 = \dfrac{1}{2} W_1$.

56 a) $5 \cdot 10^{5}$ V/m; $4{,}4 \cdot 10^{-6}$ C/m²; 71 pF;

b) in der Platte Trennung der Ladungen durch Influenz; Flächenladungsdichten entgegengesetzt gleich denjenigen auf den gegenüberliegenden Kondensatorplatten; Verkürzung der Feldlinien auf $(d - d_1)$; Zunahme der Feldstärke, der Flächenladungsdichte und der Kapazität;

c) $E = \dfrac{\varphi}{d - d_1}$; $8 \cdot 10^{5}$ V/m; $7{,}1 \cdot 10^{-6}$ C/m²; 113 pF.

57 a) $C = \varepsilon_0 \varepsilon_r \dfrac{A}{d}$; $\approx 110\ \mu$F;

b) ≈ 20 V;

c) Krümmungsradius des Zylinders (einige mm) $\gg$ Oxidschichtdicke.

58 a) $C = 4\pi \varepsilon_0 \dfrac{r_1 r_2}{r_2 - r_1}$;

b) $C = 4\pi \varepsilon_0 r_1$.

59 a) 10 pF;
b) 10,9 ≈ 11 pF;
c) 100 pF;
mit der Änderung des äußern Radius von ∞ auf 109 cm nimmt die Kapazität um ca. 10%, mit der weitern Verkleinerung auf 10 cm um ca. 900% zu!

12.4.2. *Schaltung von Kondensatoren; Ersatzkapazität*

60 a) 24 μF;
b) 1,5 μF;
c) 6 μF;
d) 8 μF;
e) 4,5 μF.

61 a) 20 μF; 1,94 μF;
b) 5 μF; 3,2 μF; 4,2 μF.

62 2 μF; 3 μF; 4 μF.

63 a) Parallelschaltung;
b) $C_2 = 4\pi\varepsilon_0 d \frac{U_1 - U_2}{2U_2}$; 5,6 pF.

64 $C_1 = \frac{3}{5}(C_2 + C_3)$; 84 pF.

12.5. **Ladung, Feld, Energie**

12.5.1. *Energie einer Ladung in einem fremden Feld*

65 a) $W = \frac{Q_0 q}{4\pi\varepsilon_0} \frac{1}{r}$ für $r > r_0$;
b) $W > 0$ bei gleichem Vorzeichen von Q_0 und q, $W < 0$ bei entgegengesetztem Vorzeichen von Q_0 und q;
c) $W_{12} = 0$, wenn Endpunkt P_2 mit Ausgangspunkt P_1 zusammenfällt oder auf derselben Äquipotentialfläche liegt; Gesamtenergie bleibt konstant; $W_{12} > 0$, d.h. Arbeit gewonnen, wenn $\varphi_1 > \varphi_2$; Gesamtenergie verkleinert; $W_{12} < 0$, d.h. Arbeit ist zuzuführen, wenn $\varphi_1 < \varphi_2$ ist; Gesamtenergie vergrößert.

66 a) 3 m;
b) $v = \sqrt{\frac{2kQ_0Q}{r_0 m}}$; ≈ 7,7 m/s;
c) ≈ 5,5 m/s;
d) Vernachlässigung von Luftwiderstand und Schwerkraft; Vernachlässigung der potentiellen Energie im Anfangsabstand; keine Ladungsverschiebung auf der Kugel bei starker Annäherung des Teilchens.

67 a) Durch Ladung und Masse des Teilchens und die durchlaufene Spannung;

b) $v = \sqrt{\frac{2qU}{m}}$;

c) $4{,}19 \cdot 10^7$ m/s; 0,14.

68 $\approx 0{,}25$ MV.

69 a) $2\,\text{MeV} = 3{,}2 \cdot 10^{-13}\,\text{J}$; $v_{\text{klass}} = 1{,}96 \cdot 10^7$ m/s;

b) Ja, weil $v_{\text{klass}} \approx 6{,}5\%$ von c;

c) $E_{p\max} = eU/2$; $1\,\text{MeV} = 1{,}6 \cdot 10^{-13}\,\text{J}$;

d) $r_{\min} = 2ke/U$; $1{,}4 \cdot 10^{-15}$ m.

70 a) $W = qU\frac{x}{d}$;

b) $W_{12} = qU$;

c) $v = \sqrt{\frac{2eU}{m_p}}$; 138 km/s.

71 a) $F = k\frac{Q^2}{\left(x + \frac{p}{2}\right)^2}$;

b) $F = k\frac{Q^2}{p^2}$;

c) $E_{p\max} = k\frac{2Q^2}{p}$; $F = k\frac{4Q^2}{p^2}$.

12.5.2. *Eigenenergie der Ladung eines Leiters*

72 $W = \pi\varepsilon_0 dU^2$; $2{,}9 \cdot 10^{-2}$ J.

73 a) $W = \frac{1}{2}\varepsilon_0\frac{AU^2}{d}$; $3{,}19 \cdot 10^{-3}$ J;

b) $C_2 = \frac{1}{n}C_1$; $U_2 = U_1$; $W_2 = \frac{1}{n}W_1$;

c) $C_2 = \frac{1}{n}C_1$; $U_2 = nU_1$; $W_2 = nW_1$.

74 $W = W_2 - W_1 = \frac{1}{2}\frac{\varepsilon_0 A}{d_1}U_1^2\left(\frac{d_2}{d_1} - 1\right)$; $2{,}8 \cdot 10^{-3}$ J.

75 a) Parallelschaltung;

b) $\frac{W_e}{W_a} = \frac{C_1}{C_1 + C_2}$.

12.5.3. *Energiedichte des Feldes*

76 a) $w = \frac{W}{V} = \frac{\varepsilon E^2}{2}$, wo $\varepsilon = \varepsilon_0\varepsilon_r$; ohne Dielektrikum $\varepsilon_r = 1$;

b) $w_2 = \left(\frac{d_1}{d_2}\right)^2 w_1$;

c) $w_2 = w_1 = \text{const.}$

77 a) $W_1 = \frac{\varepsilon_0 \varepsilon_r A U_1^2}{2d}$; 2,66 · 10⁻⁴ J;

b) $Q_2 = Q_1$; $\sigma_2 = \sigma_1$; $E_2 = \varepsilon_r E_1$; $U_2 = \varepsilon_r U_1$; 5 kV;

c) $\Delta W = W_2 - W_1 = W_1(\varepsilon_r - 1)$; $1{,}06 \cdot 10^{-3}$ J; $\bar{F} = \frac{\Delta W}{s}$; $5{,}30 \cdot 10^{-3}$ N;

d) $W_{mech} = \varrho g A d s$; 0,323 J; $W_{mech} \approx 305\, W_{el}$.

78 a) $F \Delta x = \frac{\varepsilon E^2}{2} A \Delta x = w A \Delta x$;

b) $F = \frac{C U^2}{2d}$;

c) 0,5 N; $\approx 2{,}8\ \text{dm}^2$.

79 $U = \frac{d}{r}\sqrt{\frac{2F}{\pi \varepsilon_0}}$; 3,18 kV; 74,2 pF; $w = \frac{W}{V} = \frac{F}{\pi r^2}$; 0,200 J/m³.

13. ELEKTRODYNAMIK

13.1. *Grundlegendes*

1 Strom ist bewegte elektrische Ladung.

2 Ein stets gleichgerichteter elektrischer Strom mit überall konstanter, d. h. weder orts- noch zeitabhängiger Stärke.

3 Ein elektrisches Feld *und* die Existenz frei beweglicher Ladungsträger in diesem Feld: Elektronen, Ionen, geladene Elementarteilchen wie Protonen, Deuteronen, α-Teilchen etc.

4 a) Mit «Starkstrom» (z. B. in «Starkstromleitung») meinen viele «hochgespannte» Ströme oder Anlagen, d. h. solche, die unter hoher Spannung liegen: SBB-Oberleitung: 15 kV; VBZ-Tram; 600 V; «Überland»-Leitungen: 100 kV oder mehr; etc.
b) «Schwachstromanlagen» stehen unter kleinen Spannungen: einige Volt bis ca. 50 V. Die Netzspannung der elektrischen Energie-Versorgung in den Gemeinwesen beträgt fast überall 220 V («effektive» Wechselspannung) und muß für Mensch und Tier als gefährliche «Hochspannung» betrachtet werden.
c) Lies: «Es ist keine Spannung vorhanden.»

5 Vom Betrag der Spannung der Anlage gegenüber der Erde, auf der der Mensch steht, sowie von der Ergiebigkeit der Stromquelle. Allgemein gilt die eher vorsichtige Regel, den menschlichen Körper keinen größeren Spannungen als ca. 30–40 V auszusetzen, wobei wieder ein Unterschied zwischen Gleich- und Wechselspannungswirkung besteht.

6 a) Bewegung der «freien Elektronen» durch das zum Teil aus positiven Metallionen aufgebaute Kristallgitter des Metalls.
b) Bewegung der Ionen beiderlei Vorzeichens in einem Elektrolyten.
c) Bewegung von Elektronen und Ionen beiderlei Vorzeichens durch die Gasmoleküle.
d) Im Hochvakuum ($\approx 10^{-6}$ mbar) werden beliebig geladene Elementarteilchen durch Anlegen eines elektrischen Feldes beschleunigt bewegt.

13.2. **Der stationäre Gleichstrom und seine Gesetze**

13.2.1. *Spannung, Strom, Widerstand; Ohmsches Gesetz*

7 Stromstärke I; $I = \frac{\Delta Q}{\Delta t}$; 1 Ampere = 1 A = 1 $\frac{\text{Coulomb}}{\text{Sekunde}} = 1\,\frac{\text{C}}{\text{s}}$.
(Die Definition der gesetzlichen SI-Einheit des Ampere findet man in Aufgabe 13–158.)

8 a) Die Arbeit, die verrichtet wird, um die Probe-Ladung q von einem Punkt P_1 des elektrostatischen Feldes nach einem andern Punkt P_2 zu bringen, sei W; der Quotient aus W und q ist die Spannung oder die Potentialdifferenz zwischen P_1 und P_2; $U = W/q$; Definition nur gültig in sogenannten «Potentialfeldern», wo für die Feldstärke $E = -\Delta\varphi/\Delta s$ gilt.
b) 1 Volt = 1 V = 1 Joule/1 Coulomb = 1 J/C = 1 W/A.

9 $R = \frac{\text{Spannung an den Enden des Leiters}}{\text{Strom durch den Leiter}}$; $R = \frac{U}{I}$;
R ist häufig keine Konstante; 1 Ohm = 1 Ω = 1 V/1 A.

10 a) R ist temperaturabhängig (mit wenigen Ausnahmen von ausgesuchten Legierungen wie «Konstantan», «Manganin» etc.). Die Wheatstonesche Brückenmessung erfolgte im Kaltzustand; die Betriebsdaten beziehen sich auf den Betriebszustand;

b) $R \approx \varrho(1 + \alpha\Delta\vartheta)\,\frac{l}{A}$;

c)

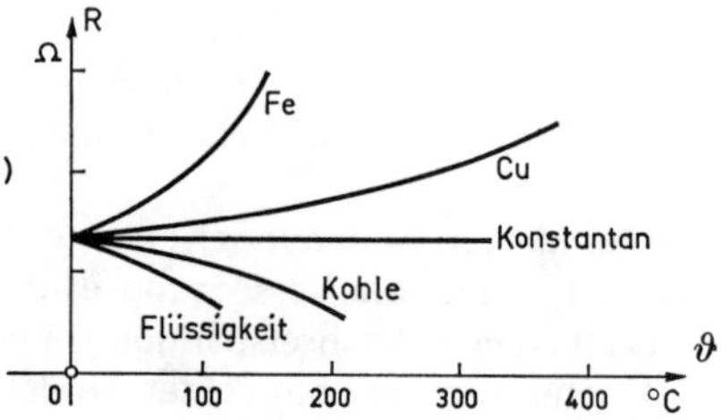

Abb. 13–19

11

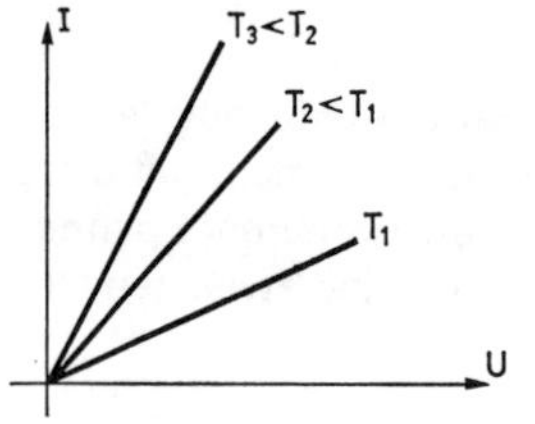

Abb. 13–20

Strom und Spannung sind bei konstanter Temperatur proportional. Erhöht man die Temperatur, so steigt auch der Ohmsche Widerstand (vgl. Abb. 13–20).

12 a) 0,200 A; 1 kΩ;

b) 1,00 A; 200 Ω;

c) weil das «Ohmsche Gesetz» für eine Glühfadenlampe zufolge der starken Temperaturzunahme des Glühdrahtes nicht mehr anwendbar ist (s. die folgende Aufgabe).

13

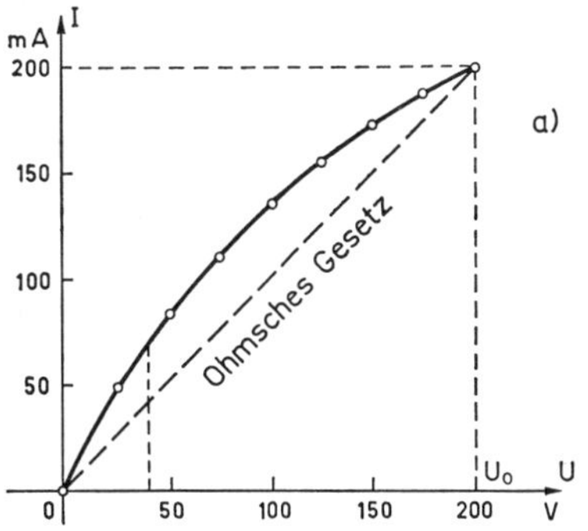

Abb. 13–21

b) U an einer Lampe ist $\frac{U_0}{5} = 40\,\text{V}$; somit gemäß der Charakteristik $I \approx 70\,\text{mA}$; daraus $R_{\text{total}} \approx 2860\,\Omega \neq 5 \cdot 1000 = 5000\,\Omega$ (Vgl. Abb. 13–21).

14 1. Wenn an irgendeiner stromführenden Strecke (Leiter allgemeinster Art) die Spannung U liegt und dabei ein Strom der Stärke I fließt, so bedeutet das Verhältnis $U/I = R$ den *Widerstand* dieser Leiterstrecke bei den herrschenden Betriebsdaten; $U/I = R$ ist die Definitionsgleichung des Widerstandes.

2. Ist bei einer leitenden Strecke bei variabler Spannung die Stromstärke dieser Spannung proportional (z. B. Metalldraht bei konstanter Temperatur), so bedeutet $U/I = R$ (= konstant) das *Ohmsche Gesetz.*

15 Ja; denn die $R_1, R_2, \cdots R_n$ werden als konstant vorausgesetzt. Treten aber z. B. am k-ten Widerstand je nach der gewählten Schaltung sehr verschiedene Spannungen und damit Stromstärken auf, so ist die Genauigkeit der Beziehung $U_k/I_k = R_k =$ konstant wegen allfälliger Temperaturänderungen fragwürdig. Die Genauigkeit der in solchen Fällen berechneten Teil-Spannungen und -Ströme darf also nicht überschätzt werden!

16 Metalle weisen einen positiven, Kohle und einige andere Elemente einen negativen Temperatur-Koeffizienten des Widerstandes auf (vgl. Abb. 13—22).

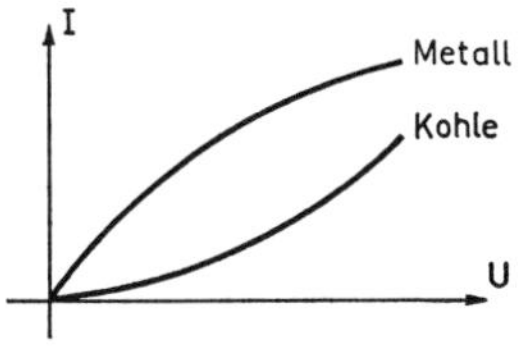

Abb. 13–22

17 Mit steigender Temperatur nimmt der Widerstand ab.

18 Anwendung als Gleichrichter; (Si- oder Ge-Gleichrichter in der Elektronik und in der Hochstrom-Industrie; vgl. Abb. 13–23).

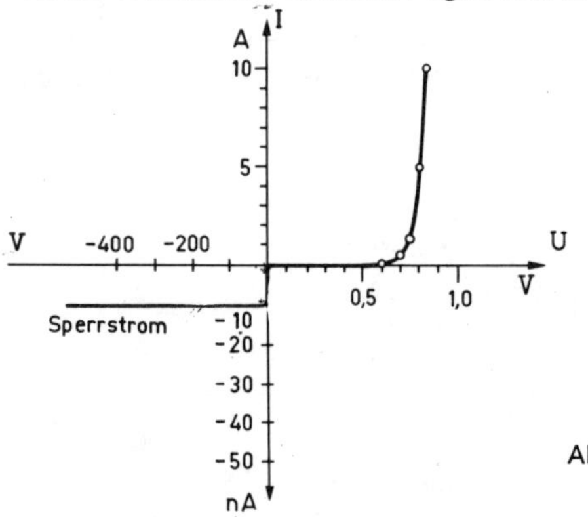

Abb. 13–23

19 Zufolge starken Temperatur-Anstieges beim Zünden des Licht-Bogens (steiler Anstieg der Ionen-Produktion) nimmt der Widerstand sehr rasch ab, und damit auch die Spannung. Zur Verhinderung eines unbegrenzten Stromanstieges muß ein Ohmscher Widerstand vorgeschaltet werden (vgl. Abb. 13–24).

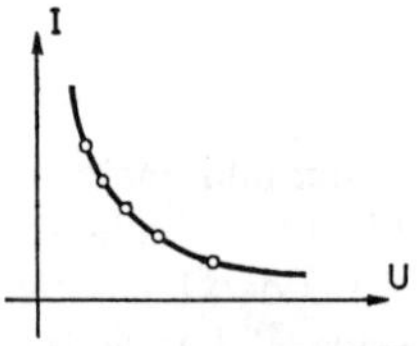

Abb. 13–24

20 Zufolge Zunahme der mittleren thermischen Energie der Metallionen des Kristallgitters vergrößert sich ihr «Schwingungs-Querschnitt» senkrecht zur Feldrichtung, d.h. es nimmt der freibleibende Querschnitt für den Durchgang der freien Elektronen ab.

21 Abnahme der inneren Reibung der Flüssigkeit mit der Temperatur.

22 «NTC» = *N*egativer *T*emperatur-*C*oeffizient. Mit steigender Temperatur nimmt die «Eigenleitung» solcher Stoffe (Si, Ge) zu, weil Bindungselektronen zu freien Leitungselektronen werden; der Widerstand wird kleiner.

23 Strich eines weichen Bleistifts (Graphit) zwischen zwei Punkten (Anschlüsse) auf einem trockenen Papierstreifen. Verwendung der Graphit-Mine eines Bleistifts.

24 Der Draht ist oberflächlich oxidiert (eloxiert) und diese Schicht wirkt als Isolation.

25 a) 4:1;
b) 1:2.

26 46,7 m; 3,21 N.

27 $l = \sqrt{\frac{F_G U}{I \varrho \gamma}}$; 1,51 · 10³ m.

28 a) 3,57 Ω; 1,48 · 10⁴ N;

b) $d_2 = d_1 \sqrt{\frac{\varrho_2}{\varrho_1}}$; 7,65 mm; 7,30 · 10³ N.

29 $U = \frac{3}{4} IR$; 3,75 V; 6 A.

30 $\Delta\varphi = R_1 (I_1 - I_2)$; 35,0 V.

13.2.2. *Widerstände und ihre Schaltmöglichkeiten; Ersatzwiderstand*

31 Denjenigen Wert eines Einzelwiderstandes, der in der Lage ist, elektrisch die genannte Schaltung zwischen den Anschlußklemmen widerstandsmäßig (gleicher Gesamtstrom bei gleicher Klemmenspannung) zu ersetzen.

32 4; R_1, R_2, $(R_1 + R_2)$ und $\frac{R_1 R_2}{R_1 + R_2}$.

33 17; kleinster Wert: $\frac{R_1 R_2 R_3}{R_2 R_3 + R_3 R_1 + R_1 R_2}$; größter Wert: $R_1 + R_2 + R_3$.

34 $R_{tot} = \frac{R}{N}$.

35 Aus $\frac{\overline{AC}}{\overline{AB}} = \frac{R}{R_2}$ und $\frac{\overline{CB}}{\overline{AB}} = \frac{R}{R_1}$ folgt $\frac{\overline{AC} + \overline{CB}}{\overline{AB}} = 1 = \frac{R}{R_1} + \frac{R}{R_2}$

oder $\frac{1}{R} = \frac{1}{R_1} + \frac{1}{R_2}$.

36 20 Ω; 2 Ω; 12,5 Ω; 8,33 Ω; 0,5 A; 5 A; 0,8 A; 1,2 A.

37 21.

38 $R = \frac{5U}{3I}$; 4 Ω.

39 AB: $\frac{5}{6}$ Ω; BC: $\frac{4}{3}$ Ω; AC: $\frac{3}{2}$ Ω.

40 a) $\frac{3}{5} R$; 3Ω;

b) $\frac{7}{4} R$; 3,5 Ω;

c) $\frac{8}{19} R$; 0,42 Ω;

d) $\frac{73}{34} R$; 21,5 Ω.

41 a) 30 Ω;
b) 15 Ω; 20 Ω; 45 Ω; 60 Ω; 90 Ω.

42 a) 0 und $\dfrac{R_1 R_2}{R_1 + R_2}$;

b)

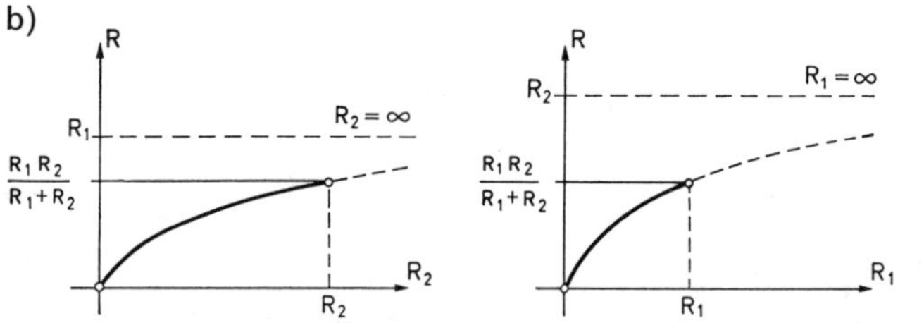

Abb. 13–25

c) Räumliche Fläche in einem dreiachsigen R_1-R_2-R-System. Jeder Punkt dieser Fläche ergibt durch seine R-Koordinate über dem zugehörigen Punkt der R_1-R_2-Ebene den zugehörigen Ersatzwiderstand R.

43 20 V.

44 $R_1 + R_2 = 100\,\Omega$; $\dfrac{R_1 R_2}{R_1 + R_2} = 5\,\Omega$; $R_1 = 5{,}28\,\Omega$; $R_2 = 94{,}72\,\Omega$.

45 a) $R = \dfrac{R_1}{1 + \dfrac{R_1}{R_2}}$; $\lim\limits_{R_2 \to \infty} R = R_1$;

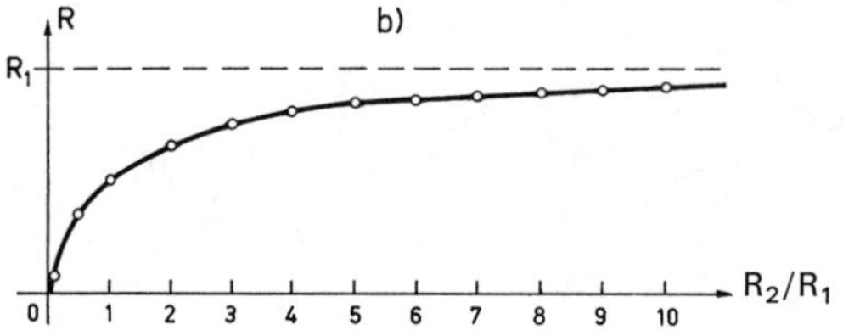

Abb. 13–26

13.2.3. *Das Ohmsche Gesetz im unverzweigten Stromkreis*

46 Die Summe *aller* Widerstände (Zuleitungsdrähte, Meßinstrumente etc.), die im Kreis zwischen den Anschlußklemmen der Stromquelle, außen herum betrachtet, angeschlossen sind.

47 Unter U_0 versteht man die Spannung an den Klemmen der *unbelasteten* Stromquelle; sie ist die Folge des speziellen Prozesses, der sich in ihr abspielt. U_a wird an den Klemmen derselben Stromquelle gemessen, wenn ihr Strom entzogen wird (*belastete* Stromquelle); sie ist im allgemeinen kleiner als U_0.

48 a) Der Widerstand, der vom Strom im Innern der Stromquelle zwischen den Anschlußklemmen überwunden werden muß;
b) Elektrolyt bei galvanischen Elementen; die Wicklung einer Induktionsmaschine (Generator); die Füllung einer Trockenbatterie (gallertiger Elektrolyt und Reduktionsmittel); etc.

49 Die Spannung oder der Potentialabfall (Potentialdifferenz oder Potentialgefälle) längs des Leiters. Spannung beinhaltet bereits den Begriff der Differenz oder des «Abfalles».

50 $U_0 = \frac{U_a (A R_i + \varrho l)}{\varrho l}$; 6 V.

51 Einfluß des Eigenwiderstandes der Meßinstrumente; gering, wenn R des Voltmeters $\gg R$ des Verbrauchers und R des Amperemeters $\ll R$ des Stromkreises.

52 b) $I = \frac{N_1 U_0}{\frac{N_1}{N_2} R_i + R_a}$; 0,331 A; 9,92 V.

53 $R_i = -\frac{\Delta U}{\Delta I} = \frac{U_1 - U_2}{I_2 - I_1}$; 0,04 Ω; $U_0 = U_1 + R_i I_1$; 3,84 V.

54 1,4 V; 0,5 Ω.

55 28,0 A; 15,56 A; 6,67 A; 0,697 A; 0,070 A;
56,0 V; 62,2 V; 66,7 V; 69,7 V; 70,0 V.

56 a) $U_a = \frac{U_0}{1 + \frac{R_i}{R_a}} \approx U_0 \left(1 - \frac{R_i}{R_a}\right)$, falls $R_a \gg R_i$; $\lim\limits_{R_a \to \infty} U_a = U_0$;

b) Analoge Abbildung zu Abb. 13–26.

57 11,8 V; 10,2 V.

58 $\vartheta_2 = \vartheta_1 + \Delta\vartheta$ mit $\Delta\vartheta = \frac{I_1 - I_2}{\alpha I_2}$; $\vartheta_2 = 53\,°C$.

13.2.4. *Die Kirchhoffschen Sätze*

59 Ohmsches Gesetz und die beiden Kirchhoffschen Sätze I und II:

$I = \frac{U}{R}$;

I. An einer Stromverzweigungsstelle gilt:

$\Sigma I = 0$

(Vorzeichen von I beachten)

II. Für einen vollen Umlauf längs eines in sich geschlossenen Weges («Masche») gilt:

$\Sigma IR = \Sigma U_0$

(Wichtig: Festlegung eines Umlaufssinnes bezüglich der verschiedenen Stromrichtungen und der Spannungsvorzeichen allfälliger Spannungsquellen.)

60 10 A; 6 A; 3 A; 1 A; 160 V; 60 V.

61 $R_2 = \frac{U - U_L}{I_L + U_L/R_1}$; 7,3 Ω.

62 $I_3 = \frac{U_3}{R_3}$; $U_3 = U \frac{R_2 R_3}{R_2 R_3 + R_3 R_1 + R_1 R_2}$; 48,7 μA; 1,95 mV.

63 6,45 mA; 12,9 mA; 20,0 mA.

64 a) $U = U_a \dfrac{R_2 R_3}{R_2 R_3 + R_3 R_1 + R_1 R_2}$; $1{,}59 \cdot 10^{-2}$ V;

b) $U = U_a \dfrac{R_2}{R_1 + R_2}$; $1{,}99 \cdot 10^{-2}$ V.

65 a) Vgl. Abb. 13–27.

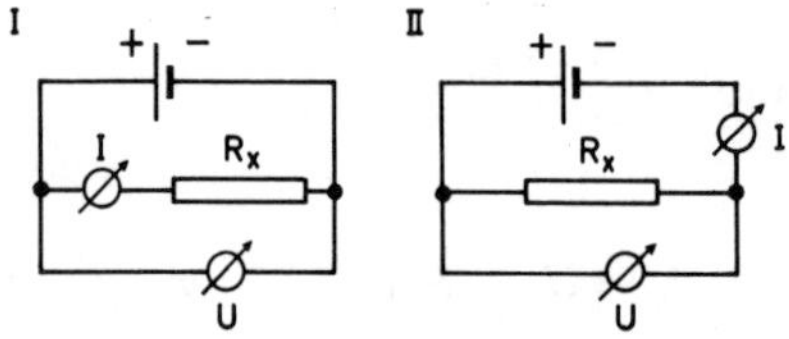

Abb. 13–27

b) I: $R_x = \dfrac{U_I}{I_I} - R_A$; II: $R_x = \dfrac{U_{II}}{I_{II} - U_{II}/R_V}$;

c) $\dfrac{U_I}{I_I} = 254\,\Omega$; $\dfrac{\Delta R_x}{R_x} = 1{,}6\,\%$; $\dfrac{U_{II}}{I_{II}} = 244\,\Omega$; $\dfrac{\Delta R_x}{R_x} = -2{,}4\,\%$;
Schaltung I günstiger als II.

66 In Serie zum System des Instruments; $l = \dfrac{U/I - R_S}{R^*}$; 225 m.

67 $R = \dfrac{R_S}{U_S}(U - U_S)$; $2{,}99 \cdot 10^4\,\Omega$; $1{,}50 \cdot 10^5\,\Omega$; $1{,}50 \cdot 10^6\,\Omega$.

68 $U_S = I R_S$; 0,100 V; Amperemeter, Shunt $R_1 = \dfrac{1}{n-1} R_S$; $10^{-2}\,\Omega$;
Voltmeter, Vorschaltwiderstand $R_2 = (n-1)\,R_S$; $1{,}25 \cdot 10^5\,\Omega$.

69 $I_1 R_3^2 - (I_1 R + U_{AB}) R_3 + R(U_{AB} - I_1 R_1) = 0$; $R_3 = 20\,\Omega$.

70 a) $U = U_0 \dfrac{R_1 R_2}{R_0 R_2 + R_0 R_1 - R_1^2}$;

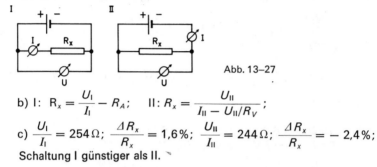

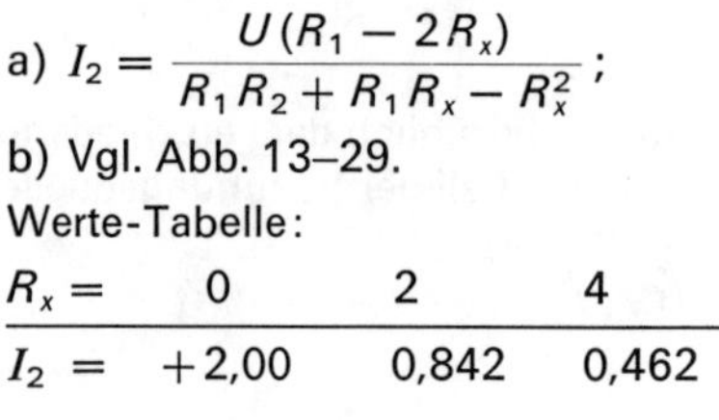

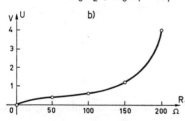

Abb. 13–28

71 a) $I_2 = \dfrac{U(R_1 - 2R_x)}{R_1 R_2 + R_1 R_x - R_x^2}$;

b) Vgl. Abb. 13–29.
Werte-Tabelle:

$R_x =$	0	2	4	6	8	10	Ω
$I_2 =$	+2,00	0,842	0,462	0,258	0,118	0	A

$R_x =$	12	14	16	18	20	Ω
$I_2 =$	−0,118	−0,258	−0,462	−0,842	−2,00	A

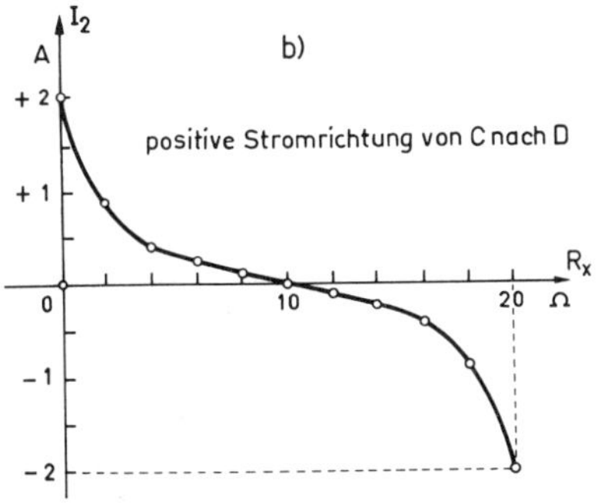

Abb. 13–29

c) Es liegt kein «Terrassenpunkt» vor.

72 a) 6 Ω;
b) Abnahme des Widerstandes der Lampe mit der Stromstärke und damit mit der Temperatur;
c) 2,62 V ; 0,61 A ; 4,29 Ω ; 0,74 A.

73 $R_{AB} = 1{,}5\,\Omega$; $I_{AC} = I_{AD} = 2\,\text{A}$; $I_{CE} = I_{CF} = I_{DE} = I_{DF} = 1\,\text{A}$; $I_{EB} = I_{FB} = 2\,\text{A}$.

74 a) 2,4 A;
b) 0,4 A und 2,0 A;
c) 1,92 V.

75 3 A; 6 A; 1 A.

76 a) 0,027 A;
b) 0,928 A.

77 Gleiche Schaltung; keine Potentialdifferenz zwischen *C* und *D* (vgl. Abb. 13–30); 1,5 Ω; 8 A.

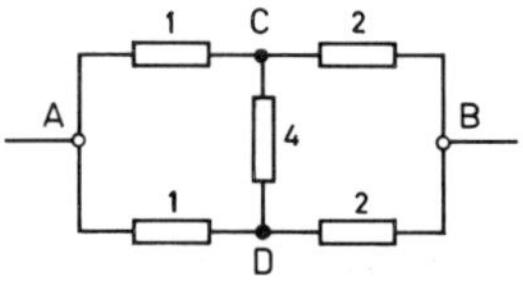

Abb. 13–30

78 $U_3 : U_4 = R_1 : R_2$.

79 5 Ω; 10 Ω.

80 *AC*: 10 A, 10 V; *CB*: 8 A, 16 V; *AD*: 12 A, 12 V; *DB*: 14 A, 14 V; *CD*: 2 A, 2 V; 1,18 Ω.

13.2.5. *Arbeit und Leistung des elektrischen Stromes*

13.2.5.1. *Die Stromwärme*

81 In Form von Wärme-, mechanischer, chemischer oder elektromagnetischer Energie; die Stromquelle.

82 $\frac{\text{Ladung}}{\text{Zeit}} \cdot \frac{\text{Arbeit}}{\text{Ladung}} \cdot \text{Zeit} = \text{Arbeit.}$

83 Es ist die Rechnung für die verbrauchte elektrische Energie.

84 Denjenigen Anteil der Arbeit der Stromquelle eines Stromkreises, die sich in Wärme und nicht in irgendeine andere Energieform umsetzt.

85 Für U darf nur derjenige Anteil der Spannung an den Verbrauchern eingesetzt werden, der auf den Ohmschen Widerstand allein entfällt.

86 $W = I^2Rt = \frac{U^2}{R}t;\quad P = I^2R = \frac{U^2}{R}.$

87 a) 24 V; 5,8 kJ; 48 W;
b) 25 Ω; $7{,}2 \cdot 10^4$ J; 900 W;
c) 1,1 A; $3{,}48 \cdot 10^6$ J; 242 W;
d) 6 kV; $2{,}16 \cdot 10^8$ J; $6 \cdot 10^4$ W;
e) 18,5 Ω; 92,6 V; 463 W;
f) 40 V; 16,7 min; 0,80 W.

88 $4{,}9 \cdot 10^9$ kWh.

89 a) Bei gleichem I wird Fe-Draht heißer; $\eta_a = \frac{\varrho_{Cu}}{\varrho_{Fe}}$; 0,169.
b) Bei gleichem U wird Cu-Draht heißer; $\eta_b = \frac{1}{\eta_a}$; 5,92.

90 60,5 Ω.

91 $2{,}18 \cdot 10^3$ J; $3{,}15 \cdot 10^4$ J.

92 $3{,}36 \cdot 10^3$ V; $6{,}72 \cdot 10^5$ J.

93 $R_2 = R_1 \frac{U - U_1}{U_1}$; 17,5 Ω; $W = \frac{UU_1t}{R_1}$; 17,3 kJ; 77,8%.

94 $P = N\frac{U^2}{R}$; 36,3 kW.

95 a) 40; 216 V; $5{,}76 \cdot 10^6$ J;
b) 216 V; 0,216 A; 46,7 W.

96 Parallel; 9,64 A; $3{,}60 \cdot 10^5$ J; 7,56 Rp. (bei 9 Rp./kWh).

97 314 Ω; 154 W; $R_1 = \frac{UR_2}{IR_2 - U}$; 324 Ω; $P_1 = U\left(I - \frac{U}{R_2}\right)$; 149 W.

98 $W = \frac{\delta\varrho I^2 l^2 t}{m}$; 15,6 J; ($\delta$ = Dichte).

99 $l = \frac{\sigma U^2 A t}{c\varrho V \Delta\vartheta} = \frac{\sigma U^2 A t}{W}$; 21,7 m.

100 $\vartheta_2 = \frac{IUt}{mc} + \vartheta_1$; 53,7°C; ≈ 90%.

101 $R = \frac{U_1(U_2 - U_1)}{P}$; $20\frac{1}{6}\,\Omega$; 6 Lampen parallel.

102 a) 33,6 Ω; 60 A; 48,0 kV; 121 kW; $1{,}21 \cdot 10^5$ W.
b) Zunehmende Spannungssenkung am Fahrzeugmotor bei zunehmender Entfernung; «Spannungs-Auffrischung» durch «Speiseleitungen» an verteilten «Speisungspunkten» ist nötig.

103 45 Ω; 30 Ω; 500 W und 750 W.

104 $l = \sqrt[3]{\frac{PU^2}{4\pi\varrho J^2}}$; 0,458 m; $r = \sqrt[3]{\frac{\varrho P^2}{2\pi^2 U^2 J}}$; $1{,}74 \cdot 10^{-5}$ m.

105 $p = p_{\text{Cu}}\varrho_{\text{Cu}}\,lA + p_v^*\,I^2\varrho^*\frac{l}{A}$; $\frac{dp}{dA} = 0$; $A_{\text{opt}} = I\sqrt{\frac{p_v^*\varrho^*}{p_{\text{Cu}}\varrho_{\text{Cu}}}}$; 1,84 cm².

13.2.5.2. *Umwandlung von elektrischer in mechanische Energie*

106 262 kW; 188 A; 70%.

107 $\Delta h = \frac{\eta N\bar{U}It}{mg}$; ≈ 3300 m.

13.2.6. *Chemische Wirkungen des elektrischen Stromes*

108 $\mu = \frac{m}{It} = \frac{M}{zeN_A} = \frac{M}{zF} = \frac{m_a}{ze}$; $\mu_{\text{Al}} = 9{,}32 \cdot 10^{-8}$ kg/C;

109 $\mu = \frac{m_a}{ze}$; $1{,}118 \cdot 10^{-6}$ kg/C; $3{,}042 \cdot 10^{-7}$ kg/C; $1{,}074 \cdot 10^{-6}$ kg/C.

110 $e = \frac{m_a}{z\mu}$; $1{,}603 \cdot 10^{-19}$ C.

111 $3{,}32 \cdot 10^{20}$; $6{,}64 \cdot 10^{20}$; 106 C.

112 2,48 d.

113 $I = \frac{mze}{m_a t}$; 5,18 A.

114 *m* ist die an *einer* Kathode ausgeschiedene Aluminiummasse in der Zeit *t* bei der Stromstärke I; oder: It ist die Ladung Q, die in dieser Zeit *t* durch *eine* Kathode fließt.

115 $W = \frac{Um}{\mu}$; Preis $= Wp$; 50 Rp.

116 $3{,}32 \cdot 10^6$ A.

117 $m_2 = \mu_2\left(Q - \frac{m_1}{\mu_1}\right)$; 1,20 g.

118 $4{,}555 \cdot 10^4$ C.

119 $I = \frac{\varrho_n V}{N \mu t}$; 28,7 A.

120 $t = \frac{z s^2 d \varrho}{\mu I}$; 7,39 h.

121 $t = \frac{d \varrho}{\mu J}$; 3,05 h.

122 $V = \frac{T p_n \mu^* \sigma A U t}{T_n p s}$; 473 cm³.

123 $I = m_1 \frac{z_{SO_4} F}{M_1 t}$; 13,45 A; $m_2 = m_1 \frac{M_2}{M_1}$; 0,866 g;

$m_3 = m_1 \frac{2 M_3}{M_1}$; 0,820 g.

124 a) $I_3 = \frac{R_1 (U_2 - U_3) + R_2 (U_1 - U_3)}{R_1 R_2 + R_2 R_3 + R_3 R_1}$; 3 A;

b) Der 1. Akku wird entladen, der 3. aufgeladen; + 1,83 g.

13.3. Elektromagnetismus

13.3.1. *Feldstärke, magnetischer Fluß und magnetische Flußdichte*

125 Die magnetischen Feldlinien, im Gegensatz zu den elektrostatischen, sind stets in sich geschlossene, nirgends «beginnende» oder «endende» Linien.

126 Magnetischer Fluß Φ; magnetische Flußdichte $\vec{B}$; gelegentlich: magnetische Feldstärke $\vec{H}$.

127 $B = \frac{\Delta \Phi}{\Delta A_N} = \mu_0 H$; ($\Delta A_N$ = kleines, von den Feldlinien normal durchsetztes Flächenelement; μ_0 = magnetische Feldkonstante).

128 Φ: 1 Vs = 1 Weber = 1 Wb;

B: $1 \frac{\mathrm{Vs}}{\mathrm{m}^2} = 1 \frac{\mathrm{Wb}}{\mathrm{m}^2}$ = 1 Tesla = 1 T;

H: $1 \frac{\mathrm{A}}{\mathrm{m}}$.

129 U_m ist die Liniensumme der magnetischen Feldstärke längs eines Weges von einem Punkt P_1 zu einem andern Punkt P_2: $U_m = \sum_{P_1}^{P_2} H_s \Delta s$; $[U_m]_{SI} = 1\,\mathrm{A}$.

130 a) Die Durchflutung ist gleich der algebraischen Summe aller Ströme, die eine von einer geschlossenen Randkurve umspannte Fläche durchsetzen;
b) $\oint H_s \Delta s = \Sigma I$ (für einen geschlossenen Weg).

131 $\oint H_s \Delta s = NI \approx Hl$; $H \approx \frac{NI}{l}$.
(Deshalb wird für «Durchflutung» gelegentlich auch die Bezeichnung «Amperewindungszahl» angetroffen).

13.3.2. *Das Magnetfeld des linearen Leiters und der Stromspule*

132 Ein Linienelement Δs eines beliebigen Leiters, der vom Strom I durchflossen wird, liefert in einem beliebigen Punkt P im Abstand r in der Umgebung des Leiters an das dort herrschende Magnetfeld den Beitrag:

$\Delta H = \frac{I}{4\pi r^2} \Delta s \sin\varphi$; [$\Delta\vec{H} \perp$ Ebene (Δs; r); «Korkzieher-Regel»].

Die totale Feldstärke $\vec{H}$ im Punkte P ergibt sich als Summe über alle $\Delta\vec{H}$ (Integration).

133 a) $6 \cdot 10^4\,\mathrm{A}$;
b) $10^{-4}\,\mathrm{Wb}$.

134 $B = \frac{\mu_0 IN}{l} = \frac{\mu_0 I}{d}$; $6{,}3 \cdot 10^{-4}\,\mathrm{T}$.

135 $\frac{N}{l} = \frac{B}{\mu_0 I}$; $12{,}7\,\mathrm{cm}^{-1}$.

136 $I = \frac{B \tan\alpha}{\mu_0 (N/l)}$; $9{,}65\,\mathrm{mA}$.

137 $B = \mu_0 \frac{U d_2^2}{4 l \varrho d_1}$; $1{,}46 \cdot 10^{-2}\,\mathrm{T}$.

138 $1{,}257 \cdot 10^{-3}\,\mathrm{T}$.

139 $6{,}0 \cdot 10^{-3}\,\mathrm{T}$.

140 $B_H = \mu_0 \frac{I \cot\alpha}{d}$; $2{,}15 \cdot 10^{-5}\,\mathrm{T}$.

141 $B_x = \frac{\mu_0 I r^2}{2(r^2 + x^2)^{3/2}} \approx \frac{\mu_0 I r^2}{2x^3}$.

142 $B = \frac{\mu_0 N I r^2}{2}\left(\frac{1}{(r^2+x^2)^{3/2}} + \frac{1}{[r^2+(r-x)^2]^{3/2}}\right);$

$x = 0$ und r: $B = 0{,}677\,\mu_0 \frac{NI}{r}$; $3{,}68 \cdot 10^{-3}$ T;

$x = \frac{r}{4}$ und $\frac{3r}{4}$: $B = 0{,}712\,\mu_0 \frac{NI}{r}$; $3{,}87 \cdot 10^{-3}$ T;

$x = \frac{r}{2}$: $B = 0{,}716\,\mu_0 \frac{NI}{r}$; $3{,}90 \cdot 10^{-3}$ T.

143 Längs eines Kreises vom Radius r in einer Normalebene zum Leiter; Durchstoßpunkt des Leiters als Zentrum: $\sum H \Delta s = I$; $H = \frac{I}{\sum \Delta s} = \frac{I}{2\pi r}$.

144 $\sum H \Delta s = \pm NI$; N = Zahl der Umläufe $= 0;\ 1;\ 2;\ \ldots;$

$\sum H \Delta s = \pm \frac{2N-1}{2} I$; $N = 1;\ 2;\ 3;\ \ldots$.

145 $$B = \mu_0 \int_{-\infty}^{+\infty} \frac{I \sin\alpha}{4\pi r^2}\, dl = \frac{\mu_0 I}{4\pi r_0} \int_{\pi}^{0} (-\sin\alpha)\, d\alpha = \frac{\mu_0 I}{2\pi r_0}.$$

146 $B = 0$.

147 $B = \mu_0 \frac{Jx}{2} = \mu_0 \frac{Ix}{2\pi r^2}$; $B_r = \frac{\mu_0 I}{2\pi r}$.

148 $I_S = \frac{I_D}{2\pi r (N/l)}$; 47,8 mA, 23,9 mA, 15,9 mA, 11,9 mA.

149 In der zum Draht parallelen Geraden, östlich im Abstand von 9,4 mm.

150 $B = \frac{\mu_0 I}{2\pi s} \frac{l}{\sqrt{l^2 + 4s^2}}$; $2{,}83 \cdot 10^{-6}$ T.

13.3.3. *Kraft eines Magnetfeldes auf einen Stromleiter*

151 a) Betrag der Kraft: $F = \mu_0 H I l \sin\varphi = I l B \sin\varphi$;
Vektor-Schreibweise: $\vec{F} = I \cdot \vec{l} \times \vec{B}$. (Rechtsschrauben-Regel!)
b) In Richtung des Feldes oder entgegengesetzt dazu.

152 $H = \frac{F}{\mu_0 I l}$; $2{,}00 \cdot 10^6$ A/m; $B = \mu_0 H$; 2,51 T.

153 $F = \mu_0 l I I_1 \frac{N_1}{l_1}$; $1{,}0 \cdot 10^{-2}$ N.

154 $M = B l b N I \sin\varphi$; $3{,}60 \cdot 10^{-6}$ Nm; $3{,}12 \cdot 10^{-6}$ Nm; $1{,}80 \cdot 10^{-6}$ Nm; 0 Nm.

155 Feld mit zylindrischer Symmetrie, im maßgebenden Bereich praktisch homogen; rückwirkendes Drehmoment proportional zum Ausschlags-Winkel.

156 $F = \frac{\mu_0 l I^2}{2\pi r}$; $2 \cdot 10^{-7}$ N.

157 a) $B = \mu_0 I\left(\frac{N}{l} - \frac{1}{2\pi y}\right)$;

y	−5,0	−2,5	−0,02	+0,02	+2,5	+5,0 cm
B	6,32	6,36	16,3	−3,72	6,20	6,24 mT

b) $y_0 = 0{,}032$ cm;
c) $F = IlB$; $6{,}28 \cdot 10^{-3}$ N in $+y$-Richtung.

158 1 A ist die Stärke eines zeitlich unveränderlichen Stromes, der, durch zwei im Vakuum parallel im Abstand von 1 m voneinander angeordnete, geradlinige, unendlich lange Leiter von vernachlässigbar kleinem, kreisförmigem Querschnitt fließend, zwischen diesen Leitern je 1 m Leiterlänge elektrodynamisch die Kraft von $2 \cdot 10^{-7}$ N hervorrufen würde (Wortlaut nach DIN 1301).

13.3.4. *Kraft eines Magnetfeldes auf eine freie, bewegte elektrische Ladung*

159 a) Ein bewegtes Teilchen stellt einen elektrischen Strom dar, zu dem seinerseits ein magnetisches Feld gehört. Die beiden Felder üben gegenseitig elektrodynamische Wirkungen aufeinander aus.
b) Ausgenommen im Fall, wo der Geschwindigkeitsvektor des Teilchens zum Feldvektor gleich- bzw. entgegengesetzt gerichtet ist.

160 $F = IlB \sin\varphi = qvB \sin\varphi$; $\vec{F} = q \cdot \vec{v} \times \vec{B}$, das Vorzeichen von q ist mitzuberücksichtigen! (Rechtskreuz-Regel!)

161 Die Masse des Elektrons ist dermaßen gering, daß die Beschleunigung sehr groß und damit die Zeit für die Richtungsänderung praktisch null wird.

162 Ein in der Nähe liegender Magnetstab (starker Permanentmagnet!).

163 Zerlegung des Geschwindigkeitsvektors des Teilchens in eine feldparallele und eine feldnormale Komponente.

164 $r = \frac{\sqrt{2Um_e/e}}{B}$; 1,19 m.

165 $B = \frac{\sqrt{2m_\alpha W}}{qr}$; 4,14 T; $p = rqB$; $1{,}06 \cdot 10^{-19}$ kgm/s.

166 $\frac{e}{m_e} = \frac{2U}{r^2B^2}$; $1{,}76 \cdot 10^{11}\ \frac{\text{C}}{\text{kg}}$.

167 Relativistische Massenzunahme (s. Abschnitt 15.1); Ladung geschwindigkeitsunabhängig.

13.4. **Nichtstationäre Vorgänge**

13.4.1. *Grundlegendes*

168 Die Stromstärke an einem festgehaltenen Ort in einem Leiter ist von der Zeit abhängig. Man spricht nur noch von einem «Momentanwert» der Stromstärke. Beispiele: Auf- und Entladevorgänge bei Kondensatoren (s. unter 13.4.2.); Wechselströme; Funkenentladungen; Blitzschlag; elektromagnetische Wellen.

169 a) Periodisch: In gleichen Zeitabständen wiederholen sich an einer Stelle des Leiters Wert und Richtung der Stromstärke. (Vgl. Abb. 13–31 a.)
b) Aperiodisch: (Beispiele vgl. Abb. 13–31 b).

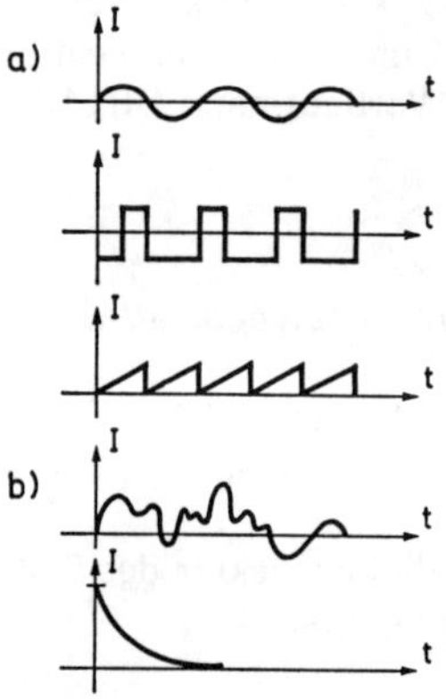

Abb. 13–31

170 Die Elektronen schwingen in der Richtung des Leiters harmonisch um eine Gleichgewichtslage.

13.4.2. *Auf- und Entladung von Kondensatoren*

171 a) Auflade-Vorgang (vgl. Abb. 13–32 a).
b) Entlade-Vorgang (vgl. Abb. 13–32 b).

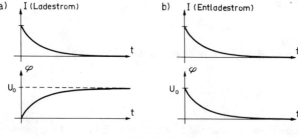

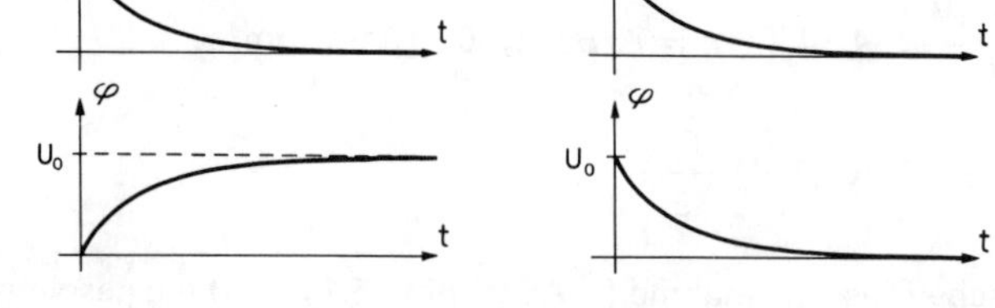

Abb. 13–32

172 Vom Widerstand R der Zuleitung und von der Kapazität C des Kondensators (Leiters); lange Auf- bzw. Entladezeit bei großem R und großem C. (Vgl. Aufg. 13–174).

173 90 J; $\bar{I} = \frac{CU}{t}$; $6 \cdot 10^4$ A; $\bar{P} = \frac{W}{t}$; $9 \cdot 10^4$ kW.

174 a) U fällt exponentiell auf Null, um so rascher, je kleiner C und R sind;
b) $T_{1/2} = RC \ln 2$;
c) $U = U_0 \, 2^{-\frac{t}{T_{1/2}}}$.

175 $I_0 = \frac{U_0}{R}$; 40 μA; $I = I_0 e^{-t/RC}$; 24,3 μA, 14,7 μA; $T_{1/2} = RC \ln 2$; 13,9 s.

176 a) $T_{1/2} = RC \ln 2$; sie stimmt mit derjenigen beim Entladen (unter gleichen äußeren Bedingungen) überein.
b) 11,5 min.

177 a) (Vgl. Abb. 13–33.)

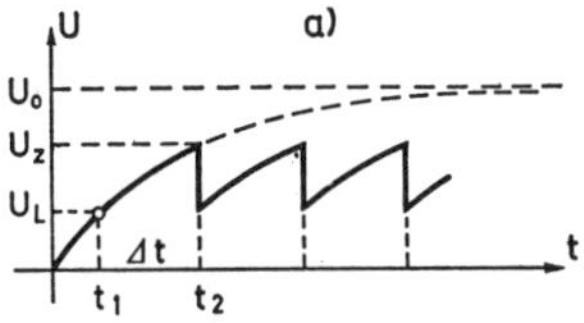

Abb. 13–33

b) Kippschwingung;
c) $\Delta t = t_2 - t_1 = RC \ln \frac{U_0 - U_L}{U_0 - U_z}$; $f = \frac{1}{\Delta t}$.

13.4.3. *Die elektromagnetische Induktion*

13.4.3.1. *Grundlegendes*

178 a) Induktion als Vorgang: Die Erzeugung einer Spannung längs eines Leiters durch die zeitliche Änderung des magnetischen Flusses im Bereich dieses Leiters oder allgemein: die Erzeugung eines elektrischen Wirbelfeldes bei einer zeitlichen Änderung des magnetischen Flusses.
b) $\vec{B}$ als physikalische Größe; neuerdings aber als magnetische Flußdichte bezeichnet.

179 Bei konstanter Änderung: $\frac{\Delta \Phi}{\Delta t}$

für beliebige Änderung: $\lim_{\Delta t \to 0} \frac{\Delta \Phi}{\Delta t} = \frac{d\Phi}{dt} = \dot{\Phi}$,
der Differentialquotient des Flusses nach der Zeit.

180 Spannung · Zeit; 1 Vs = 1 Weber = 1 Wb.

181 $\frac{\text{Spannung} \cdot \text{Zeit}}{\text{Fläche}}$; $1 \frac{\text{Vs}}{\text{m}^2} = 1$ Tesla = 1 T.

13.4.3.2. *Induktionsgesetz; Lenzsche Regel*

182 a) Induzierte Spannung $U = -\lim\limits_{\Delta t \to 0} \frac{\Delta \Phi}{\Delta t} = -\frac{d\Phi}{dt}$, wobei Φ den magnetischen Fluß durch die geschlossene Kurve bedeutet.
b) Jedes sich zeitlich ändernde Magnetfeld ist von in sich geschlossenen elektrischen Feldlinien umschlungen (elektrisches Wirbelfeld; in einem Leiter: Induktionsstrom).

183 $U_1 = -\frac{d\Phi}{dt}$; $U_N = -\frac{d(N\Phi)}{dt} = -N\frac{d\Phi}{dt} = -N\frac{d(BA)}{dt}$;
d. h. die Wirkung von N Windungen kommt derjenigen eines N-fachen Magnetflusses gleich (N kann als Faktor sowohl der Induktion B wie der Fläche A zugeordnet gedacht werden).

184 Lenzsche Regel: Der durch die induzierte Spannung hervorgerufene Strom (und dessen Magnetfeld) wirkt stets hemmend auf die magnetische Flußänderung, welche die Induktionsspannung verursachte.

185 a) Energie-Erhaltungssatz;
b) Wirbelstrombremse elektrischer Fahrzeuge; Dämpfungseinrichtungen elektrischer Meß-Instrumente; pendelnde Kupferplatte zwischen zwei Magnetpolen.

186 Die zeitliche Änderung des magnetischen Flusses ist bei kleinen Geschwindigkeiten so klein geworden, daß der Induktionsstrom und damit die nach dem Lenzschen Satz damit verbundene Bremswirkung verschwindend klein wird.

187 Kriechen der Münze bei Eintritt in das homogene Feld auf dem Weg d (Durchmesser der Münze); ebenso beim Austritt aus dem Feld; dazwischen gleichförmig beschleunigt mit g.

188 Die Flächennormale muß während der Bewegung parallel zu sich selbst bleiben.

189 a) $U = -\frac{d\Phi}{dt} = -\frac{d(AB)}{dt} = -Bvl$;
b) Bei der vorgeschriebenen Bewegung des Drahtstücks stellen die Leitungselektronen und die positiven Gitterionen parallele, entgegengesetzt gerichtete Ströme im Magnetfeld dar, die senkrecht zu diesem und zur Leiterrichtung verlaufen. Sie erfahren in der Leiterrichtung entgegengesetzt gerichtete Kräfte (Lorentzkraft) und werden dadurch relativ zueinander etwas verschoben, sodaß längs des Drahtes ein elektrisches Feld E und damit eine Spannung $U = El$ entsteht.

190 Jede geschlossene Leiterschleife kann infinitesimal in transversal und longitudinal sich zum Magnetfeld bewegende Leiterelemente zerlegt werden. Die Summe aller Transversalelemente gibt im vektoriellen Sinne Null, und die darin induzierten Teilspannungen heben sich auf. Die Tangentialelemente liefern überhaupt keinen Spannungsbeitrag.

191 $U = Bvl$; 0,125 V; 1,25 V/m.

192 $I = \frac{Blv}{R}$; 0,2 A; $F = IlB$; $4 \cdot 10^{-3}$ N; $P = Fv$; 0,02 W.

193

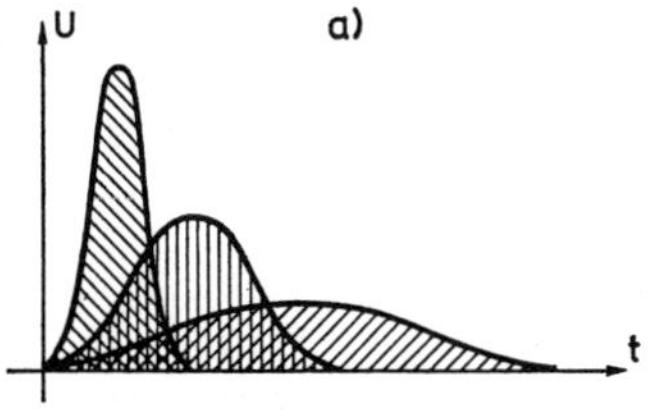

Abb. 13–34

b) Spannungsstoß; Maßzahl der Fläche = Maßzahl der Flußänderung = Maßzahl des Spannungsstoßes.
c) Die induzierte Spannungsspitze ist bei gleichbleibender Flußänderung um so höher, je rascher der Induktionsvorgang abläuft.

194 $\Phi = \frac{QR}{N}$; 10^{-5} Wb.

195 a) Mit dem ballistischen Galvanometer, welches direkt in Wb geeicht werden kann. Der Endausschlag eines im Vergleich zur Stoßzeit langsam schwingenden Galvanometers ist stets proportional zur Ladung und damit zum Spannungsstoß.
b) Mit einer Hall-Sonde. Sie beruht auf der Auswirkung der Lorentz-Kraft auf Elektronen, die in einem Leiter transversal durch ein Magnetfeld fließen. Die dabei auftretende Hall-Spannung, zwischen den Seiten des Hall-Leiters gemessen, ist der Induktion proportional.

196 $B = \frac{\Sigma U \Delta t}{NA}$; 3,50 T; $H = \frac{B}{\mu_0}$; $2{,}79 \cdot 10^6$ A/m.

197 $\Sigma U \Delta t = BNA \cos \varphi$; $7{,}80 \cdot 10^{-3}$ Wb; $6{,}75 \cdot 10^{-3}$ Wb; 0,780 V; 0,675 V.

198 a) $H = \frac{NI}{\pi d}$; 1000 A/m; $\mu_r = \frac{B_1}{\mu_0 H}$; ≈ 1100;

b) $\mu_r = \frac{B_2}{2\mu_0 H}$; ≈ 630.

199

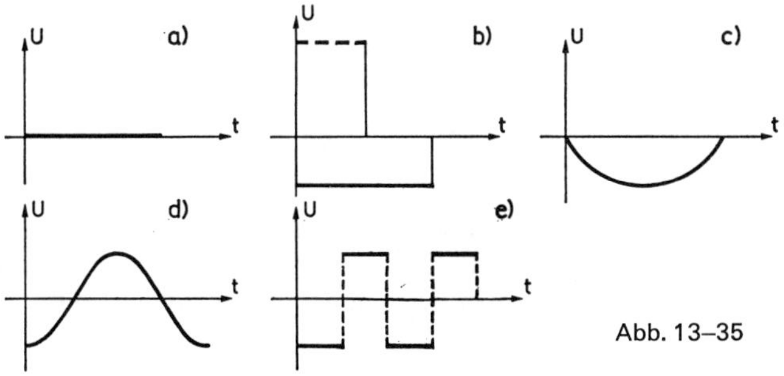

Abb. 13–35

13.4.3.3. *Die Selbstinduktion*

200 *Induktive* Rückwirkung des eigenen Magnetfeldes eines Leiters auf *denselben* Leiter.

201 Ein- und Ausschaltvorgänge in Stromkreisen; langsamer Anstieg eines Gleichstromes in einem «induktiv belasteten» Leiter (Spulen mit Eisenkern); hohe Öffnungsspannungsspitzen beim plötzlichen Unterbrechen induktiv belasteter Gleichstromkreise (Folgen: Isolationsdurchschläge; Zerstörende Flammenbogen zwischen den Öffnungsschalterkontakten); Abwurf eines massiven geschlossenen Metallringes vom offenen Eisenkern eines Elektromagneten, etc.

202 Die Induktivität L (auch «Selbstinduktivität» oder «Selbstinduktionskoeffizient» genannt).
Die selbstinduzierte Spannung, die im Stromkreis auftritt, wenn sich in ihm in der Zeit dt die Stromstärke um dI ändert, ist:

$$U_s = -L\frac{dI}{dt} = -L\dot{I}.$$

203 $1\text{ Henry} = 1\text{ H} = 1\,\frac{\text{Vs}}{\text{A}} = 1\,\frac{\text{Wb}}{\text{A}}.$
Derjenige Leiter besitzt eine Induktivität von 1 H, der bei einer Stromänderung von 1 A innert 1 s zwischen seinen Enden gerade eine Spannung von 1 V selbstinduziert.

204 Solche Spulen führen an jeder Stelle den Strom in gleicher Stärke in antiparalleler Richtung, so daß sich das Magnetfeld des Stromes fast aufhebt. [Induktionsfreie Meßspulen, die nur «Ohmschen Widerstand» (Wirkwiderstand; s. Wechselstromaufgaben) aufweisen.]

205 $\int_0^\infty U_s dt = -L\int_0^\infty \frac{dI}{dt}dt = -L\int_0^I dI = -L\frac{U_0}{R}$; $-0{,}5$ Wb.

206 $\Phi = NAB = \frac{NA\mu_0 IN}{l} = LI;\; L = \frac{\mu_0 N^2 d_2^2}{4d_1}$; 1,02 mH.

13.4.4. *Der sinusförmige Wechselstrom*

13.4.4.1. *Grundlegendes*

207 Der technische und mathematische Umgang mit ideal sinusförmigem Wechselstrom ist besonders einfach.

208 In der praktischen Unmöglichkeit, großräumige *homogene* Magnetfelder großer Flußdichte (mit Eisen!) zu erzeugen.

209 Durch die richtige Anlage der Induktionswicklung und vor allem durch die richtige Formgebung der magnetischen Polschuhe, so daß die Flußänderung in den verschiedenen, miteinander verbundenen Wicklungen zeitlich sinusförmig erfolgt.

210 314,2 s^{-1}; 104,7 s^{-1}.

211 Einen Strom wechselnder Richtung; die Kapazität wechselt periodisch ihren Wert und damit bei konstanter Spannung auch die Ladung des Kondensators. Der periodische Zu- und Abfluß von Ladung äußert sich als wechselnder Strom in den Zuführungsleitungen.

212 a)

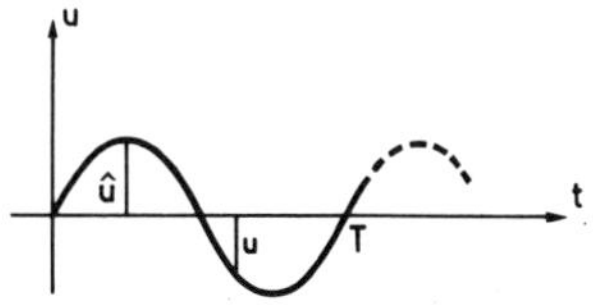

Abb. 13–36

b) $u = \hat{u} \sin(2\pi f t)$
$= \hat{u} \sin\left(\frac{2\pi}{T} t\right)$
$= \hat{u} \sin(\omega t)$.

c) u = Momentanwert
$\hat{u}$ = Scheitelwert (Amplitude)
f = Frequenz
T = Periode
$\omega = \frac{2\pi}{T}$ = Kreisfrequenz

213

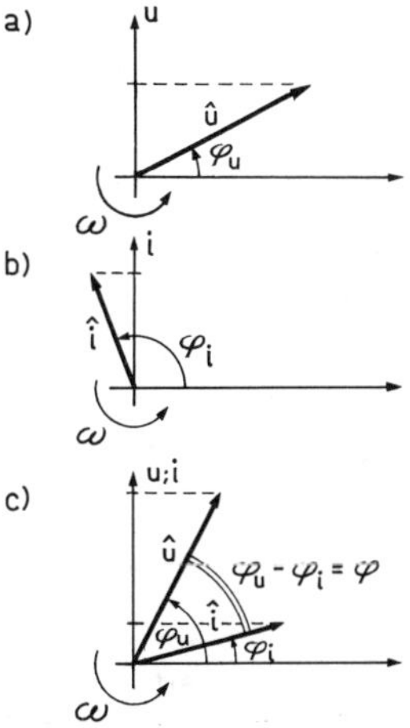

Abb. 13–37

a) $u = \hat{u} \sin(\omega t + \varphi_u)$, spez. für $t = 0 : u = \hat{u} \sin \varphi_u$ (s. Abb. a))

b) $i = \hat{i} \sin(\omega t + \varphi_i)$, spez. für $t = 0 : i = \hat{i} \sin \varphi_i$ (s. Abb. b))

c) $u = \hat{u} \sin(\omega t + \varphi_u)$,
$i = \hat{i} \sin(\omega t + \varphi_i)$
$\varphi = \varphi_u - \varphi_i$ = konst. für
$\omega_u = \omega_i = \omega$
(In Abb. c) für $t = 0$)

214 Zwei Lösungen! a) $i = \hat{i} \sin \pi\left(2ft - \frac{5}{6}\right)$
b) $i = \hat{i} \sin \pi\left(2ft - \frac{1}{6}\right)$
(vgl. Abb. 13–38).

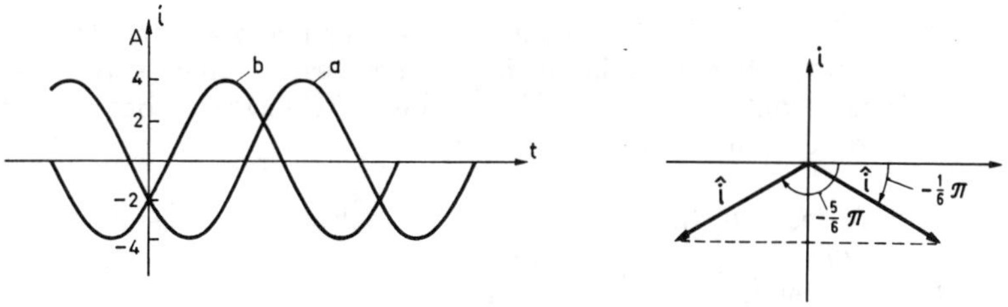

Abb. 13–38

13.4.4.2. *Die Erzeugung einer sinusförmigen Wechselspannung*

215 $\hat{u} = 2\pi f l b N \dfrac{B}{\cos\beta}$; 4,3 mV.

216 $i = \dfrac{\omega N l b B}{R} \sin \omega t$; $\hat{i} = 0{,}236$ A.

217 $B = \dfrac{\hat{u}}{\omega N A}$; 0,318 T.

218 a) $B = \dfrac{2\sqrt{2}U}{\pi^2 d^2 f N}$; $1{,}00 \cdot 10^{-2}$ T;

b) $\tan\varphi = \dfrac{\omega L}{R}$; 32,1°.

13.4.4.3. *Wechselstromgrößen*

219 Frequenz; Periode; Momentanwerte; Scheitelwert (Amplitude); Effektivwert; Phase und Phasenverschiebung.

220 Bei Stromumkehr kehrt auch die Richtung des Drehmomentes auf die Meßspule um. Da es wegen der Trägheit dem raschen Wechsel der elektrodynamischen Kräfte nicht zu folgen vermag, bleibt es auf Null stehen.

221 Der Effektivwert; er ist diejenige Stromstärke, die ein konstanter Gleichstrom haben müßte, um in einem Ohmschen Widerstand die gleiche Leistung zu erzeugen wie der betreffende Wechselstrom.

$I = \hat{i}\,\dfrac{\sqrt{2}}{2} \approx 0{,}707\,\hat{i}$.

222 Als Wurzel aus dem sogenannten quadratischen Mittelwert:

$I = \sqrt{\dfrac{1}{T}\int_0^T i^2\,dt}$

I = Effektivwert $= \hat{i}\,\dfrac{\sqrt{2}}{2}$ für sinusförmigen Wechselstrom.

i = Momentanwert $= \hat{i} \sin \omega t$; T = Periode.

Die Fläche zwischen der quadrierten Stromkurve $y = i^2(t)$ und der t-Achse wird über die Periode T in ein flächengleiches Rechteck verwandelt; dessen Höhe ist somit gleich dem Quadrat des Effektivwertes des Wechselstroms. (Analoge Gültigkeit für die Spannung)

223 Mit Hilfe des zeitlichen Mittelwertes der Wechselstrom-Leistung werden sie aus den quadrierten Momentanwerten i^2 bzw. u^2 durch Integration über eine Periode des Wechselstromes bzw. der -spannung berechnet.

224 Physiologisch besonders ins Gewicht fällt die Scheitelspannung, die sogar um den Faktor $\sqrt{2}$ höher liegt, nämlich bei 311 V.

225 537 V.

226 Bei jedem Wechsel der Polarität bleibt die abstoßende Kraftwirkung zwischen den beweglichen und festen Teilen in bezug auf die Richtung erhalten. Diese Kraft ist, wie beim Plattenkondensator, dem Quadrat der Spannung proportional. Der Zeiger reagiert zufolge seiner Trägheit auf den Effektivwert (= Wurzel aus dem quadratischen Mittelwert).

227 Das Anlegen einer Wechselspannung von gleichem Nennwert kann zum Durchschlag des Dielektrikums führen, weil die Scheitelspannung um den Faktor $\sqrt{2}$ höher liegt als der Effektivwert.

228 10^{-3} s; 3,2 mA; 9 V; 6,4 V.

13.4.4.4. *Widerstände im Wechselstromkreis*: *R*, *L*, C *allein und in Kombinationen*

229 Es gilt für die Momentan-, Scheitel- und Effektivwerte, solange der betreffende Kreis nur rein Ohmsche Widerstände aufweist, in denen die ganze Stromarbeit in Wärme umgesetzt wird. (Keine Induktivitäten oder Kapazitäten)

230 $\hat{i} = \frac{\hat{u}}{R}$; $i = \frac{\hat{u}}{R} \sin \omega t$; $I = \frac{\sqrt{2}}{2} \frac{\hat{u}}{R}$.

Strom und Spannung haben dieselbe Frequenz und die gleiche Phase.

231 An den Enden der Spule wird zufolge des ständigen Wechsels des Magnetfeldes eine Selbstinduktionsspannung erzeugt, die nach der Lenzschen Regel der primär angelegten Spannung entgegenwirkt, so daß die totale Umlaufsspannung sehr klein wird. $Z_L = \omega L$; induktiver Widerstand oder «induktive Reaktanz».

232 Phasenverschiebung zwischen Spannung und Strom; der Strom «hinkt» dabei der Spannung um den Winkel φ «hinten nach». Der Ansatz $u = \hat{u} \sin \omega t$ und $i = \hat{i} \sin (\omega t + \varphi_i)$ führt auf $\tan \varphi_i = -\tan \varphi = -\frac{\omega L}{R}$.

Für $R = 0$ folgt speziell: $\varphi_i = -\frac{\pi}{2}$; $\varphi = \varphi_u - \varphi_i = \frac{\pi}{2}$.

233

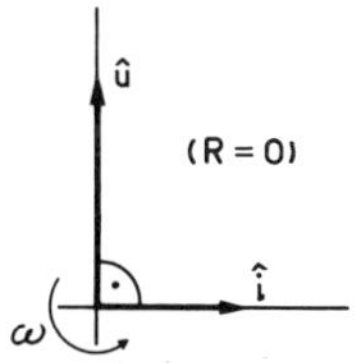

Abb. 13–39

234 62,8 Ω.

235 Dimension eines Widerstandes; $[\omega L]_{SI} = 1\ \Omega$.

236 $Z = 2\pi f L$; 31,4 Ω; $u = \hat{u} \sin \omega t$; $i = \frac{\hat{u}}{\omega L} \sin (\omega t - \varphi)$; 3,18 A; 2,25 A; $\varphi = \frac{\pi}{2}$.

237 Wechselnde Aufladung der beiden Leiteroberflächen bedeutet in der Zuleitung einen wechselnden Strom, und im Dielektrikum bildet das wechselnde elektrische Feld den sogenannten Verschiebungsstrom.

238 $Z_C = \frac{1}{\omega C}$;
Dimension eines Widerstandes, auch «kapazitive Reaktanz» genannt.

239 $I = U\omega C$; 0,691 A.

240 $C = \frac{I}{2\pi f U}$; 10 μF; $u = U\sqrt{2}\sin\omega t$; $i = I\sqrt{2}\sin\left(\omega t + \frac{\pi}{2}\right)$.
(Vgl. Abb. 13–40.)

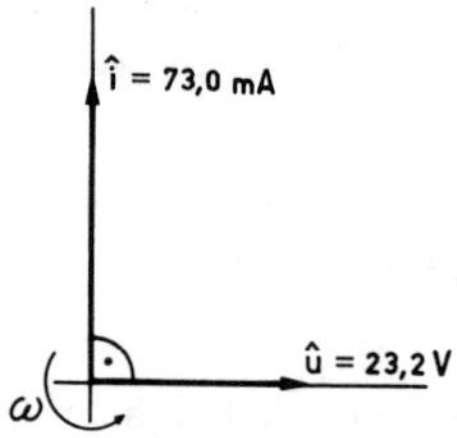

Abb. 13–40

241 Von 5,03 mA auf 100,5 mA linear ansteigend.

242 $Z = \frac{\hat{u}}{\hat{i}} = \frac{U}{I}$.

243 Der Ohmsche Widerstand in einem Wechselstromkreis, in dem die elektrische Arbeit nur in Wärme übergeht.

244 Der Widerstand, der durch die reinen induktiven und kapazitiven Elemente eines Wechselstromkreises bestimmt wird.

245 a) $Z = \sqrt{R^2 + (\omega L)^2}$; $\tan\varphi = \frac{\omega L}{R}$;

b) $Z = \sqrt{R^2 + \left(\frac{1}{\omega C}\right)^2}$; $\tan\varphi = \frac{-1}{\omega C R}$;

c) $Z = \sqrt{R^2 + \left(\omega L - \frac{1}{\omega C}\right)^2}$; $\tan\varphi = \frac{\omega L - \frac{1}{\omega C}}{R}$.

246 a) 3,34 A;
b) 72,3°;
c) 66,8 V; 210 V;
d) bis f): vgl. Abb. 13–41.

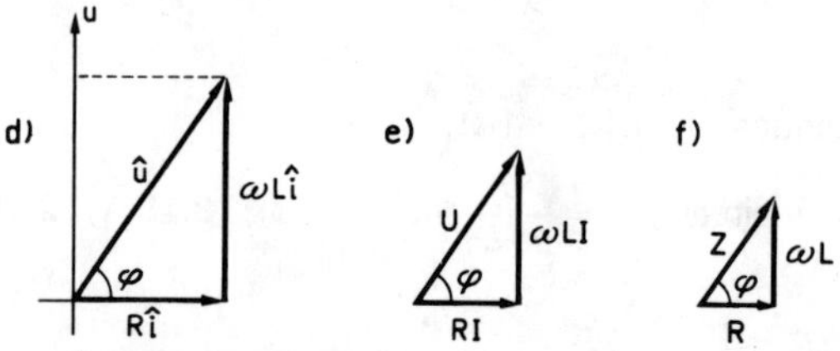

Abb. 13–41

$\hat{i}, \hat{u}$ = Scheitelwerte
R = Ohmscher Widerstand
I, U = Effektivwerte
Z = Impedanz
$\varphi = \varphi_u - \varphi_i$ = Phasenverschiebung
ωL = induktiver Widerstand

247 a) $I = \dfrac{U}{\sqrt{R^2 + \left(\dfrac{1}{\omega C}\right)^2}}$; 0,682 A;

b) $U_R = 34{,}1$ V; $U_C = 217$ V;

c) $\varphi = -81{,}1°$;

d) und e): vgl. Abb. 13–42.

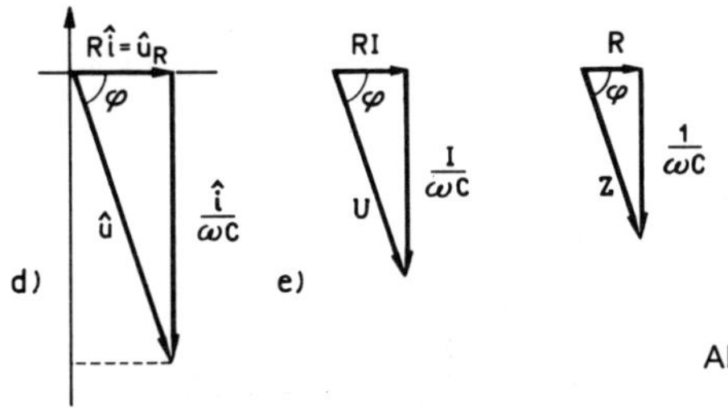

Abb. 13–42

Z = Impedanz

$\dfrac{1}{\omega C}$ = kapazitiver Widerstand

R = Ohmscher Widerstand

248 0,182 A;

a) -16%;

b) $-\dfrac{1}{2}\%$;

c) 1,44 kΩ; 1,22 kΩ;

d) für a): $I = 0{,}182$ A; für b): $I = 0$.

249 a) $I_0 = 0{,}0817$ A; $I_2 = I_8 = 0{,}122$ A; $I_4 = I_6 = 0{,}197$ A; (vgl. Abb. 13–43);

b) 5 H; 0,220 A.

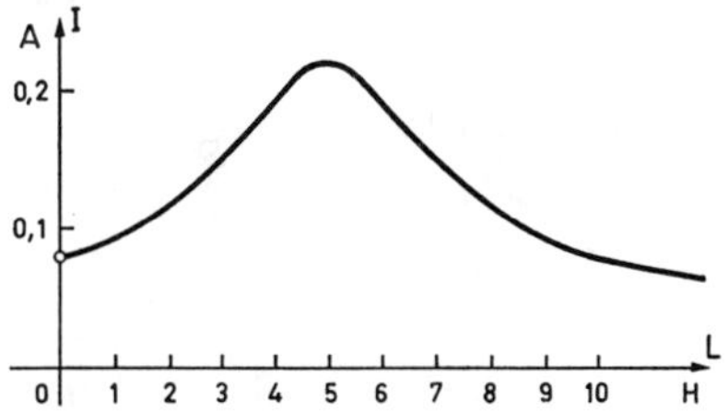

Abb. 13–43

250

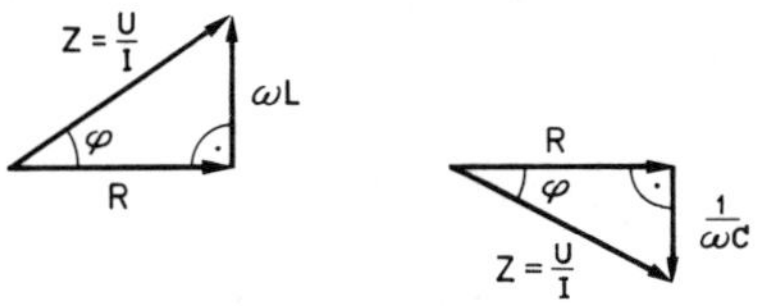

Abb. 13–44

251

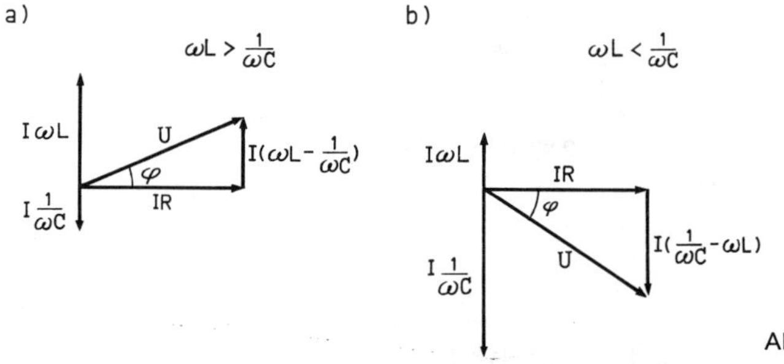

Abb. 13–45

$$U = IZ = I\sqrt{R^2 + \left(\omega L - \frac{1}{\omega C}\right)^2}.$$

252 $U_R = 58{,}1$ V; $U_L = 304$ V; $U_C = 385$ V;
Die Spannungen an den Blindwiderständen können wesentlich über der Nennspannung des Netzes liegen (Phasenverschiebung!)

253 $I_1 = \dfrac{U}{\sqrt{R^2 + (\omega L)^2}}$; 0,315 A; $I_2 = \dfrac{U}{\sqrt{R^2 + (1/\omega C)^2}}$; 0,314 A;

$\varphi_1 = \arctan(\omega L/R)$; 86,4°; $\varphi_2 = -\arctan(1/\omega CR)$; −86,4°; $\Delta\varphi = 7{,}2°$;
wegen $I_1 \approx I_2$ folgt $I_3 \approx 2 I_1 \cos\varphi_1 \approx 40$ mA.

Während die Lämpchen in Zweig 1 und 2 hell brennen, kommt ein gleiches Lämpchen in der Zuleitung kaum zum Glimmen.

254 $l_1 : l_2 = \dfrac{1}{C_x} : \dfrac{1}{C}$; 25,0; 0,500.

13.4.4.5. *Arbeit und Leistung des Wechselstromes*

255 Es ist die sogenannte «Scheinleistung» berechnet worden. Sie wird mit S bezeichnet.

256 a) Sie ist die an den Verbraucher wirklich abgegebene Leistung. In Ohmschen Widerständen z. B. wird sie in Wärme umgesetzt, in Motoren in mechanische Leistung, etc. Sie berechnet sich als:

$$P = UI\cos\varphi = \frac{1}{2}\hat{u}\,\hat{i}\cos\varphi$$

φ = Phasenverschiebung; $\cos\varphi$ = «Leistungsfaktor» $= \dfrac{P}{S}$;
S = Scheinleistung;
b) $P = S$, wenn $\varphi = 0$ ist.
c) Vgl. Abb. 13–46.

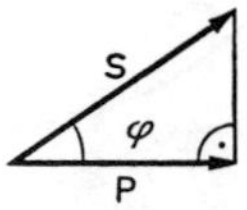

Abb. 13–46

257 a) $Q = \sqrt{S^2 - P^2}$; die Leistung, die in Kondensatoren und Induktivitäten eines Wechselstromkreises als elektrische bzw. magnetische Feldauf- und -abbauleistung zwischen C und L einerseits und der Stromquelle anderseits periodisch hin und her pendelt.
b) Vgl. Abb. 13–47.

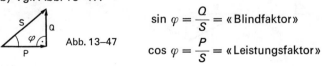

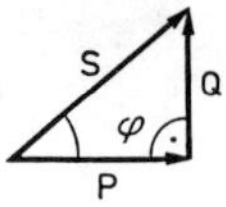

Abb. 13–47

$\sin\varphi = \dfrac{Q}{S}$ = «Blindfaktor»

$\cos\varphi = \dfrac{P}{S}$ = «Leistungsfaktor»

258 Scheinleistung: in VA;
Wirkleistung: in W;
Blindleistung: in var.

259 Die Drosselspule verbraucht keine Energie (Blindleistung), während ein Ohmscher Widerstand Energie in Wärme überführt.

260 a) Der Lampe ist eine Drosselspule (Induktivität) vorzuschalten. Diese begrenzt praktisch verlustfrei den Strom der Gasentladung (fallende Charakteristik!) und liefert zudem den für den Zündvorgang wesentlichen Zündspannungsstoß (Selbstinduktionswirkung);

b) $L = \frac{U_1}{\omega P}\sqrt{U^2 - U_1^2}$; 2,35 H.

261 Durch Multiplikation aller Spannungszeiger mit dem Faktor I.
$\cos\varphi$ = Leistungsfaktor;
$\sin\varphi$ = Blindfaktor;
$Q = S\sin\varphi = UI\sin\varphi$.

262 $I = \frac{U}{\omega L}$; 3,50 A;

Es fließt ein sogenannter «Blindstrom». Wegen der Phasenverschiebung zwischen Spannung und Strom von fast 90° ist die Wirkleistung $P = UI\cos\varphi$ praktisch Null. Die Energie, die zum Aufbau des Magnetfeldes in der Spule benötigt wird, pendelt mit der doppelten Wechselstromfrequenz zwischen Spule und Netz hin und her (warum?).

263 Auch hier treten nur Blindstrom und Blindleistung auf. Der Kondensator liefert die Energie, die er zum Aufbau des elektrischen Feldes benötigt, innert einer Viertelperiode wieder an das Netz zurück.

264 a) 0,988 Ω;
b) 10,1 A;
c) 0,785 Ω;
d) 0,607;
e) 0,607;
f) 52,6°;
g) 101 VA;
h) 61,3 W;
i) 80,3 var.
k) Vgl. Abb. 13–48.

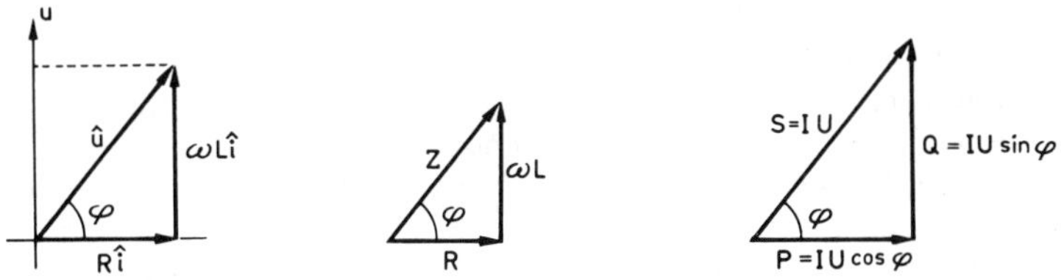

Abb. 13–48

$\hat{u}$ = Scheitelspannung
$\hat{i}$ = Scheitelstromstärke
$\cos\varphi = \frac{\hat{i}}{\hat{u}} R$

Z = Impedanz
ωL = Blindwiderstand
$\cos\varphi = \frac{R}{Z}$

S = Scheinleistung
P = Wirkleistung
Q = Blindleistung
$\cos\varphi = \frac{P}{S}$

265 a) 4,83 A;
b) 74,7°;
c) 0,263;
d) 280 W;
e) 1,06 kVA;
f) 1,02 kvar.

266 $C = \dfrac{P}{\omega U_1 \sqrt{U^2 - U_1^2}}$; 8,35 μF.

267 $\hat{i} = \dfrac{\hat{u}}{\sqrt{R^2 + \omega^2 L^2}}$; 2,00 A; $\tan\varphi = \dfrac{\omega L}{R}$; $\varphi = 32{,}1°$; $P = \dfrac{\hat{i}\,\hat{u}\cos\varphi}{2}$; 100 W.

268 $W = \dfrac{R U^2 t}{R^2 + \omega^2 L^2}$; $8{,}92 \cdot 10^3$ J.

269 a) 51,4 Ω;
b) 2,33 A;
c) 218 W;
d) Vgl. Abb. 13–49.

d)

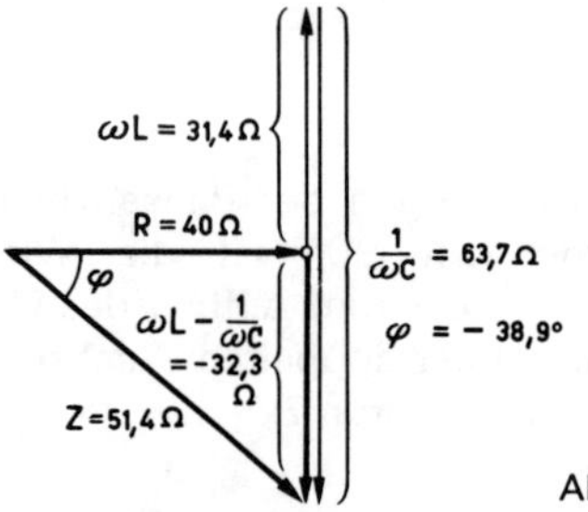

Abb. 13–49

270 $P = \dfrac{\left(lvB\dfrac{N}{2}\right)^2}{R}$; 23,5 W;

$P_{mech} = P_{el}$; Inhomogenität des Magnetfeldes; Joulesche Wärmeverluste.

13.4.4.6. *Elektromagnetische Schwingungen und Wellen*

271 1. Beim technischen Wechselstrom (s. 13.4.4.; harmonische Schwingungen der Spannung und des Stromes).
2. Entladung eines Kondensators in einen induktiv belasteten Kreis; je nachdem ob $R = 0$ oder $R \neq 0$ ist, ist die Schwingung ungedämpft oder gedämpft. Die Frequenz wird im wesentlichen durch L und C, der Grad der Dämpfung durch R bestimmt.
3. Ungedämpfte Schwingungen im ideal widerstandsfreien Thomsonschen Schwingungskreis und im gedämpften Thomsonkreis, falls die Verlustenergie zufolge des Ohmschen Widerstandes im Gleichtakt in den Kreis «nachgepumpt» und gerade kompensiert wird.
4. Schwingungen der elektrischen Sendeanlagen von Radio-, Fernseh- und Radarsendern (modulierte Trägerschwingungen).

272 Die elektrische Energie des sich entladenden Kondensators (Strom) wird zum Aufbau eines Magnetfeldes in L benötigt. Zufolge der Selbstinduktionswirkung der Spule baut das nachher wieder zusammenfallende Magnetfeld am Kondensator ein vorzeichenumgekehrtes elektrisches Feld auf, das sich hierauf wieder zugunsten des Magnetfeldes in der Spule abbaut etc. (Energiesatz)
Die Schwingungszeit T des Kreises ist gleich der Resonanz-Periode des Kreises, nämlich: $T = 2\pi\sqrt{LC}$.

273 $f = \frac{1}{2\pi}\sqrt{\frac{1}{CL}}$; $\approx 6 \cdot 10^6$ Hz; 50 m.

274 $C = \frac{C_2^* f_2^2 - C_1^* f_1^2}{f_1^2 - f_2^2}$; 4,65 nF;

$L = \frac{f_1^2 - f_2^2}{(2\pi f_1 f_2)^2 (C_2^* - C_1^*)}$; 9,53 H.

275 Es entsprechen sich Selbstinduktivität L und träge Masse m einerseits, Kapazität C und reziproker Wert der Richtgröße D andrerseits.

276 Das elektromagnetische Feld ist ein «Koppelungsfeld» (Nahewirkungstheorie), bei dem sich zeitlich wechselnde magnetische und elektrische Felder als Ganzes zusammen im Vakuum mit Lichtgeschwindigkeit ausbreiten.

277 $\omega = 2\pi f$; $(3\,311\,239 \pm 1)\,\mathrm{s}^{-1}$; $(5{,}94389 \pm 0{,}00006) \cdot 10^8\,\mathrm{s}^{-1}$;

$\lambda = \frac{c}{f}$; $(568{,}8661 \pm 0{,}00002)$ m; $(3{,}16905 \pm 0{,}00003)$ m.

278 $l = \frac{c}{2f}$; 1,88 m.

279 $L = \frac{\Delta L f_2^2}{f_1^2 - f_2^2}$; 2,5 mH;

$C = \frac{1}{4\pi^2 f_1^2 L}$; 28,1 pF.

280 Siehe Lehrbücher.

Aus der neueren Physik

14. ATOME; MOLEKÜLE; ELEMENTARTEILCHEN

14.1. *Atomarer und molekularer Aufbau der Materie*

1 1. Das Eingehen von Verbindungen von verschiedenen Stoffen in ganz bestimmten, zahlenmäßig erfaßbaren Verhältnissen.
2. Das blitzartige Aufleuchten eines Leuchtschirmes in der Nähe eines radioaktiven Alpha-Strahlers.
3. Die begrenzte Fläche, die ein auf Wasser sich ausbreitender Öltropfen nach einiger Zeit bildet.
4. Die Gesetze der Elektrolyse.
5. Streuversuche mit geladenen Teilchen an Materie.
6. Beugung von Röntgenstrahlen am Atomgitter der Kristalle.
7. Einzelspuren von geladenen Teilchen in der Wilson-Kammer.
8. Einzelne Registrierung von Prozessen in den Geiger-Müller-Zählrohren.

2 a) Die Atome eines bestimmten Elementes unterscheiden sich bei gleicher Ordnungszahl Z (Zahl der Protonen) nur durch die Verschiedenheit der Neutronenzahl N im Kern.
b) Irgendein herausgegriffenes Atom unter den Isotopen dieses Elements.
c) Wasserstoff besitzt die 3 Isotopen ^1_1H, $^2_1H = {}^2_1D$ und $^3_1H = {}^3_1T$;
^2_1H ist davon ein ganz bestimmtes Nuklid (spezieller Name: «Deuterium»);
Zink weist 15 verschiedene Isotopen auf; $^{64}_{30}Zn$ und $^{66}_{30}Zn$ sind zwei verschiedene Nuklide davon.

3 a) Zahl der Protonen im Kern = Zahl der Hüllenelektronen im neutralen Zustand des Atoms.
b) Mittlere Atommasse für das natürliche Isotopengemisch des betreffenden Elements, ausgedrückt in einer international festgesetzten Atommasseneinheit «1 u»; 1 u = $1{,}6605655 \cdot 10^{-27}$ kg.

4 Von experimentellen Befunden ausgehendes, mehr oder weniger anschauliches Bild (Schema) vom Atom und seinem inneren Aufbau, das das Verhalten und die Eigenschaften der Atome zu beschreiben und physikalisch widerspruchsfrei zu deuten erlaubt. – Rutherfordsches, Bohrsches, Bohr-Sommerfeldsches, Schrödingersches oder wellenmechanisches, Kimballsches Modell (Chemie).

5 $N = N_A \dfrac{V p T_n}{V_{mn} p_n T}$; $2{,}47 \cdot 10^{11}$.

6 $N = \varrho \dfrac{N_A V_2 V_3}{M V_1} = \varrho \dfrac{V_2 V_3}{m_m V_1}$; $5{,}6 \cdot 10^{12}$.

7 $\dfrac{N}{V} = \dfrac{\varrho_n}{m_a}$; $2{,}686 \cdot 10^{25}\ \mathrm{m}^{-3}$;

$\dfrac{N}{V} = \dfrac{\varrho_n}{m_m}$; $2{,}688 \cdot 10^{25}\ \mathrm{m}^{-3}$; $2{,}705 \cdot 10^{25}\ \mathrm{m}^{-3}$;

Theoretisch müßte sich für das ideale Gas der Wert $2{,}6867 \cdot 10^{25}\ \mathrm{m}^{-3}$ ergeben; unsere Abweichungen sind darauf zurückzuführen, daß es sich um reale Gase handelt.

8 $s = \sqrt[3]{\frac{m_a}{\varrho}}$; $2{,}76 \cdot 10^{-10}$ m.

9 a) $A_1 = \frac{m}{\sqrt[3]{m_a \varrho^2}}$; $0{,}56\ \mathrm{km}^2$;

b) $A_2 = \frac{\sqrt{3} \cdot \sqrt[3]{2}}{2} A_1 = 1{,}09 A_1$; $0{,}61\ \mathrm{km}^2$.

10 a) $\frac{V_1}{V_2} = \frac{(2r)^3 \varrho}{m_a}$; $1{,}8 \cdot 10^{-13}$;

b) $\frac{V_1}{V_2} = \frac{(2r)^3 \varrho \sqrt{2}}{2 m_a}$; $1{,}3 \cdot 10^{-13}$.

14.2. *Atommasse; Avogadro-Konstante*

11 a) 1 u ist $^1/_{12}$ der Masse des Nuklids ^{12}C;
b) «1 Mol ist die Stoffmenge eines Systems, das aus ebensoviel Einzelteilchen besteht, wie Atome in $^{12}/_{1000}$ kg des Kohlenstoffnuklids ^{12}C enthalten sind» (DIN 1301, Mai 1978);
c) $1\ \mathrm{u} = \frac{1}{12} \frac{M(^{12}\mathrm{C})\ \text{in kg mol}^{-1}}{N_A\ \text{in mol}^{-1}}$;
$1\ \mathrm{u} = 1{,}6605655 \cdot 10^{-27}$ kg.

12 a) 1 u;
b) $6{,}6466 \cdot 10^{-27}$ kg.

13 a) $1{,}66057 \cdot 10^{-27}$ kg;
b) 931,502 MeV.

14.3. *Elektronen, Protonen, Neutronen, Deuteronen und Alpha-Teilchen*

15 a) $1{,}6022 \cdot 10^{-19}$ J; $1{,}6022 \cdot 10^{-13}$ J;
b) Energie, die eine mit der Elementarladung *e* versehene, anfänglich ruhende Masse nach dem Durchlaufen einer Spannung von 1 V (im Höchstvakuum) besitzt.

16 a) $v = \sqrt{2 \frac{e}{m} U}$; $5{,}93 \cdot 10^5$ m/s; $5{,}93 \cdot 10^7$ m/s;
b) $1{,}38 \cdot 10^4$ m/s; $1{,}38 \cdot 10^6$ m/s; $9{,}82 \cdot 10^3$ m/s; $9{,}82 \cdot 10^5$ m/s.
c) Die so berechnete Geschwindigkeit übersteigt mit zunehmender Spannung einmal die Lichtgeschwindigkeit, was zum experimentellen Befund jedoch im Widerspruch steht (Auswirkung der relativistischen Gesetze; vgl. Kapitel 15).

17 $s_2 = \frac{E}{2} \frac{e}{m_e} \left(\frac{s_1}{v}\right)^2$; 0,704 cm.

18 Positive z-Richtung: $\vec{F} = e \cdot \vec{v} \times \vec{B}$; $2{,}00 \cdot 10^{-11}$ N.

19 $B = \dfrac{v m_p}{r e}$; 10,4 T.

20 $\dfrac{r_2}{r_1} = \sqrt{2}$.

21 $T = \dfrac{2\pi m}{B e}$; $3{,}45 \cdot 10^{-8}$ s.

22 $v = \dfrac{B r e}{m_p}$; $4{,}8 \cdot 10^7$ m/s; $E_k = \dfrac{(B r e)^2}{2 m_p}$; $1{,}9 \cdot 10^{-12}\,\mathrm{J} \approx 12$ MeV.

23 a) $E_k = \dfrac{1}{4\pi\varepsilon_0} \dfrac{2 Z e^2}{r}$; $4{,}3 \cdot 10^{-13}\,\mathrm{J} = 2{,}7$ MeV;

$v = \sqrt{\dfrac{2 E_k}{m_\alpha}}$; $1{,}1 \cdot 10^7$ m/s;

b) $2{,}5 \cdot 10^{-14}$ m.

24 $U = \dfrac{1}{4\pi\varepsilon_0} \dfrac{eZ}{r}$; $5{,}76 \cdot 10^6$ V; $F = \dfrac{1}{4\pi\varepsilon_0} \dfrac{e^2 Z}{r^2}$; 46,1 N.

25 $s = \dfrac{1}{4\pi\varepsilon_0} \dfrac{2 e^2 Z}{m_\alpha v_0^2}$; $s = a$; $1{,}37 \cdot 10^{-14}$ m.

26 $v = \dfrac{v_0}{2}$; 3000 km/s; $r = \dfrac{1}{4\pi\varepsilon_0} \dfrac{4 e^2}{m_p v_0^2}$; $1{,}53 \cdot 10^{-14}$ m;

$F = \dfrac{m_p v_0^2}{4 r}$ oder $\dfrac{1}{4\pi\varepsilon_0} \dfrac{e^2}{r^2}$; 0,982 N.

27 $E_n = \dfrac{E_p}{\cos^2 \alpha}$; 5,2 MeV.

28 $\dfrac{\Delta N_\alpha}{\Delta t} = \dfrac{2 I}{N e}$; $125\ \mathrm{s}^{-1}$.

15. RELATIVISTISCHE PHÄNOMENE

15.1. *Masse, Energie und Impuls als geschwindigkeitsabhängige Größen*

29 $m = \gamma m_0$
$E_k = (\gamma - 1)\, m_0 c^2$
$\vec{p} = \gamma m_0 \vec{v}$
Dabei bedeuten: m_0 = Ruhmasse, c = Vakuum-Lichtgeschwindigkeit,
$\gamma = \left(1 - \dfrac{v^2}{c^2}\right)^{-1/2}$
Es ergeben sich ferner die Beziehungen:
Gesamtenergie $E = m c^2 = \gamma m_0 c^2$ = Ruhenergie E_0 + kinetische Energie E_k, wobei $E_0 = m_0 c^2$.

30 a) 1,0050;
1,0206;
1,0607;
1,1547;
1,6667;
2,2942;
7,0888.
(Vgl. Abb. 15–1)
b) 0,866 c;
0,995 c.

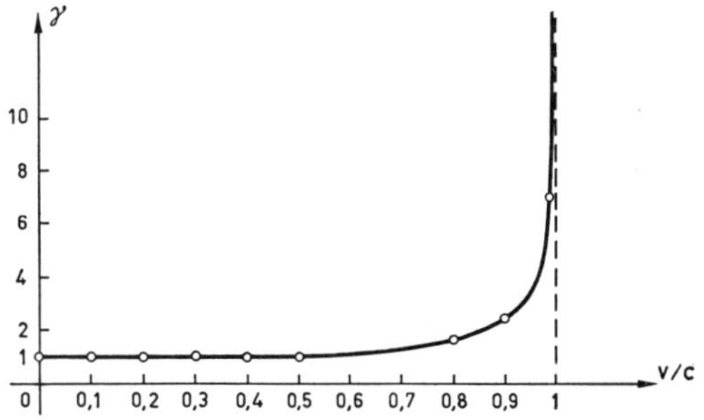

Abb. 15–1

31 1 MeV; $1{,}6022 \cdot 10^{-13}$ J; $m = m_e + \frac{eU}{c^2}$; $2{,}69 \cdot 10^{-30}$ kg $= 2{,}95\, m_e$;

$v = c\sqrt{1 - \left(\frac{m_e}{m}\right)^2}$; $2{,}82 \cdot 10^8$ m/s.

32 $v = c\sqrt{1 - \left(\frac{m_e c^2}{eU + m_e c^2}\right)^2} = c\sqrt{1 - \left(\frac{E_0}{E}\right)^2}$; $2{,}22 \cdot 10^8$ m/s; 74%.

33 $\Delta E = E_k = (\gamma - 1)\, m_e c^2$; $1{,}06 \cdot 10^{-13}$ J; 0,661 MeV.

34 $\frac{\beta^2}{2(\gamma - 1)} - 1$; $-19{,}2\%$; $\left(\beta = \frac{v}{c} = 0{,}5\right)$.

35 $\gamma = \frac{m}{m_e} = \frac{E_k}{m_e c^2} + 1$; 40,1.

36 a) 0,968 c;
b) $3{,}87\, m_0 c$.

37 $\frac{v}{c} = \frac{\sqrt{\gamma^2 - 1}}{\gamma}$; $\frac{\sqrt{5}}{3} = 0{,}745$.

38 a) 22,4;
b) $1{,}83 \cdot 10^{-12}$ J; $6{,}10 \cdot 10^{-21}$ kgms^{-1}.

39 a) $\vec{p} = \vec{p}_1 + \vec{p}_2 = m_0(\gamma_1 \vec{v}_1 + k\gamma_2 \vec{v}_2)$;
b) $E = m_0 c^2 (\gamma_1 + k\gamma_2)$
c) $\vec{v}_S = (\gamma_1 \vec{v}_1 + k\gamma_2 \vec{v}_2)/(\gamma_1 + k\gamma_2)$;
d) *Kleine Werte:* a) und c), Übergang zu den klassischen Resultaten;
b) Sinnlos; «Ruhenergie» fehlt in der klassischen Physik.
Große Werte: Bestätigung, daß c nie überschritten wird.

40 $m = m_p + \frac{\Delta E}{c^2}$; $\approx 7{,}15 \cdot 10^{-25}$ kg $= 427\, m_p$;

$v = c\sqrt{1 - \left(\frac{m_p}{m}\right)^2}$; 0,99999726 c;

$B = \frac{mv}{re}$; $\approx 1{,}21$ T.

41 a) $\frac{m}{m_e} = 1 + \frac{\Delta E}{m_e c^2}$; 11743

b) $v = c\sqrt{1 - \left(\frac{m_e}{m}\right)^2}$; $\approx c$;

c) $t \approx \frac{n\pi d}{c}$; $\approx 10{,}5\,\text{ms}$;

d) $h = \frac{g}{2}t^2$; $\approx 0{,}5\,\text{mm}$;

e) $\frac{F_G}{F} = \frac{gd}{2c^2}$; $\approx 5{,}5 \cdot 10^{-15}$.

15.2. *Die Äquivalenz von Masse und Energie*

43 Albert Einstein (1879–1955); Äquivalenz von Masse und Energie.

44 Die Masse verhält sich dabei so, daß schließlich mit einer noch so großen Kraft keine weitere Beschleunigung mehr zu erreichen ist oder: die Trägheit der Masse wird unendlich groß.

45 Genaue Messungen der Masse vieler Atomkerne haben ergeben, daß diese kleiner ist als die Summe der Massen der Kernbestandteile (Nukleonen) Protonen und Neutronen. Erklärung: Bei der Vereinigung der Nukleonen zum Kern wird «Bindungsenergie» frei, die sich nach der Einsteinschen Masse-Energie-Äquivalenz-Beziehung:

$\Delta E = \Delta m\, c^2$

als Massenabnahme oder «Massendefekt»

$\Delta m = \frac{\Delta E}{c^2}$

bemerkbar macht.

46 $1{,}50 \cdot 10^{-10}\,\text{J}$; 938 MeV.

47 $\approx 2{,}5 \cdot 10^4\,\text{kWh}$.

48 $\Delta m = \frac{\Delta E}{c^2}$; $3{,}18 \cdot 10^{-12}\,\text{kg/mol}$.

49 $\approx 300\,\text{g}$.

50 $5{,}62 \cdot 10^7$ Fr.

51 $r_0 = \frac{1}{4\pi\varepsilon_0}\frac{e^2}{2m_e c^2}$; $1{,}41 \cdot 10^{-15}\,\text{m}$.

52 $\frac{\Delta m}{\Delta t} = \frac{4\pi s^2 E_0}{c^2}$; $4{,}23 \cdot 10^9\,\text{kgs}^{-1}$; $\approx 0{,}07$‰.

53 $E = 2m_e c^2 + E_1 + E_2$; 8,8 MeV.

54 $\frac{\Delta m}{m_e} = \frac{eU}{m_e c^2}$; 5,9%.

15.3. *Die Lorentz-Einstein-Transformation; Längenkontraktion; Zeitdilatation; Additionstheorem für Geschwindigkeiten*

55 Galilei

$x' = x - vt;\; x = x' + vt$

$y' = y \;;\; y = y'$

$z' = z \;;\; z = z'$

$t' = t \;;\; t = t'$

(Vgl. Abb. 15–2)

Lorentz-Einstein:

$x' = \gamma(x - vt) \;;\; x = \gamma(x' + vt')$

$y' = y \;;\; y = y'$

$z' = z \;;\; z = z'$

$t' = \gamma\left(t - \frac{v}{c^2}x\right);\; t = \gamma\left(t' + \frac{v}{c^2}x'\right)$

mit $\gamma = \frac{1}{\sqrt{1 - \frac{v^2}{c^2}}}$

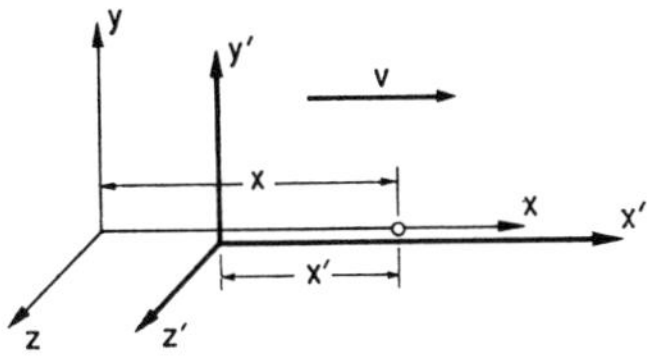

Abb. 15–2

56 a) Die Zeit-Transformation ist nicht nur geschwindigkeits-, sondern auch ortsabhängig. Zwei gleichzeitige Ereignisse in S erweisen sich im allgemeinen in S' als nicht mehr gleichzeitig. Nur solche Ereignisse, die in S *am gleichen Ort* und zur gleichen Zeit stattfinden, werden auch in S' als gleichzeitig registriert. Ferner: Zwei Ereignisse, die in S am gleichen Ort, aber im Zeitabstand $\Delta t = t_2 - t_1$ stattfinden, folgen sich, von S' aus beurteilt, im gedehnten Zeitintervall $\Delta t' = \gamma \Delta t > \Delta t$ *(Zeitdilatation)*.

b) Die Ablesung der Endmarken einer bewegten Strecke hat im ruhenden System in zwei Punkten zu geschehen, die *gleichzeitig* mit diesen Marken zusammenfallen (synchronisierte Uhren). Für die in S' ruhende Strecke $\Delta l' = x_2' - x_1'$ mißt man in S gemäß der Lorentz-Transformation $\Delta l = x_2 - x_1 = (x_2' - x_1')/\gamma = \Delta l'/\gamma$; d. h. eine Länge erscheint mit dem Faktor $1/\gamma$ verkürzt (*Längenkontraktion*).

57 a) $u' = \frac{u - v}{1 - \frac{uv}{c^2}}$;

b) aus $u \ll v$ folgt $u' \approx -v$; aus $v \ll c$ folgt $u' \approx u - v$;
aus $u \approx c$ folgt $u' \approx c$; aus $v \approx c$ folgt $u' \approx -c$.

58 $v = \frac{c}{\gamma}\sqrt{\gamma^2 - 1}$; $\frac{\sqrt{3}}{2}c$; $2{,}60 \cdot 10^8$ m/s.

59 $\Delta t' = \gamma \Delta t = \Delta t (1 - \beta^2)^{-1/2} \approx \Delta t\left(1 + \frac{\beta^2}{2}\right)$; 1 h + 2,5 μs.

60 $\Delta t' = t_2' - t_1' = \gamma \frac{v}{c^2}(x_1 - x_2)$; $\pm 1{,}33 \cdot 10^{-6}$ s (Diskussion).

61 *1. Möglichkeit:* Beobachter im Ruhsystem S der Erde; Müon ruhend im System S', das sich auf den S-Beobachter zubewegt. Gemäß R.T. erscheint dem S-Beobachter jedes Zeitintervall $\Delta t'$ in S' (Lebensdauer des Müons) entsprechend $\Delta t = \gamma \Delta t'$ gedehnt. Nach den vorliegenden Daten muß $\gamma = 30$ km/600 m $= 50$ sein, was einem v-Wert von 0,9998 c entspricht. Das Müon lebt, vom S-Betrachter auf der Erde aus beurteilt, 50mal länger als in S' und kann deshalb die Erdoberfläche erreichen.
2. Möglichkeit: Beobachter samt Müon befinden sich im System S' in Ruhe. Im Moment der Entstehung des Müons ($t' = 0$) stellt er die Erdoberfläche fest, die ihm mit der Geschwindigkeit $\approx c$ entgegensaust. Wegen der Längenkontraktion mißt der S'-Beobachter diese Entfernung mit dem Faktor $1/\gamma = 1/50$ verkürzt als 600 m. Diese Strecke vermag er – und damit das Müon – in der Eigenzeit-Lebensdauer von $2 \cdot 10^{-6}$ s gerade zu durchlaufen.

62 a) $\pm 1{,}5\,c$;

b) $u' = \dfrac{u - v}{1 - \dfrac{uv}{c^2}}$; $\pm 0{,}974\,c$;

c) Machzahl 6 $\hat{=}$ 2040 ms^{-1}; 2040 ms^{-1}.

16. ENERGIE-QUANTEN

16.1. *Das Plancksche Wirkungsquantum; das Photon*

63 1. Die von einem Temperaturstrahler emittierte Strahlungsenergie wird nicht kontinuierlich abgestrahlt, sondern setzt sich aus ganz bestimmten, abgegrenzten, durch die jeweilige Frequenz gegebenen Energiemengen, sogenannten Energie- oder Strahlungs-Quanten, zusammen. Die Energie eines solchen Quants mit der Frequenz f beträgt $E = hf$, wo h eine universelle Konstante, das Plancksche Wirkungsquantum bedeutet: $h = 6{,}6262 \cdot 10^{-34}$ Js.
2. Die erfolgreiche Übertragung dieser Idee auf das im Raum sich ausbreitende Licht (Lichtquanten) geschah durch A. Einstein.

64 $E = h\dfrac{c}{\lambda}$; $3{,}638 \cdot 10^{-19}$ J.

65 $U = \dfrac{hc}{e\lambda}$; 41,3 kV.

66 $eU = hcR_\infty$; 13,6 eV.

67 $E = hf$; $1{,}99 \cdot 10^{-12}$ J; $p = \dfrac{hf}{c} = \dfrac{E}{c}$; $6{,}63 \cdot 10^{-21}$ kgms^{-1}.

68 $m = \dfrac{hf}{c^2} = \dfrac{E}{c^2}$; $8{,}91 \cdot 10^{-36}$ kg; $f = \dfrac{mc^2}{h}$; $1{,}21 \cdot 10^{15}$ s^{-1};

$\lambda = \dfrac{ch}{E}$; $2{,}48 \cdot 10^{-7}$ m.

69 8,03 keV; $\lambda = \dfrac{hc}{\Delta E}$; $1{,}55 \cdot 10^{-10}$ m.

70 $f = \dfrac{2m_e c^2}{h}$; $2{,}47 \cdot 10^{20}$ s^{-1}.

16.2. *Einsteins Gleichung des photoelektrischen Effekts*

71 a) $hf = W_A + \frac{1}{2} m_e v^2$;

W_A = Austritts-, Ablöse- oder Abtrennarbeit des Elektrons für das betreffende Metall;

v = Geschwindigkeit des austretenden Photo-Elektrons;

Grenzfrequenz $f_0 = \frac{W_A}{h}$;

Grenzwellenlänge $\lambda_0 = \frac{ch}{W_A}$.

b) (vgl. Abb. 16–3)

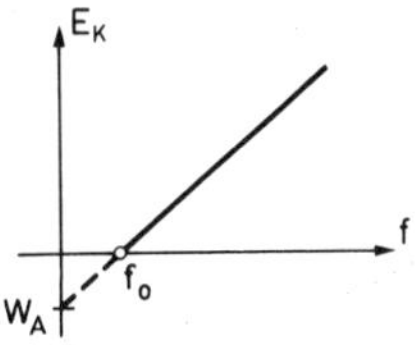

Abb. 16–3

72 $v = \sqrt{\frac{2hc}{m_e}\left(\frac{1}{\lambda} - \frac{1}{\lambda_0}\right)}$; $1{,}28 \cdot 10^6$ m/s.

73 $v = \sqrt{\frac{2}{m_e}\left(\frac{hc}{\lambda} - W_A\right)}$; $5{,}12 \cdot 10^5$ m/s.

74 $\lambda = \frac{hc}{eU}$; 91,2 nm; $T = \frac{2eU}{3k}$; $1{,}05 \cdot 10^5$ K.

17. WELLE UND KORPUSKEL

17.1. *De Broglies Beziehungen zwischen Wellenlänge und Impuls eines bewegten Teilchens*

75 Aus dem sogenannten dualen Verhalten («Sowohl als auch-Verhalten») des Lichtes, wonach dieses sowohl als Welle wie auch als Korpuskel gedeutet werden kann, schloß Louis de Broglie auf die Existenz einer analogen Beziehung zwischen Materie und Welle in dem Sinne, daß ein bewegtes Materieteilchen auch Wellencharakter aufweisen müsse (Beugung von Elektronen am Kristallgitter). Analog zu der für Lichtquanten gültigen Beziehung $\lambda = \frac{h}{p} = \frac{h}{mc}$ ordnete de Broglie einem bewegten Materieteilchen der Masse m und der Geschwindigkeit v eine Wellenlänge $\lambda = \frac{h}{p} = \frac{h}{mv}$ zu (die «de Broglie-Wellenlänge der Materiewelle»). Durch die Energie E_k des Teilchens ausgedrückt ergibt sich $\lambda = \frac{h}{p} = \frac{h}{\sqrt{2mE_k}}$.

76 $U = \frac{h^2}{2em_e\lambda^2}$; 150 V.

77 $\lambda = \frac{h}{m_e v}$; $2{,}43 \cdot 10^{-10}$ m.

78 a) $\lambda = \frac{h}{\sqrt{2 m_e e U}}$;
b) $1{,}23 \cdot 10^{-11}$ m.

79 $E = \frac{h^2}{2 m_\alpha \lambda^2}$; $3{,}30 \cdot 10^{-17}\ \text{J} = 206$ eV.

80 $6{,}63 \cdot 10^{-34}$ m; bei makroskopischen Körpern ist der Impuls derart groß, daß die Materiewelle sich jeder Beobachtung entzieht.

81 $U = \frac{h^2}{2 e m_e \lambda^2}$; 12,4 kV.

82 $\lambda = \frac{h}{m_p c}$; $\approx 1{,}321 \cdot 10^{-15}\ \text{m} \approx 1{,}1\, r_0$.

17.2. *Heisenbergs Unschärferelation*

83 Orts- und Impuls-Koordinaten x und p eines Masse-Teilchens sind mit prinzipiellen Ungenauigkeiten Δx bzw. Δp_x behaftet. Es können niemals Ort *und* Impuls (Geschwindigkeit) gleichzeitig beliebig genau gemessen werden. Nach Heisenberg gilt für alle Vorgänge: $\Delta x \cdot \Delta p_x \geqq h$; die Plancksche Konstante setzt der Meßgenauigkeit für Ort und Impuls eine natürliche Grenze.
Heisenbergs Aussage bedeutete einen Eingriff in die früher verankerte Ansicht einer vollständigen Determiniertheit irgendeines physikalischen Vorganges.

84 Jede Geschwindigkeit, auch die Geschwindigkeit null, ist nicht beliebig genau meßbar.

85 $\Delta x \geqq \frac{h}{\Delta p_x} = \frac{h}{p_x} \cdot \frac{p_x}{\Delta p_x} = \frac{h}{\sqrt{2 E_k m_\alpha}} \cdot \frac{p_x}{\Delta p_x}$; $\approx 6 \cdot 10^{-13}$ m.

86 $\tan \alpha = \frac{\Delta p_x}{p_y} \approx \frac{h/\Delta x}{m_e v}$; $2 \cdot 10^{-4}$; $\alpha \approx 0{,}014^\circ$.

87 $\Delta v = 3{,}3 \cdot 10^{-21}$ m/s;
d.h. die Geschwindigkeit ist «genau» bestimmbar, weil Δv außerhalb jeder erreichbaren Meßgenauigkeit liegt.

88 $\Delta v \geqq \frac{h}{m_e \Delta x}$; $\approx 7{,}3 \cdot 10^6$ m/s;
ist von der Größenordnung der Bahngeschwindigkeit des Elektrons gemäß dem Bohrschen Atommodell.

18. DER ATOMKERN

18.1. *Kernvolumen und Kerndichte*

89 a) $\varrho = \dfrac{3m_N}{4\pi r_0^3 A}$;

b) $2{,}3 \cdot 10^{17}$ kg/m³; $\dfrac{\varrho_\alpha}{\varrho_{Pt}} = 1{,}1 \cdot 10^{13}$.

18.2. *Bildungs- und Zerfallsenergie*

90 0,7825 MeV.

91 $E = c^2(m_n - \Delta m)$; 7,646 MeV.

92 $E = \dfrac{c^2}{27}(13m_p + 14m_n + 13m_e - m_a)$; 8,332 MeV.

93 $m_T = 2m_D - m_H - \dfrac{E}{N_a c^2}$; $5{,}00835 \cdot 10^{-27}$ kg.

94 $3{,}564 \cdot 10^{-13}$ J = 2,224 MeV.

18.3. **Kernprozesse**

18.3.1. *Radioaktiver Zerfall; Altersbestimmung*

95 Spontane, d. h. nur dem Zufall unterstellte Umwandlung von Atomkernen unter Aussendung von Elementarteilchen oder elektromagnetischer Strahlung in neue Kerne. Wesentlich ist, daß dieser Vorgang durch keinerlei Änderung der Umgebungsbedingungen wie Druck, Temperatur, Existenz von elektrischen oder magnetischen Feldern etc. beeinflußt werden kann.

96 Die «Aktivität» A; Einheit 1 Becquerel = 1 Bq = 1 s⁻¹; 1 Bq ist die Aktivität einer radioaktiven Quelle, in welcher im Mittel 1 Umwandlung pro Sekunde stattfindet. Neben dieser Einheit wird gelegentlich noch diejenige von 1 Curie = 1 Ci = $3{,}7 \cdot 10^{10}$ Bq verwendet.

97 $N = N_0 e^{-\lambda t}$; N_0 = Zahl der noch nicht zerfallenen Kerne zur Zeit $t = 0$; N = Zahl der noch nicht zerfallenen Kerne zur Zeit t; λ = Zerfallskonstante; $1/\lambda$ = «mittlere Lebensdauer» oder «mittlere Zerfallszeit» der Substanz; $\lambda = \ln 2/T_{1/2}$, wo $T_{1/2}$ die «Halbwertszeit» bedeutet. $-dN/dt = \lambda N_0 e^{-\lambda t} = \lambda N$ ist die Aktivität A; d. h. die Aktivität zur Zeit t ist der jeweiligen Anzahl noch nicht zerfallener Kerne direkt proportional. (Vgl. Abb. 18–4)

L 18.

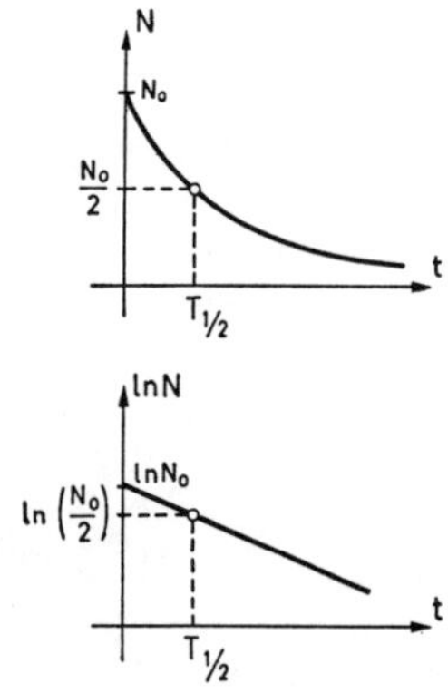

Abb. 18–4

98 $A = -\dfrac{dN}{dt} = \lambda N = \dfrac{\ln 2}{T_{1/2}} N.$

100 Die Umwandlung oder den Übergang eines Kern-Neutrons in ein Proton unter Emission eines Elektrons (Beta-Teilchen negativer Ladung) und eines durch die Forderung nach Erfüllung des Energie- und Impuls-Satzes notwendigen Teilchens (W. Pauli). Dieses wird «Neutrino» genannt (ν). Prozeß:

$n \rightarrow p^+ + \beta^- + \bar{\nu}$

Ebenso kann der Prozeß wie folgt verlaufen, wobei ein positiv geladenes Elektron, ein Positron, ausgeworfen wird. (Nebenbei sei vermerkt, daß sich die in beiden Prozessen emittierten Neutrinos voneinander als «Neutrino» und «Antineutrino» unterscheiden):

$p^+ \rightarrow n + \beta^+ + \nu$

ν = Neutrino; $\bar{\nu}$ = Antineutrino.

d. h. ein Kernproton wandelt sich in ein Neutron um und sendet ein «Positron» aus. Man beachte die Ladungserhaltung!

101 $N = N_0 2^{-\frac{t}{T_{1/2}}}.$

102 a) $P = A E_\alpha$; ≈ 40 mW;

b) $t = \dfrac{c \varrho V \Delta\vartheta}{P}$; ≈ 3 h.

103 $\dfrac{\Delta A}{A_0} = 1 - 2^{-\frac{t}{T_{1/2}}}$; 4,3‰.

104 $T_{1/2} = -t \dfrac{\ln 2}{\ln(1-p)}$; $\approx 5{,}2$ a.

105 $A = \dfrac{m \ln 2}{m_a T_{1/2}}$; $3{,}30 \cdot 10^8$ Bq.

106 a) $\dfrac{A}{m} = \dfrac{\ln 2}{m_a T_{1/2}}$; $4{,}2 \cdot 10^{16}$ Bq/kg;

b) $\approx$ Fr. 31 000.–.

107 $m = \frac{A m_a T_{½}}{\ln 2}$; $2{,}2 \cdot 10^{-11}$ kg.

108 $A_3 = A_2 \left(\frac{A_2}{A_1}\right)^{\Delta t_2/\Delta t_1}$; $0{,}12 \cdot 10^8$ Bq.

109 $N_0 = \frac{A_0 T_{½}}{\ln 2}$; $2{,}62 \cdot 10^9$.

110 a) $^{14}_{7}N + ^{1}_{0}n \rightarrow ^{14}_{6}C + ^{1}_{1}H$;

b) $t = T_{½} \frac{\ln (A_1/A_2)}{\ln 2}$; 11 500 a.

111 Radioaktives Gleichgewicht herrscht dann zwischen den einzelnen Gliedern einer radioaktiven Zerfallsreihe («Mutter- und Tochter-Substanzen»), wenn ihre aktiven (zerfallenden) Atome zeitlich ein konstantes Verhältnis bilden, und zwar so, daß von einer Komponente pro Zeiteinheit ebenso viele Atome zerfallen, wie neue entstehen. Dann gilt auch, daß sich die aktiven Substanzmengen zweier Komponenten wie ihre Halbwertszeiten verhalten. Voraussetzung für ein sogenanntes «Dauergleichgewicht»: Das 1. Glied der Zerfallsfamilie muß eine wesentlich größere Halbwertszeit aufweisen als die «Nachkommen». $(\lambda_1 N_1 = \lambda_2 N_2 = \ldots)$.

112 $m_2 = m_1 \frac{T_2 m_{a2}}{T_1 m_{a_1}}$; $1{,}21 \cdot 10^{-4}$ mg.

113 a) Im radioaktiven Gleichgewicht zerfallen in einer «Tochter-Substanz» pro Zeiteinheit genau so viele Atome wie neue, gleiche aus der «Mutter-Substanz» gebildet werden, d. h. aber:

$dN_1 = dN_2$.

$H_1 = H_3 \frac{N_1}{N_3} = H_3 \frac{T_1}{T_3}$; 0,0054%;

b) $t = \frac{T_2 T_3}{T_3 - T_2} \frac{\ln (H_{238}/H_{235})}{\ln 2}$; $5{,}99 \cdot 10^9$ a.

18.3.2. *Kernreaktionen; Kernspaltung und Kernaufbau*

114 a) Kernreaktionen, hervorgerufen durch Beschuß mit mehr oder weniger energiereichen Elementarteilchen wie α-Teilchen, Protonen, Deuteronen, Tritonen und Neutronen. Emission von β^-, β^+ oder anderen Elementarteilchen.
b) z. B. der berühmte Rutherford-Prozeß (1919): $^{14}_{7}N$ (α; p) $^{17}_{8}O$.

115 a) Schwere Kerne können durch Beschuß mit langsamen Neutronen in zwei ungefähr gleich schwere, neue Kerne großer kinetischer Energie unter gleichzeitiger Emission von 2 bis 3 schnellen Neutronen zerfallen (Spaltung von $^{235}_{92}U$);
b) Aufbau schwererer Kerne aus den leichtesten (Aufbau von $^{4}_{2}He$ aus $^{1}_{1}H$).

116 Als Massenabnahme bei der Kernreaktion («Massendefekt») gemäß: $\Delta E = \Delta m\, c^2$.

117 Annahme: Kugelvolumen; je kleiner die Kugel, um so größer wird das Verhältnis Oberfläche zu Volumen $= 3/r$; die relativ große Oberfläche führt dann zu einem relativ großen Neutronenverlust, so daß die Kettenreaktion sich nicht von selbst erhalten kann.

118 a) 1. Prozeß: Ein Stickstoffkern wird mit einem α-Teilchen (He-Kern) beschossen; es entstehen ein Sauerstoffkern und ein Proton:

$^{14}_{7}\text{N}\,(\alpha;p)\,^{17}_{8}\text{O}$;

2. Prozeß:

$^{2}_{1}\text{D}\,(^{3}_{1}\text{T};n)\,^{4}_{2}\text{He} + 17{,}7\ \text{MeV}$;

b) 1. Prozeß: Emission eines Positrons $^{0}_{1}e^{+}$;

2. Prozeß: Endprodukt: $^{235}_{92}\text{U}$;

c) $^{206}_{82}\text{Pb}$; $^{22}_{10}\text{Ne}$; $^{32}_{16}\text{S}$;

d) $^{210}_{82}\text{Pb} = \text{Ra D}$.

119 $v = c\sqrt{\dfrac{\Delta m}{m_\alpha}}$; $0{,}0682\,c$; $2{,}04 \cdot 10^{7}$ m/s.

120 $v_p = -\,v_n = \sqrt{\dfrac{E_\gamma - E}{m_p}}$; $6{,}15 \cdot 10^{6}$ m/s.

121 $1{,}616 \cdot 10^{11}$ J.

122 $5{,}91 \cdot 10^{14}$ J; $\approx 6 \cdot 10^{9}$ a.

123 $W = \dfrac{1}{4\pi\varepsilon_0}\,\dfrac{(46\,e)^2}{2r_1}$; $4{,}15 \cdot 10^{-11}\ \text{J} = 259$ MeV.

124 $T_{1/2} = \dfrac{\ln 2}{\ln(A_1/A_2)}\,\Delta t$; 140 min.

Aus allen Gebieten der Physik

19. VERMISCHTE AUFGABEN

1 Vernachlässigung von Reibung und Luftwiderstand bei Bewegungen; Annahme konstanter Beschleunigung bei Anfahr- und Bremsvorgängen; Ersetzen ausgedehnter Massen durch einen Massenpunkt; Vernachlässigung von Federmassen bei Schwingungen; Nichtberücksichtigen der Rotation einzelner Teile eines bewegten Systems (z. B. der Räder eines Fahrzeugs) usw.

2 «Modell» des idealen Gases; verschiedene «Atommodelle» (Bohr, Schrödinger, Kimbal, etc.); das «Energieband-Modell» des Halbleiters; Modelle über die verschiedenen elektrischen Leitungsvorgänge.

3 a) $v \gtreqless \sqrt{\dfrac{2\mu m g}{c_W A \varrho}}$;

Masse des Wagens, Rollreibungszahl, Luftwiderstandsbeiwert, Querschnittsfläche, Luftdichte.

b) $v \approx 70$ km/h.

4 a) $mg\sin\alpha = \mu_G mg\cos\alpha + c_W A\dfrac{\varrho}{2}v^2$; $A \sim \sqrt[3]{V^2} \sim \sqrt[3]{m^2}$; $k_1 m = \sqrt[3]{m^2}\, v^2$;

b) $v = k_2 \sqrt[6]{m}$; Fahrerin mit der größern Masse bevorzugt;

c) $\Delta t = t_1\left(\sqrt[6]{\dfrac{m_1}{m_2}} - 1\right)$; 2,25 s; $\Delta s = s\left(1 - \sqrt[6]{\dfrac{m_2}{m_1}}\right)$; 48,4 m.

5 a) $l = \dfrac{3gT^2}{8\pi^2}$; 1490,5 mm;

b) $\dfrac{\Delta t}{t} = \dfrac{\Delta T}{T} \approx \dfrac{1}{2}\dfrac{\Delta l}{l} = \dfrac{1}{2}\alpha\Delta\vartheta$; ∓ 10 s pro Tag.

6 a) Nur Zugbeanspruchung; Vermeiden von Druckbeanspruchung wegen evtl. Verbiegungen;

b) $\sigma = E\alpha\Delta\vartheta$; $+20$ °C: $1{,}5 \cdot 10^8$ N/m²;
-30 °C: $3{,}1 \cdot 10^8$ N/m² $< \sigma_B$.

7 a) Verlassen des Würfels an Grundfläche; Abstand von Seitenkante: 0,66 cm; $\beta_3 = 19{,}9°$;

b) 440 nm und 476 nm; Farbe bleibt.

8 $F = \dfrac{E_0 A}{c}$; $9{,}07 \cdot 10^{-6}$ N.

9 $I = \dfrac{\pi T^2}{2}\sqrt{\dfrac{d^3\sigma}{\varrho}}$; 2,46 A.

10 a) C = Vakuum-(Luft-)Plattenkondensator;
B = Gleichspannungsquelle;
S = dreipoliger Schalter;
V = statisches Voltmeter (Elektrometer);
G = ballistisches Galvanometer;

b) Schalter nach oben: Aufladen des Kondensators und Elektrometers; Messung der Spannung; Schalter nach unten: Entladen des Kondensators und Elektrometers durch das Galvanometer; Messung der Ladung aus dem Stoßausschlag;
c) Bekannt: Daten des Kondensators; Kapazität C_E des Elektrometers; ballistische Konstante k des Galvanometers in As/m;
gemessen: Spannung am geladenen Kondensator; Stoßausschlag s beim Entladen; $\varepsilon_0 = \frac{d}{A}\left(\frac{ks}{U} - C_E\right)$;

d) $[\varepsilon_0]_{SI} = \frac{As}{Vm}$.

11 $v = \frac{\Delta s}{\Delta t} = \frac{\Delta s}{RC \ln\left(\frac{U_0}{U}\right)}$; 448 m/s.

12 Bei zentralisierter Lage einer einzigen Spannungsquelle, etwa an der Peripherie der Stadt gelegen, wäre der Spannungsabfall längs der viele km langen Fahrdrahtleitung und längs den Schienen so groß, daß einem einzelnen Tram-Motorwagen in großer Entfernung von der Versorgungszentrale längst nicht mehr die nötige Betriebsspannung für seine Motoren zur Verfügung stünde.

13 $t = \frac{A^2 \varrho \left[c(\vartheta_2 - \vartheta_1) + L_f\right]}{I^2 \varrho_{el}}$; $\approx 0{,}2$ s.

14 $I = \sqrt{\frac{m_1 c \Delta\vartheta + m_2 L_v}{Rt}}$; 6,6 A.

15 $\frac{\Delta l}{l} = \left(\frac{U}{l}\right)^2 \frac{\alpha \Delta t}{c \varrho_{el} \varrho}$; $\approx 1{,}0$ mm/100 m.

16 a) $I = \frac{U_0}{R_i + R_a}$;

b) $U_a = U_0 - IR$;

c) $U_a = U_0 \frac{R_a}{R_i + R_a}$; (vgl. Abb. 19–3).

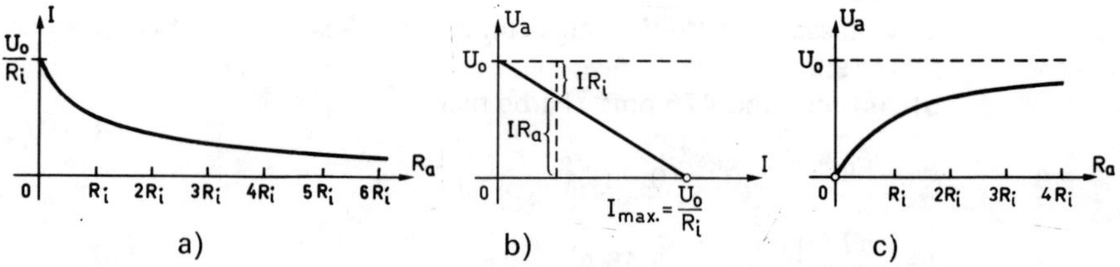

Abb. 19–3

17 a) 1,07 mH;

b) $U_s = -L\frac{\Delta I}{\Delta t} = -\mu_0 N^2 \frac{A}{2\pi r}\frac{\Delta I}{\Delta t}$; $-5{,}3$ mV.

c) Mit dem Faktor μ_r multipliziert: $-13{,}3$ V.

18 Zeitlicher Verlauf der Gleichspannung zwischen A und B: (vgl. Abb. 19–4); Mittelwert bleibt gleich dem Effektivwert des gewöhnlichen Wechselstromes, weil die quadrierte Stromfunktion dieselbe bleibt!

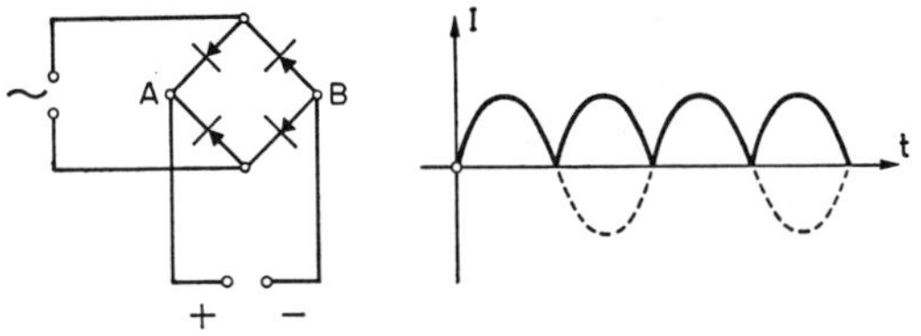

Abb. 19–4

19 a) 32400 t/Jahr;
b) 400 kW;
c) ≈ Fr. 950000/Monat;
d) 12 kWh/kg.

20 $E_k = \dfrac{2(erB)^2}{m_\alpha}$; $8{,}1 \cdot 10^{-13}$ J = 5,1 MeV.

21 a) $v = \dfrac{Rmg\sin\alpha}{B^2 l^2}$;

b) $\left[\dfrac{Rmg}{B^2 l^2}\right]_{SI} = 1$ m/s.

22 a) $v = r_0 \sqrt{\dfrac{g_0}{r_0 + h}}$; 1,63 km/s; 119 min;

b) $\Delta f_{max} = \dfrac{2 r_0 v f_0}{(r_0 + h)\, c}$; 1,02 kHz.

23 a) $\bar{P} = \dfrac{\pi^4 r_2^3 (\mu_0 f \hat{H} r_1)^2}{\sigma}$; 1,91 W;

b) $t = \dfrac{2 c \varrho \pi^2 r_2 r_1^2 \Delta\vartheta}{\bar{P}}$; 12,8 s.

24 a) $1{,}23 \cdot 10^6$ kg/s²;
b) 5,89 kW; 15,5 A;
c) 0,25 s; 1,2 cm.

25 $\tan\varphi = \dfrac{IlB}{mg}$; $\varphi = 25{,}5°$.

26 a) $I\omega$ = const; $T_2 = T_1 \left(\dfrac{r_2}{r_1}\right)^2$; $\approx 10^{-3}$ s;

b) $v_2 \approx 10^8$ m/s $< c$; noch möglich;

c) Gravitation: $\dfrac{F_G}{\Delta m} = G\dfrac{m_s}{r_2^2}$; $7{,}85 \cdot 10^{11}$ N/kg;

notwendige Zentripetalkraft: $\dfrac{F_Z}{\Delta m} = \dfrac{4\pi^2 r_2}{T_2^2}$; $9{,}03 \cdot 10^{11}$ N/kg;

Gravitation genügt nicht;

d) Kernkräfte; $\approx 2 \cdot 10^{17}$ kg/m³.

27 a) Zugspannung im rotierenden Stäbchen als Funktion des Abstandes des betreffenden Querschnitts von der Drehachse:

$$\sigma = \int_r^{l/2} \frac{x\omega^2 \varrho A\,dx}{A} = \frac{\varrho\omega^2}{8}(l^2 - 4r^2);$$

b) Ort und Betrag der maximalen Spannung:

$$r = 0; \quad \sigma_{\max} = \frac{\varrho\omega^2 l^2}{8} = \sigma_B;$$

c) daraus $f_{\max}$:

$$f_{\max} = \frac{1}{\pi l}\sqrt{\frac{2\sigma_B}{\varrho}}; \quad 3{,}20 \text{ kHz}.$$

28 a) $v = \sqrt{\frac{2E_k}{m_\alpha}}$; $1{,}5995 \cdot 10^7$ m/s;

b) $v = c\sqrt{1 - \frac{1}{\left(\frac{E_k}{m_\alpha c^2} + 1\right)^2}}$; $1{,}5976 \cdot 10^7$ m/s.

Die Abweichung der beiden Geschwindigkeiten voneinander ist deshalb nur rund 1 ‰, weil die Geschwindigkeit dieser α-Teilchen nur etwa $^1/_{20}\,c$ beträgt.

29 a) 640 J;
b) $7{,}1 \cdot 10^{-15}$ kg; $4{,}3 \cdot 10^{12}$;
c) $v = c$; Abweichung viel kleiner als die Ungenauigkeit von c selbst;
d) 6,4 m;
e) $6{,}0 \cdot 10^{27}$.

30 a) $m = \gamma m_e$; $1{,}518 \cdot 10^{-30}$ kg;

b) $U = (\gamma - 1)\frac{m_e c^2}{e}$; $3{,}407 \cdot 10^5$ V;

c) $B = \gamma\frac{m_e v}{er}$; 0,0455 T.

31 a) $E = \Delta m\, c^2$; $3{,}82 \cdot 10^{-12}$ J $= 23{,}8$ MeV;

b) $T = \frac{2}{3}\frac{E}{k}$; $1{,}8 \cdot 10^{11}$ K;

c) 11,9 MV;

d) $\gamma = \frac{E}{m_\alpha c^2} + 1$; $v = 3{,}4 \cdot 10^7$ m/s $= 0{,}11\,c$.

32 a) Negative z-Richtung; $e\vec{E} + e \cdot \vec{v} \times \vec{B} = \vec{0}$; $E = 7{,}5 \cdot 10^4$ V/m;
b) obere Platte positiv; 1,125 kV;
c) die Gravitation; $F_{\text{grav}} \approx 10^{-12} F_{\text{magn}}$ (bzw. F_{el}).

33 a) $W_{\text{el}} = \frac{1}{4\pi\varepsilon_0}\frac{Q_0 q}{r}$; $W_{\text{el}} < 0$;

$$E_k = \frac{1}{2}mr^2\omega^2 = \frac{1}{8\pi\varepsilon_0}\frac{|Q_0 q|}{r};$$

$$E_k = -\frac{1}{2}W_{\text{el}};$$

b) $r_n = \dfrac{\varepsilon_0 h^2}{\pi m_e e^2} \cdot n^2$; $\omega_n = \dfrac{\pi m_e e^4}{2\varepsilon_0^2 h^3} \cdot \dfrac{1}{n^3}$;

$r_1 = \dfrac{\varepsilon_0 h^2}{\pi m_e e^2}$; $5{,}29 \cdot 10^{-11}$ m;

$W_1 = -\dfrac{m_e e^4}{8\varepsilon_0^2 h^2}$; $-2{,}18 \cdot 10^{-18}$ J $= -13{,}6$ eV;

$W_{ion} = -W_1 = 13{,}6$ eV = Ionisierungsarbeit des H-Atoms.

34 a) $v_n = r_n \omega_n = \dfrac{e^2}{2\varepsilon_0 h} \cdot \dfrac{1}{n}$; $v_1 = 2{,}19 \cdot 10^6$ m/s;

b) $E_k = -E_p = +2\, W_{ion}$; $4{,}36 \cdot 10^{-18}$ J;

$v_0 = 2\sqrt{\dfrac{W_{ion}}{m_e}} = v_1\sqrt{2}$ (vgl. Aufg. 4–474); $3{,}09 \cdot 10^6$ m/s.

35 $d_2 = d_1 \dfrac{\ln(I_2/I_0)}{\ln(I_1/I_0)}$; 4,32 cm.

36 $F_G = m g_M = g_M \dfrac{h}{\lambda c}$; $6{,}6 \cdot 10^{-36}$ N.

37 a) Die Kraft $\vec{F}$ darf relativistisch nur als zeitliche Änderung des Impulses $\vec{p}$ dargestellt werden, wobei $\vec{p} = m\vec{v} = \gamma m_0 \vec{v}$ ist;

b) $F = \dfrac{pv}{r} = \dfrac{\gamma m_0 v^2}{r}$;

c) $\gamma = 3{,}20$.

38 a) $\lambda_{Kl.} = \dfrac{h}{\sqrt{2eUm_e}}$; $1{,}23 \cdot 10^{-12}$ m;

b) $\lambda_{rel} = \dfrac{h}{\sqrt{2eUm_e + (eU/c)^2}}$; $8{,}72 \cdot 10^{-13}$ m,

was für $eU \ll mc^2$ in den Ausdruck a) übergeht; + 41 %.

Unterrichtswerk der Deutschschweizerischen Mathematikkommission (DMK) und der Deutschschweizerischen Physikkommission (DPK)

Titel			Nr.
Algebra 1	Theorie, Aufgaben (Deller/Gebauer/Zinn)	3. Aufl.	**2118**
	Ergebnisse	2. Aufl.	**2145**
Algebra 2	Theorie, Aufgaben (Deller/Gebauer/Zinn)	2. Aufl.	**2119**
	Ergebnisse	1. Aufl.	**2146**
Algebra für Sekundar- + Bez'schulen	Aufgaben (Bieri/Lehmann)	12. Aufl.	**1381**
	Ergebnisse	11. Aufl.	**1014**
Analysis	Aufgaben, Lösungen (DMK)	1. Aufl.	**1934**
Planimetrie 1	Theorie, Aufgaben, Lösungshinweise (Thöni/Weiss)	1. Aufl.	**1092**
Planimetrie 2	Theorie, Aufgaben, Lösungshinweise (Thöni/Weiss)	2. Aufl.	**1093**
Geometrie	Aufgaben zu Trigonometrie, Koordinatengeometrie der Ebene Raumgeometrie, Ergebnisse (DMK)	1. Aufl.	**1577**
Stereometrie	Aufgaben (Mettler/Vaterlaus)	5. Aufl.	**1252**
Vektorgeometrie	Theorie, Aufgaben, Lösungen (Binz/Friedli)	1. Aufl.	**1296**
Darstellende Geometrie	Aufgaben (Dändliker/Schläpfer)	9. Aufl.	**1444**
Wahrscheinlichkeitsrechnung und Statistik	Aufgaben, Lösungen (Ineichen)	1. Aufl.	**1450**
Formeln und Tafeln	Mathematik – Physik (DMK/DPK)	6. Aufl.	**2162**
Physik	Aufgaben (Läuchli/Müller)	13. Aufl.	**1755**
	Lösungen	13. Aufl.	**1756**

(Stand September 1995)